plurall

Parabéns!
Agora você faz parte do **Plurall**, a plataforma digital do seu livro didático!
No **Plurall**, você tem acesso gratuito aos recursos digitais deste livro por meio do seu computador, tablet ou celular.
Além disso, você pode contar com a nossa equipe para tirar dúvidas que surgirem durante a realização das atividades e nos conteúdos deste livro.

Incrível, não é mesmo?
Venha para o **Plurall** e descubra uma nova forma de estudar!
Baixe o aplicativo do **Plurall** para Android e IOS ou acesse **www.plurall.net** e cadastre-se utilizando o seu código de acesso exclusivo:

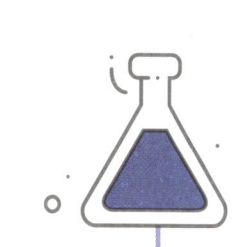

AASZTS6MF

Este é o seu código de acesso Plurall. Cadastre-se e ative-o para ter acesso aos conteúdos relacionados a esta obra.

@plurallnet
@plurallnetoficial

SOMOS EDUCAÇÃO

GELSON IEZZI

FUNDAMENTOS DE MATEMÁTICA ELEMENTAR

Trigonometria

506 exercícios propostos com resposta

167 questões de vestibulares com resposta

9ª edição | São Paulo – 2013

© Gelson Iezzi, 2013

Copyright desta edição:
SARAIVA S.A. Livreiros Editores, São Paulo, 2013.
Avenida das Nações Unidas, 7221 – 1º Andar – Setor C – Pinheiros – CEP 05425-902

www.editorasaraiva.com.br
Todos os direitos reservados.

Dados Internacionais de Catalogação na Publicação (CIP)
(Câmara Brasileira do Livro, SP, Brasil)

Iezzi, Gelson

Fundamentos de matemática elementar, 3 : trigonometria : 506 exercícios propostos com resposta, 167 testes de vestibulares com resposta / Gelson Iezzi. — 9. ed. — São Paulo : Atual, 2013.

ISBN 978-85-357-1684-9 (aluno)
ISBN 978-85-357-1685-6 (professor)

1. Matemática (Ensino médio) 2. Matemática (Ensino médio) — Problemas e exercícios etc. 3. Matemática (Vestibular) — Testes I. Título. II. Título: Trigonometria.

12-12852   CDD-510.7

Índice para catálogo sistemático:
1. Matemática: Ensino médio 510.7

Fundamentos de Matemática Elementar — vol. 3

Gerente editorial: Lauri Cericato
Editor: José Luiz Carvalho da Cruz
Editores-assistentes: Fernando Manenti Santos/Juracy Vespucci/Guilherme Reghin Gaspar
Auxiliares de serviços editoriais: Daniella Haidar Pacifico/Margarete Aparecida de Lima/Rafael Rabaçallo Ramos/Vanderlei Aparecido Orso
Digitação e cotejo de originais: Guilherme Reghin Gaspar/Elillyane Kaori Kamimura
Pesquisa iconográfica: Cristina Akisino (coord.)/Enio Rodrigo Lopes
Revisão: Pedro Cunha Jr. e Lilian Semenichin (coords.)/Renata Palermo/Rhennan Santos/Felipe Toledo
Pesquisa iconográfica: Cristina Akisino (coord.)
Gerente de arte: Nair de Medeiros Barbosa
Supervisor de arte: Antonio Roberto Bressan
Projeto gráfico: Carlos Magno
Capa: Homem de Melo & Tróia Design
Imagem de capa: Stockbyte/Getty Images
Ilustrações: Conceitograf/Mario Yoshida
Diagramação: TPG
Assessoria de arte: Maria Paula Santo Siqueira
Encarregada de produção e arte: Grace Alves
Coordenadora de editoração eletrônica: Silvia Regina E. Almeida

Produção gráfica: Robson Cacau Alves
Impressão e acabamento: Gráfica Eskenazi

729.191.009.002

Avenida das Nações Unidas, 7221 – 1º Andar – Setor C – Pinheiros – CEP 05425-902

Apresentação

Fundamentos de Matemática Elementar é uma coleção elaborada com o objetivo de oferecer ao estudante uma visão global da Matemática, no ensino médio. Desenvolvendo os programas em geral adotados nas escolas, a coleção dirige-se aos vestibulandos, aos universitários que necessitam rever a Matemática elementar e também, como é óbvio, àqueles alunos de ensino médio cujo interesse se focaliza em adquirir uma formação mais consistente na área de Matemática.

No desenvolvimento dos capítulos dos livros de *Fundamentos* procuramos seguir uma ordem lógica na apresentação de conceitos e propriedades. Salvo algumas exceções bem conhecidas da Matemática elementar, as proposições e os teoremas estão sempre acompanhados das respectivas demonstrações.

Na estruturação das séries de exercícios, buscamos sempre uma ordenação crescente de dificuldade. Partimos de problemas simples e tentamos chegar a questões que envolvem outros assuntos já vistos, levando o estudante a uma revisão. A sequência do texto sugere uma dosagem para teoria e exercícios. Os exercícios resolvidos, apresentados em meio aos propostos, pretendem sempre dar explicação sobre alguma novidade que aparece. No final de cada volume, o aluno pode encontrar as respostas para os problemas propostos e assim ter seu reforço positivo ou partir à procura do erro cometido.

A última parte de cada volume é constituída por questões de vestibulares, selecionadas dos melhores vestibulares do país e com respostas. Essas questões podem ser usadas para uma revisão da matéria estudada.

Aproveitamos a oportunidade para agradecer ao professor dr. Hygino H. Domingues, autor dos textos de história da Matemática que contribuem muito para o enriquecimento da obra.

Neste volume, em que é estudada a Trigonometria, fizemos mudanças substanciais na ordenação do conteúdo, procurando ser mais graduais na abordagem das questões de aprendizagem complicada. O texto é desenvolvido em três níveis de profundidade: a Trigonometria no triângulo retângulo, a Trigonometria na circunferência e a Trigonometria no ciclo. Como é inevitável em abordagens em "espiral", ocorrem repetições toda vez que um assunto é retomado e aprofundado; entretanto, isto é preferível a uma abordagem prematura do assunto central do livro: as funções circulares.

Finalmente, como há sempre uma certa distância entre o anseio dos autores e o valor de sua obra, gostaríamos de receber dos colegas professores uma apreciação sobre este trabalho, notadamente os comentários críticos, os quais agradecemos.

Os autores

Sumário

1ª PARTE: Trigonometria no triângulo retângulo 1

CAPÍTULO I — Revisão inicial de geometria 2

CAPÍTULO II — Razões trigonométricas no triângulo retângulo 10
    I. Triângulo retângulo: conceito, elementos, teorema de Pitágoras 10
    II. Triângulo retângulo: razões trigonométricas 11
    III. Relações entre seno, cosseno, tangente e cotangente 14
    IV. Seno, cosseno, tangente e cotangente de ângulos complementares 15
    V. Razões trigonométricas especiais 16

2ª PARTE: Trigonometria na circunferência 23

CAPÍTULO III — Arcos e ângulos 24
    I. Arcos de circunferência 24
    II. Medidas de arcos 25
    III. Medidas de ângulos 30
    IV. Ciclo trigonométrico 33
Leitura: Hiparco, Ptolomeu e a Trigonometria 36

CAPÍTULO IV — Razões trigonométricas na circunferência 39
    I. Noções gerais 39
    II. Seno 40
    III. Cosseno 45
    IV. Tangente 51
    V. Cotangente 55
    VI. Secante 57
    VII. Cossecante 59

CAPÍTULO V — Relações fundamentais 61
    I. Introdução 61
    II. Relações fundamentais 61

CAPÍTULO VI — Arcos notáveis 72
    I. Teorema 72
    II. Aplicações 73
Leitura: Viète, a Notação Literal e a Trigonometria 77

CAPÍTULO VII — Redução ao 1º quadrante 79
    I. Redução do 2º ao 1º quadrante 79
    II. Redução do 3º ao 1º quadrante 80
    III. Redução do 4º ao 1º quadrante 81
    IV. Redução de $\left[\frac{\pi}{4}, \frac{\pi}{2}\right]$ a $\left[0, \frac{\pi}{4}\right]$ 82

3ª PARTE: Funções trigonométricas 85

CAPÍTULO VIII — Funções circulares 86
    I. Noções básicas 86
    II. Funções periódicas 87
    III. Ciclo trigonométrico 88
    IV. Função seno 93
    V. Função cosseno 103
    VI. Função tangente 106
    VII. Função cotangente 110
    VIII. Função secante 112
    IX. Função cossecante 114
    X. Funções pares e funções ímpares 116

CAPÍTULO IX — Transformações 119
    I. Fórmulas de adição 119
    II. Fórmulas de multiplicação 126
    III. Fórmulas de divisão 131
    IV. É dada a tg $\frac{x}{2}$ 135
    V. Transformação em produto 136
Leitura: Fourier, o Som e a Trigonometria 145

CAPÍTULO X — Identidades 147
    I. Demonstração de identidade 148
    II. Identidades no ciclo trigonométrico 155

CAPÍTULO XI — Equações 159
    I. Equações fundamentais 159
    II. Resolução da equação sen α = sen β 160

 III. Resolução da equação cos α = cos β 165
 IV. Resolução da equação tg α = tg β 169
 V. Equações clássicas 172

CAPÍTULO XII — Inequações 182
 I. Inequações fundamentais 182
 II. Resolução de sen x > m 183
 III. Resolução de sen x < m 184
 IV. Resolução de cos x > m 186
 V. Resolução de cos x < m 187
 VI. Resolução de tg x > m 191
 VII. Resolução de tg x < m 192
Leitura: Euler e a incorporação da trigonometria à análise 194

CAPÍTULO XIII — Funções circulares inversas 197
 I. Introdução 197
 II. Função arco-seno 200
 III. Função arco-cosseno 204
 IV. Função arco-tangente 207

4ª PARTE: Apêndices 213

APÊNDICE A: Resolução de equações e inequações em intervalos determinados 214
 I. Resolução de equações 214
 II. Resolução de inequações 220

APÊNDICE B: Trigonometria em triângulos quaisquer 226
 I. Lei dos cossenos 226
 II. Lei dos senos 229
 III. Propriedades geométricas 236

APÊNDICE C: Resolução de triângulos 240
 I. Triângulos retângulos 240
 II. Triângulos quaisquer 243

RESPOSTAS DOS EXERCÍCIOS 247
QUESTÕES DE VESTIBULARES 267
RESPOSTAS DAS QUESTÕES DE VESTIBULARES 305
TABELA DE RAZÕES TRIGONOMÉTRICAS 309
SIGNIFICADO DAS SIGLAS DE VESTIBULARES 311

1ª PARTE
Trigonometria no triângulo retângulo

CAPÍTULO I
Revisão inicial de geometria

1. Semirreta

Semirreta é cada uma das partes em que uma reta fica dividida por um de seus pontos.

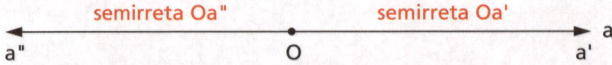

Outra forma de representar:

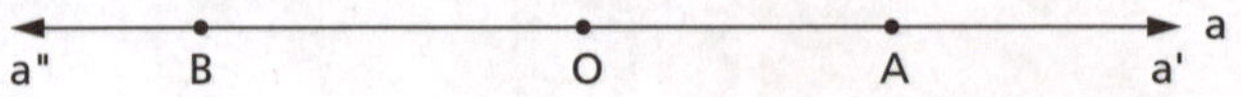

$Oa' = \overrightarrow{OA}$ e $Oa'' = \overrightarrow{OB}$

2. Ângulo

Ângulo é a reunião de duas semirretas de mesma origem mas não contidas na mesma reta.

lados do ângulo: $\overrightarrow{OA}$ e $\overrightarrow{OB}$

vértice do ângulo: O

ângulo: $\begin{cases} a\hat{O}b \text{ ou } A\hat{O}B \\ b\hat{O}a \text{ ou } B\hat{O}A \\ \hat{O} \end{cases}$

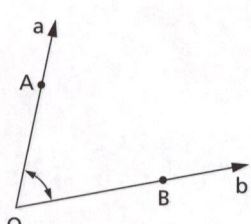

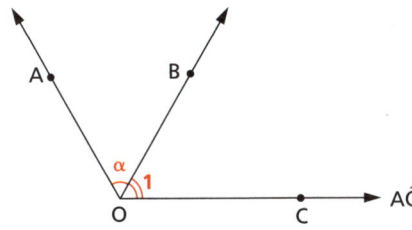

É comum escrevermos letras ou números para representar ângulos.

AÔB = $\hat{\alpha}$ e BÔC = $\hat{1}$

3. Ângulo nulo e ângulo raso

Em particular, se Oa e Ob coincidem, dizemos que elas determinam um **ângulo nulo**.

Se as semirretas são opostas, dizemos que determinam dois **ângulos rasos**.

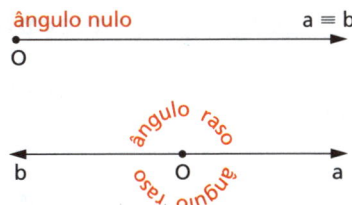

4. Interior de ângulo — ponto interno

Interior do ângulo AÔB é a interseção de dois semiplanos abertos, a saber:

α' com origem na reta $\overleftrightarrow{OA}$ e que contém o ponto B e

β' com origem na reta $\overleftrightarrow{OB}$ e que contém o ponto A.

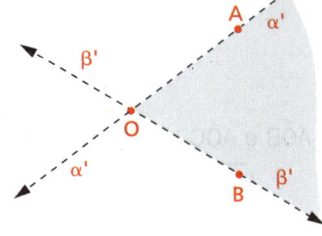

$$\boxed{\text{Interior de AÔB} = \alpha' \cap \beta'}$$

Os **pontos do interior** de um ângulo são **pontos internos** ao ângulo.

5. Exterior de ângulo — ponto externo

Exterior do ângulo AÔB é o conjunto dos pontos que não pertencem nem ao ângulo AÔB nem ao seu interior.

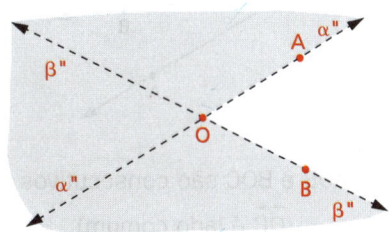

O exterior de AÔB é a reunião de dois semiplanos abertos, a saber:

α" com origem na reta $\overleftrightarrow{OA}$ e que não contém o ponto B e

β" com origem na reta $\overleftrightarrow{OB}$ e que não contém o ponto A.

$$\text{Exterior de AÔB} = α" \cup β"$$

Os **pontos do exterior** de um ângulo são **pontos externos** ao ângulo.

6. Ângulos consecutivos e ângulos adjacentes

Dois ângulos são consecutivos se um lado de um deles é também lado do outro.

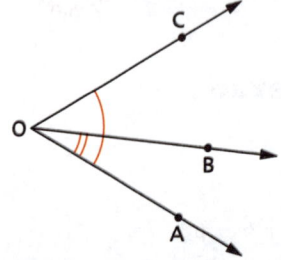

AÔB e AÔC são consecutivos

($\overrightarrow{OA}$ é lado comum)

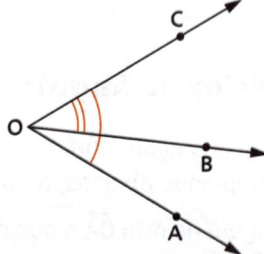

AÔC e BÔC são consecutivos

($\overrightarrow{OC}$ é lado comum)

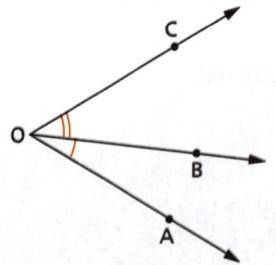

AÔB e BÔC são consecutivos

($\overrightarrow{OB}$ é lado comum)

Neste caso, em particular, os ângulos, além de consecutivos, são **adjacentes** porque não têm pontos internos comuns.

$$\text{AÔB e BÔC são adjacentes}$$

REVISÃO INICIAL DE GEOMETRIA

7. Comparação de ângulos — congruência

Dados dois ângulos aBĉ e dÊf, podemos transportar o ângulo dÊf sobre aBĉ, de tal forma que a semirreta Ed coincida com a semirreta Ba.

Surgem, então, três hipóteses:

1ª) Ef é semirreta interna a aBĉ
Então aBĉ > dÊf

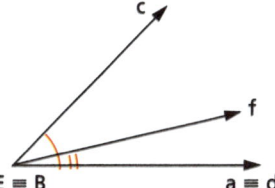

2ª) Ef é semirreta externa a aBĉ
Então aBĉ < dÊf

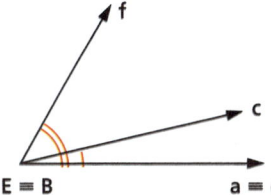

3ª) Ef coincide com Bc
Então aBĉ ≡ dÊf
Neste caso, os ângulos aBĉ e dÊf são **congruentes** (símbolo ≡).

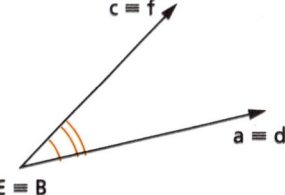

8. Soma de ângulos

Dados dois ângulos aBĉ e dÊf, transportamos dÊf de tal forma que Ed ≡ Bc e Ef seja externa a aBĉ, isto é, que aBĉ e dÊf sejam adjacentes.

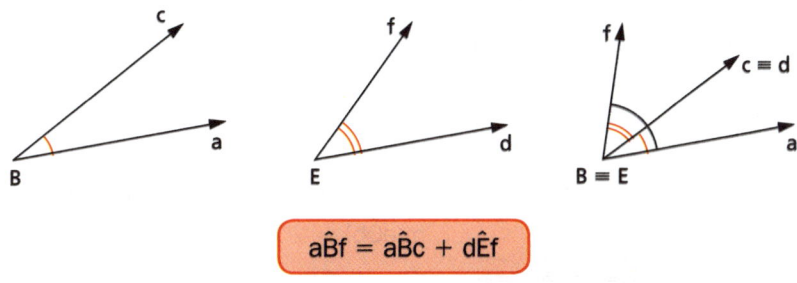

$$aB̂f = aB̂c + dÊf$$

O ângulo aB̂f assim obtido chama-se **ângulo soma** de aBĉ e dÊf.

REVISÃO INICIAL DE GEOMETRIA

9. Unidade de medida de ângulos

Consideremos um ângulo raso AÔB.

Podemos dividir esse ângulo em 180 partes iguais.

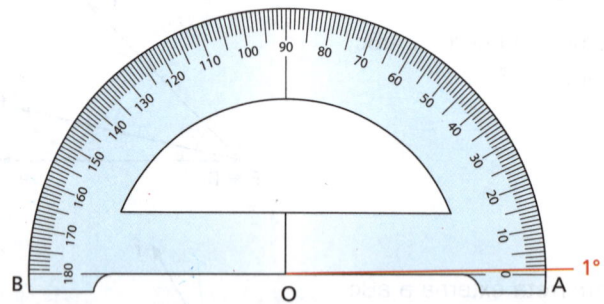

Chama-se **ângulo de 1°** (um grau) o ângulo que corresponde a $\frac{1}{180}$ do ângulo raso.

Os submúltiplos do grau são o **minuto** e o **segundo**.

Um **minuto (1')** é o ângulo correspondente a $\frac{1}{60}$ do ângulo de um grau.

$$1' = \frac{1°}{60}$$

Um **segundo (1")** é o ângulo correspondente a $\frac{1}{60}$ do ângulo de um minuto.

$$1" = \frac{1'}{60}$$

10. Medida de um ângulo

Medir um ângulo significa verificar quantas unidades de medida (1°) cabem no ângulo dado.

Exemplo:

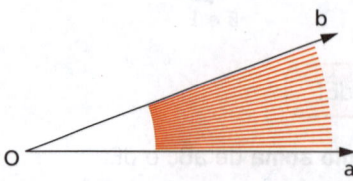

A medida do ângulo aÔb [m(aÔb)] é:

m(aÔb) = 20 · 1° = 20°

11. Ângulos suplementares

Dois ângulos são suplementares se, e somente se, a soma de suas medidas é 180°.
Um deles é o **suplemento** do outro.

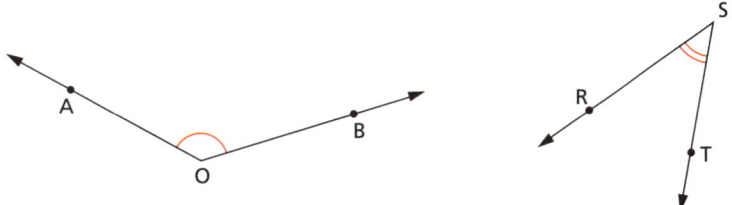

m(AÔB) + m(RŜT) = 180°
AÔB e RŜT são suplementares.
AÔB é o suplemento de RŜT.
RŜT é o suplemento de AÔB.

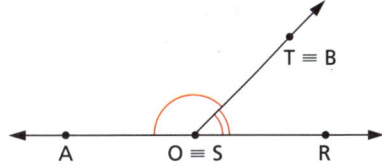

12. Ângulo reto

Se dois ângulos são adjacentes, suplementares e têm medidas iguais, então cada um deles é chamado **ângulo reto** e sua medida é 90°.

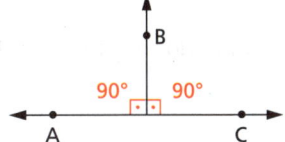

13. Ângulo agudo e ângulo obtuso

O ângulo cuja medida é menor que 90° é chamado **ângulo agudo**.

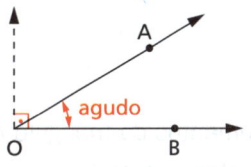

Chama-se **obtuso** o ângulo cuja medida está entre 90° e 180°.

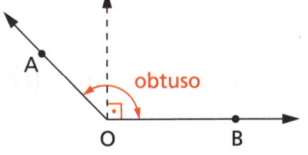

REVISÃO INICIAL DE GEOMETRIA

14. Ângulos complementares

Dois ângulos são complementares se, e somente se, a soma de suas medidas é 90°.

Um deles é o **complemento** do outro.

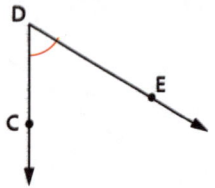
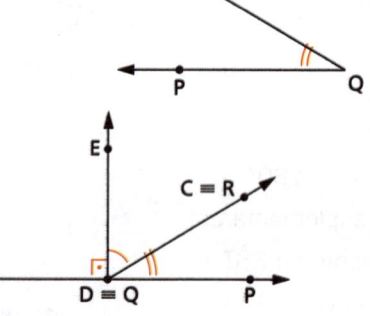

m(CÔE) + m(PÔR) = 90°
CÔE e PÔR são complementares.
CÔE é o complemento de PÔR.
PÔR é o complemento de CÔE.

15. Triângulo

Três pontos A, B e C, não colineares, determinam três segmentos de reta: $\overline{AB}$, $\overline{BC}$ e $\overline{AC}$.

A reunião dos segmentos de reta $\overline{AB}$, $\overline{BC}$ e $\overline{AC}$ é chamada **triângulo** ABC.

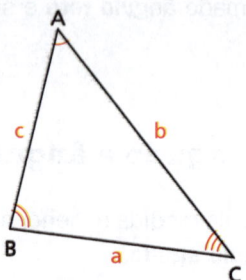

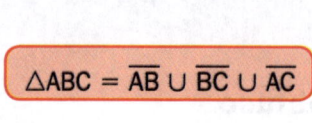

Elementos do triângulo ABC:

vértices: A, B, C

lados: $\overline{AB}$, $\overline{BC}$, $\overline{AC}$

medidas dos lados: m($\overline{AB}$) = c (ou AB = c), m($\overline{BC}$) = a (ou BC = a), m($\overline{AC}$) = b (ou AC = b).

ângulos: BÂC, AB̂C, AĈB (internos)

16. Semelhança de triângulos

Dois triângulos são semelhantes (símbolo ~) se, e somente se, possuem os três ângulos ordenadamente congruentes e os lados homólogos proporcionais.

Observação:

Dois lados homólogos são tais que cada um deles está em um dos triângulos e ambos são opostos a ângulos congruentes.

Para os dois triângulos acima, os pares de lados homólogos são: *a* e *e*; *b* e *f*; *c* e *d*.

$$\triangle ABC \sim \triangle DEF \Rightarrow \begin{cases} \hat{A} \equiv \hat{E} \\ \hat{B} \equiv \hat{F} \\ \hat{C} \equiv \hat{D} \\ \dfrac{a}{e} = \dfrac{b}{f} = \dfrac{c}{d} \end{cases}$$

CAPÍTULO II
Razões trigonométricas no triângulo retângulo

I. Triângulo retângulo: conceito, elementos, teorema de Pitágoras

17. Sabemos que um triângulo é retângulo quando um de seus ângulos internos é reto.

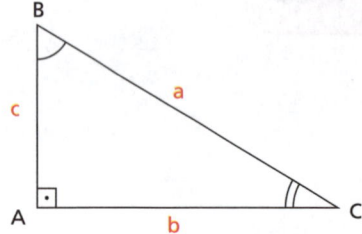
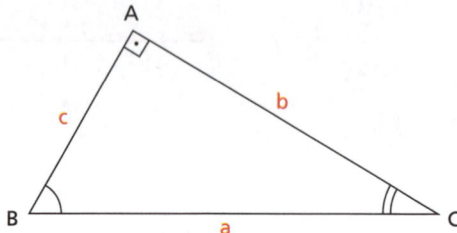

18. Como é habitual, vamos utilizar a notação seguinte para os elementos de um triângulo ABC:

lados: $\overline{AB}$, $\overline{BC}$, $\overline{AC}$

ângulos internos: BÂC, AB̂C, AĈB

medidas dos lados:
a = medida de $\overline{BC}$
b = medida de $\overline{AC}$
c = medida de $\overline{AB}$

medidas dos ângulos:
Â = medida de BÂC
B̂ = medida de AB̂C
Ĉ = medida de AĈB

RAZÕES TRIGONOMÉTRICAS NO TRIÂNGULO RETÂNGULO

19. Sempre que tratarmos de um triângulo ABC retângulo, daqui por diante estaremos pensando que o ângulo interno Â mede 90°.

Sabemos que o lado $\overline{BC}$, oposto ao ângulo reto, é chamado **hipotenusa** e os lados $\overline{AB}$ e $\overline{AC}$, adjacentes ao ângulo reto, são chamados **catetos** do triângulo ABC.

Para simplificar nossa linguagem, diremos que o triângulo ABC tem hipotenusa a e catetos b e c, isto é, vamos atribuir a $\overline{BC}$, $\overline{AC}$, $\overline{AB}$ suas respectivas medidas a, b e c. Analogamente, diremos que os ângulos internos do triângulo são Â, B̂ e Ĉ.

20. Teorema de Pitágoras

O quadrado da hipotenusa é igual à soma dos quadrados dos catetos.

$$a^2 = b^2 + c^2$$

II. Triângulo retângulo: razões trigonométricas

21. Dado um ângulo agudo B̂, vamos marcar sobre um de seus lados os pontos A_1, A_2, A_3, ... e vamos conduzir, por eles, as perpendiculares $\overline{A_1C_1}$, $\overline{A_2C_2}$, $\overline{A_3C_3}$, ... (conforme figura abaixo).

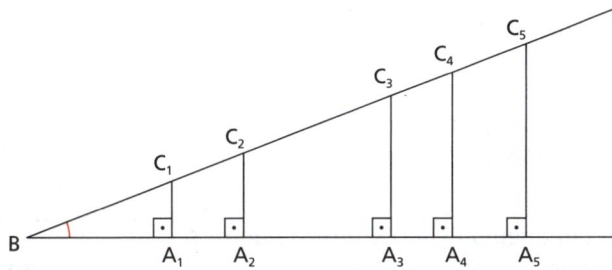

Os triângulos BA_1C_1, BA_2C_2, BA_3C_3 ... são todos semelhantes entre si. Então decorrem as seguintes relações:

1ª) $\dfrac{A_1C_1}{BC_1} = \dfrac{A_2C_2}{BC_2} = \dfrac{A_3C_3}{BC_3} = \ldots$ (fixado B̂, o **cateto oposto** a B̂ e a **hipotenusa** são diretamente proporcionais)

2ª) $\dfrac{BA_1}{BC_1} = \dfrac{BA_2}{BC_2} = \dfrac{BA_3}{BC_3} = \ldots$ (fixado B̂, o **cateto adjacente** a B̂ e a **hipotenusa** são diretamente proporcionais)

RAZÕES TRIGONOMÉTRICAS NO TRIÂNGULO RETÂNGULO

3ª) $\dfrac{A_1C_1}{BA_1} = \dfrac{A_2C_2}{BA_2} = \dfrac{A_3C_3}{BA_3} = \ldots$ (fixado $\hat{B}$, os **catetos oposto** e **adjacente** a $\hat{B}$ são diretamente proporcionais)

4ª) $\dfrac{BA_1}{A_1C_1} = \dfrac{BA_2}{A_2C_2} = \dfrac{BA_3}{A_3C_3} = \ldots$ (fixado $\hat{B}$, os **catetos adjacente** e **oposto** a $\hat{B}$ são diretamente proporcionais)

em que A_1C_1 = medida de $\overline{A_1C_1}$
BC_1 = medida de $\overline{BC_1}$
A_2C_2 = medida de $\overline{A_2C_2}$ e assim por diante.

Verificamos que as relações anteriores não dependem do tamanho dos triângulos $\triangle BA_1C_1$, $\triangle BA_2C_2$, $\triangle BA_3C_3$, ..., mas dependem apenas do valor do ângulo $\hat{B}$.

22. Considere o triângulo retângulo a seguir:

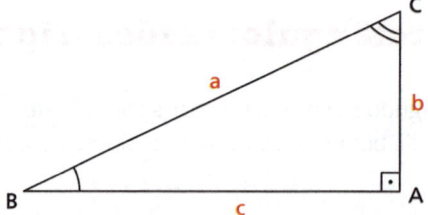

Fixando um ângulo agudo $\hat{B}$, temos as relações a seguir:

1ª) **Seno** de um ângulo agudo é a razão entre o cateto oposto ao ângulo e a hipotenusa.

$\operatorname{sen} \hat{B} = \dfrac{b}{a}$

2ª) **Cosseno** de um ângulo agudo é a razão entre o cateto adjacente ao ângulo e a hipotenusa.

$\cos \hat{B} = \dfrac{c}{a}$

3ª) **Tangente** de um ângulo agudo é a razão entre o cateto oposto ao ângulo e o cateto adjacente ao ângulo.

$\operatorname{tg} \hat{B} = \dfrac{b}{c}$

4ª) **Cotangente** de um ângulo agudo é a razão entre o cateto adjacente ao ângulo e o cateto oposto ao ângulo.

$\operatorname{cotg} \hat{B} = \dfrac{c}{b}$

EXERCÍCIOS

1. Dado o triângulo ABC, retângulo em A, calcule:
   a) sen $\hat{B}$
   b) cos $\hat{B}$
   c) tg $\hat{B}$
   d) cotg $\hat{B}$
   e) sen $\hat{C}$
   f) cos $\hat{C}$
   g) tg $\hat{C}$
   h) cotg $\hat{C}$

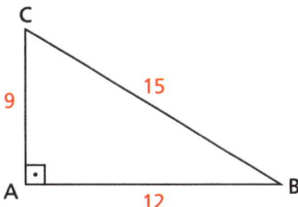

2. Dado o triângulo retângulo CDE, reto em C, calcule:
   a) sen $\hat{D}$
   b) cos $\hat{D}$
   c) tg $\hat{D}$
   d) cotg $\hat{D}$
   e) sen $\hat{E}$
   f) cos $\hat{E}$
   g) tg $\hat{E}$
   h) cotg $\hat{E}$

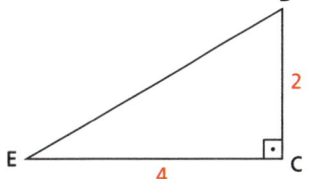

3. Calcule as razões trigonométricas seno, cosseno, tangente e cotangente dos ângulos agudos do triângulo retângulo em que um dos catetos mede 3 e a hipotenusa $2\sqrt{3}$.

4. Num triângulo ABC reto em A, determine as medidas dos catetos, sabendo que a hipotenusa vale 50 e sen $\hat{B} = \dfrac{4}{5}$.

5. Na figura ao lado, a hipotenusa mede $2\sqrt{17}$ e cos $\hat{B} = \dfrac{2\sqrt{51}}{17}$.
   Calcule os catetos.

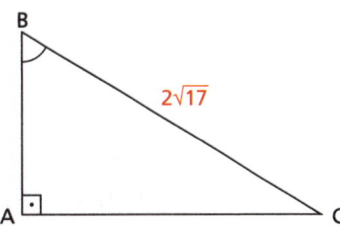

6. Seja ABC um triângulo retângulo em A. São dados tg $\hat{B} = \dfrac{\sqrt{5}}{2}$ e hipotenusa $a = 6$. Calcule os catetos b e c.

III. Relações entre seno, cosseno, tangente e cotangente

23. Relação fundamental

De um triângulo ABC, retângulo em A, sabemos:

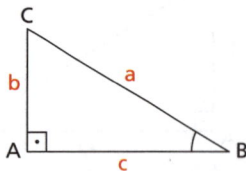

$\text{sen } \hat{B} = \dfrac{b}{a}$; $\cos \hat{B} = \dfrac{c}{a}$, então:

$b = a \cdot \text{sen } \hat{B}$; $c = a \cdot \cos \hat{B}$

De acordo com o teorema de Pitágoras, temos $b^2 + c^2 = a^2$. Então:

$$(a \cdot \text{sen } \hat{B})^2 + (a \cdot \cos \hat{B})^2 = a^2$$
$$a^2 \cdot \text{sen}^2 \hat{B} + a^2 \cdot \cos^2 \hat{B} = a^2$$

Portanto, vem a relação fundamental: $\boxed{\text{sen}^2 \hat{B} + \cos^2 \hat{B} = 1}$

24. Consideremos a razão $\dfrac{\text{sen } \hat{B}}{\cos \hat{B}}$.

$$\dfrac{\text{sen } \hat{B}}{\cos \hat{B}} = \dfrac{\frac{b}{a}}{\frac{c}{a}} = \dfrac{b}{a} \cdot \dfrac{a}{c} = \dfrac{b}{c} = \text{tg } \hat{B}$$

Isto é: $\boxed{\text{tg } \hat{B} = \dfrac{\text{sen } \hat{B}}{\cos \hat{B}}}$

25. Consideremos a razão $\dfrac{\cos \hat{B}}{\text{sen } \hat{B}}$.

$$\dfrac{\cos \hat{B}}{\text{sen } \hat{B}} = \dfrac{\frac{c}{a}}{\frac{b}{a}} = \dfrac{c}{a} \cdot \dfrac{a}{b} = \dfrac{c}{b} = \text{cotg } \hat{B}$$

Isto é: $\boxed{\text{cotg } \hat{B} = \dfrac{\cos \hat{B}}{\text{sen } \hat{B}}}$

26. Verifica-se, facilmente, que $\boxed{\text{cotg } \hat{B} = \dfrac{1}{\text{tg } \hat{B}}}$

IV. Seno, cosseno, tangente e cotangente de ângulos complementares

Consideremos os ângulos $\hat{A}$, $\hat{B}$ e $\hat{C}$ de um triângulo retângulo.

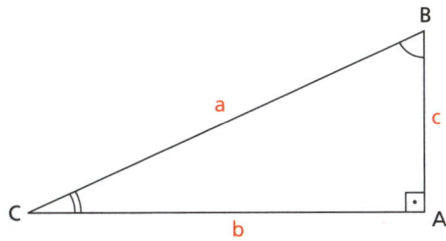

$\begin{cases} \hat{A} + \hat{B} + \hat{C} = 180° \\ \hat{A} = 90° \end{cases} \Rightarrow \begin{array}{l} \hat{B} + \hat{C} = 90° \\ (\hat{B} \text{ e } \hat{C} \text{ são complementares}) \end{array}$

Como $\hat{B}$ e $\hat{C}$ são complementares, decorrem as seguintes relações:

1ª) $\operatorname{sen} \hat{B} = \dfrac{b}{a}$
$\cos \hat{C} = \dfrac{b}{a}$ $\Rightarrow$ $\boxed{\operatorname{sen} \hat{B} = \cos \hat{C}}$

2ª) $\operatorname{sen} \hat{C} = \dfrac{c}{a}$
$\cos \hat{B} = \dfrac{c}{a}$ $\Rightarrow$ $\boxed{\operatorname{sen} \hat{C} = \cos \hat{B}}$

3ª) $\operatorname{tg} \hat{B} = \dfrac{b}{c}$
$\operatorname{cotg} \hat{C} = \dfrac{b}{c}$ $\Rightarrow$ $\boxed{\operatorname{tg} \hat{B} = \operatorname{cotg} \hat{C}}$ ou $\boxed{\operatorname{tg} \hat{B} = \dfrac{1}{\operatorname{tg} \hat{C}}}$

4ª) $\operatorname{tg} \hat{C} = \dfrac{c}{b}$
$\operatorname{cotg} \hat{B} = \dfrac{c}{b}$ $\Rightarrow$ $\boxed{\operatorname{tg} \hat{C} = \operatorname{cotg} \hat{B}}$ ou $\boxed{\operatorname{tg} \hat{C} = \dfrac{1}{\operatorname{tg} \hat{B}}}$

RAZÕES TRIGONOMÉTRICAS NO TRIÂNGULO RETÂNGULO

EXERCÍCIOS

7. Calcule cosseno, tangente e cotangente do ângulo $\hat{B}$, quando:

a) $\text{sen } \hat{B} = \dfrac{3}{5}$

b) $\text{sen } \hat{B} = \dfrac{2}{3}$

c) $\text{sen } \hat{B} = 0{,}57$

d) $\text{sen } \hat{B} = 0{,}95$

8. Calcule $\text{sen } \hat{B}$, $\text{tg } \hat{B}$ e $\text{cotg } \hat{B}$, sendo dado:

a) $\cos \hat{B} = \dfrac{1}{2}$

b) $\cos \hat{B} = \dfrac{2}{5}$

c) $\cos \hat{B} = 0{,}96$

d) $\cos \hat{B} = 0{,}17$

9. Sabendo que $\hat{B}$ e $\hat{C}$ são complementares, calcule $\text{sen } \hat{C}$, $\text{tg } \hat{C}$ e $\text{cotg } \hat{C}$, quando:

a) $\text{sen } \hat{B} = 0{,}34$

b) $\text{sen } \hat{B} = \dfrac{4}{5}$

c) $\text{sen } \hat{B} = \dfrac{2}{3}$

d) $\text{sen } \hat{B} = 0{,}9$

10. Sabendo que $\hat{B}$ e $\hat{C}$ são complementares, calcule $\cos \hat{C}$, $\text{tg } \hat{C}$ e $\text{cotg } \hat{C}$, quando:

a) $\cos \hat{B} = 0{,}57$

b) $\cos \hat{B} = \dfrac{5}{6}$

c) $\cos \hat{B} = \dfrac{3}{5}$

d) $\cos \hat{B} = 0{,}7$

V. Razões trigonométricas especiais

27. Do ângulo de 45°

Consideremos um triângulo retângulo isósceles ABC com catetos de medida 1 (um).

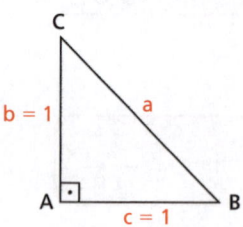

$\hat{A} = 90°$ (ângulo reto)

$\hat{B} = \hat{C} = 45°$

$b = c = 1$

Pelo teorema de Pitágoras, vem: $a = \sqrt{2}$.

Então:

$$\operatorname{sen} \hat{B} = \frac{b}{a} \Rightarrow \operatorname{sen} 45° = \frac{1}{\sqrt{2}} = \frac{\sqrt{2}}{2}$$

$$\cos \hat{B} = \frac{c}{a} \Rightarrow \cos 45° = \frac{1}{\sqrt{2}} = \frac{\sqrt{2}}{2}$$

$$\operatorname{tg} \hat{B} = \frac{b}{c} \Rightarrow \operatorname{tg} 45° = \frac{1}{1} = 1$$

$$\operatorname{cotg} \hat{B} = \frac{c}{b} \Rightarrow \operatorname{cotg} 45° = \frac{1}{1} = 1$$

28. Do ângulo de 30°

Consideremos um triângulo equilátero ABC de lado $\ell = 2$ (dois). Então $\hat{A} = \hat{B} = \hat{C} = 60°$.

Seja $\overline{CM}$ a mediana relativa ao lado $\overline{AB}$.

Da geometria plana sabemos que, no triângulo equilátero, $\overline{CM}$ é mediana, altura e bissetriz do ângulo $A\hat{C}B$.

Portanto, no △MBC, temos:

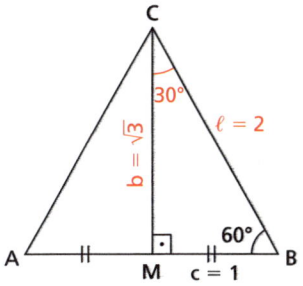

$\hat{M} = 90°$ ($\overline{CM}$ é altura)

$\hat{C} = 30°$ ($\overline{CM}$ é bissetriz)

$c = \dfrac{\ell}{2} = 1$ ($\overline{CM}$ é mediana)

$\ell^2 = b^2 + c^2 \Rightarrow 2^2 = b^2 + 1^2 \Rightarrow b = \sqrt{3}$

Então:

$$\operatorname{sen} \hat{C} = \frac{c}{\ell} \Rightarrow \operatorname{sen} 30° = \frac{1}{2}$$

$$\cos \hat{C} = \frac{b}{\ell} \Rightarrow \cos 30° = \frac{\sqrt{3}}{2}$$

$$\operatorname{tg} \hat{C} = \frac{c}{b} \Rightarrow \operatorname{tg} 30° = \frac{1}{\sqrt{3}} = \frac{\sqrt{3}}{3}$$

$$\operatorname{cotg} \hat{C} = \frac{b}{c} \Rightarrow \operatorname{cotg} 30° = \frac{\sqrt{3}}{1} = \sqrt{3}$$

29. Do ângulo de 60°

Consideremos que, no triângulo MBC, $\hat{B} = 60°$ e $\hat{C} = 30°$ são ângulos complementares.

Então:

$$\text{sen } \hat{B} = \cos \hat{C} = \frac{b}{\ell} \Rightarrow \text{sen } 60° = \frac{\sqrt{3}}{2}$$

$$\cos \hat{B} = \text{sen } \hat{C} = \frac{c}{\ell} \Rightarrow \cos 60° = \frac{1}{2}$$

$$\text{tg } \hat{B} = \frac{1}{\text{tg } \hat{C}} = \frac{b}{c} \Rightarrow \text{tg } 60° = \frac{\sqrt{3}}{1} = \sqrt{3}$$

$$\text{cotg } \hat{B} = \frac{1}{\text{cotg } \hat{C}} = \frac{c}{b} \Rightarrow \text{cotg } 60° = \frac{1}{\sqrt{3}} = \frac{\sqrt{3}}{3}$$

Essas razões trigonométricas especiais podem ser colocadas numa tabela de dupla entrada:

razão \ ângulo	30°	45°	60°
seno	$\frac{1}{2}$	$\frac{\sqrt{2}}{2}$	$\frac{\sqrt{3}}{2}$
cosseno	$\frac{\sqrt{3}}{2}$	$\frac{\sqrt{2}}{2}$	$\frac{1}{2}$
tangente	$\frac{\sqrt{3}}{3}$	1	$\sqrt{3}$
cotangente	$\sqrt{3}$	1	$\frac{\sqrt{3}}{3}$

RAZÕES TRIGONOMÉTRICAS NO TRIÂNGULO RETÂNGULO

EXERCÍCIOS

11. Usando a tabela de razões trigonométricas (página 309), dê a forma decimal de:
   a) cos 30°
   b) sen 45°
   c) tg 60°
   d) sen 15°
   e) cos 45°
   f) tg 30°
   g) sen 75°
   h) cos 89°

12. Usando a tabela de razões trigonométricas, dê o valor dos ângulos:
   a) sen $\hat{A}$ = 0,51504
   b) cos $\hat{B}$ = 0,76604
   c) tg $\hat{C}$ = 4,33148
   d) sen $\hat{D}$ = 0,86603
   e) cos $\hat{E}$ = 0,57358
   f) tg $\hat{F}$ = 0,17633
   g) sen $\hat{G}$ = 0,01745
   h) cos $\hat{H}$ = 0,08716

13. Consultando a tabela de razões trigonométricas, verificamos que sen 35° = = 0,57358 e sen 36° = 0,58779, cos 45° = 0,70711 e cos 46° = 0,69466. Qual é o valor de:
   a) sen 35°30′?
   b) cos 45°20′?

Solução
a) A variação de 1°, de 35° para 36°, corresponde para o seno a uma variação de 0,01421 (0,58779 − 0,57358).

Assim: 1° = 60′ ⟶ 0,01421
30′ ⟶ x
x = 0,00711

Portanto: 0,57358 + 0,00711 = 0,58069.

Então, sen 35°30′ = 0,58069.

b) A variação de 1°, de 45° para 46°, corresponde para o cosseno a uma variação de −0,01245 (0,69466 − 0,70711).

Assim: 1° = 60′ ⟶ −0,01245
20′ ⟶ y
y = −0,00415

Portanto: 0,70711 + (−0,00415) = 0,70296.

Então, cos 45°20′ = 0,70296.
(O processo realizado nos itens *a* e *b* é chamado **interpolação**.)

RAZÕES TRIGONOMÉTRICAS NO TRIÂNGULO RETÂNGULO

14. Calcule consultando a tabela de razões trigonométricas:
   a) sen 20°15′
   b) cos 15°30′
   c) tg 12°40′
   d) sen 50°12′
   e) cos 70°27′
   f) tg 80°35′

15. No △ABC retângulo em A, $\hat{B} = 35°$ e c = 4 cm. Quais são os valores de a e b?

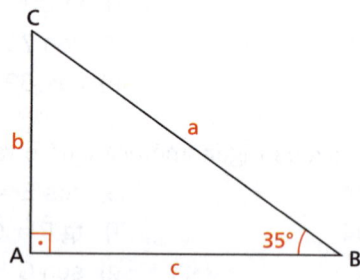

16. Calcule a medida dos lados de um triângulo retângulo, sabendo que a altura relativa à hipotenusa é h = 4 e um ângulo agudo é $\hat{B} = 30°$.

17. Calcule a medida dos lados de um triângulo retângulo, sabendo que a altura relativa à hipotenusa mede 4 e forma um ângulo de 15° com o cateto b.

Dados: $\text{sen } 75° = \dfrac{\sqrt{2} + \sqrt{6}}{4}$ e $\cos 75° = \dfrac{\sqrt{6} - \sqrt{2}}{4}$.

18. Considerando o △ABC retângulo em A, conforme figura abaixo, qual é a relação entre x e y?

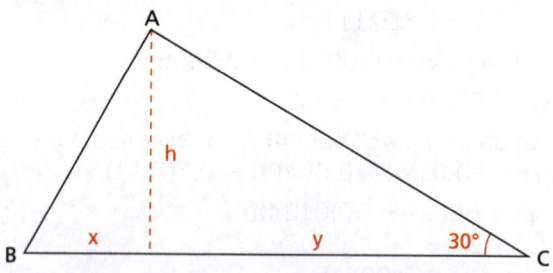

19. Uma escada de bombeiro pode ser estendida até um comprimento máximo de 25 m, formando um ângulo de 70° com a base, que está apoiada sobre um caminhão, a 2 m do solo. Qual é a altura máxima que a escada atinge em relação ao solo?

20. Um observador vê um prédio, construído em terreno plano, sob um ângulo de 60°. Afastando-se do edifício mais 30 m, passa a ver o edifício sob ângulo de 45°. Qual é a altura do prédio?

Solução

No triângulo BXY, temos:

$\tg 60° = \dfrac{h}{\ell} \Rightarrow \ell = \dfrac{h}{\sqrt{3}}$ (1)

No triângulo AXY, temos:

$\tg 45° = \dfrac{h}{\ell + 30} \Rightarrow h = \ell + 30$ (2)

Substituindo (1) em (2):

$h = \dfrac{h}{\sqrt{3}} + 30 \Rightarrow h = \dfrac{30\sqrt{3}}{\sqrt{3} - 1}$

Resposta: $\dfrac{30\sqrt{3}}{\sqrt{3} - 1}$ m.

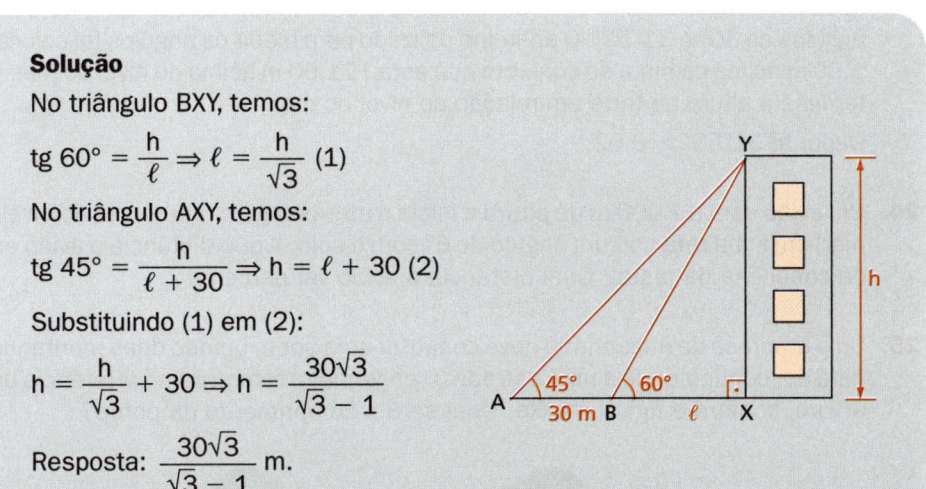

21. Calcule a distância h entre os parapeitos de duas janelas de um arranha-céu, conhecendo os ângulos (α e β) sob os quais são observados de um ponto O do solo, à distância d do prédio.

22. Para obter a altura H de uma chaminé, um engenheiro, com um aparelho especial, estabeleceu a horizontal $\overline{AB}$ e mediu os ângulos α e β tendo a seguir medido BC = h. Determine a altura da chaminé.

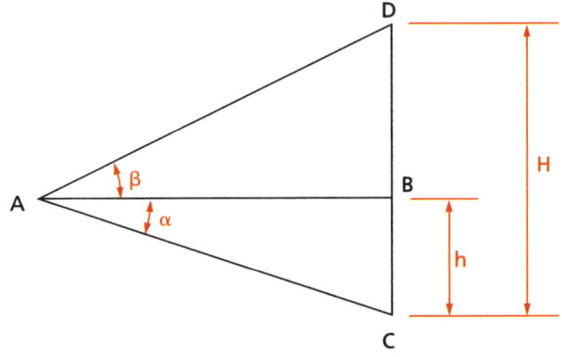

RAZÕES TRIGONOMÉTRICAS NO TRIÂNGULO RETÂNGULO

23. Um observador encontra-se na Via Anhanguera em trecho retilíneo, horizontal e situado no mesmo plano horizontal que contém uma torre de TV, localizada no pico do Jaraguá. De duas posições A e B desse trecho retilíneo e distantes 60 m uma da outra, o observador vê a extremidade superior da torre, respectivamente, sob os ângulos de 30° e 31°53'. O aparelho utilizado para medir os ângulos foi colocado 1,50 m acima da pista de concreto que está 721,50 m acima do nível do mar. Determine a altura da torre em relação ao nível do mar.
Dado: tg 31°53' = 0,62.

24. Um avião está a 7 000 m de altura e inicia a aterrissagem (aeroporto ao nível do mar) em linha reta sob um ângulo de 6° com o solo. A que distância o avião está da cabeceira da pista? Qual distância o avião vai percorrer?

25. Uma empresa de engenharia deve construir uma ponte unindo duas montanhas, para dar continuidade a uma estrada. O engenheiro tomou como referência uma árvore, conforme figura abaixo. Qual será o comprimento da ponte?

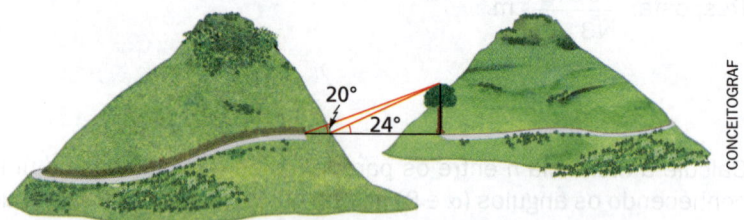

26. Um pedreiro dispõe de uma escada de 3 m de comprimento e precisa, com ela, acessar o telhado de uma casa. Sabendo que o telhado se apoia sobre uma parede de 4 m de altura e que o menor ângulo entre a escada e a parede para a escada não cair é 20°, a que altura do chão ele deve apoiar a escada?

2ª PARTE
Trigonometria na circunferência

CAPÍTULO III

Arcos e ângulos

I. Arcos de circunferência

30. Definição

Consideremos uma circunferência de centro O e um ângulo central AÔB, sendo A e B pontos que pertencem aos lados do ângulo e à circunferência.

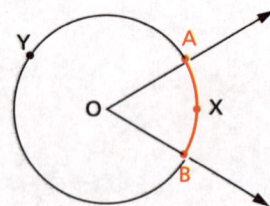

A circunferência fica dividida em duas partes, cada uma das quais é um **arco de circunferência**:

arco de circunferência $\widehat{AXB}$ e

arco de circunferência $\widehat{AYB}$

A e B são as extremidades do arco.

31.
Se A e B são extremidades de um diâmetro, temos dois arcos, cada um dos quais é chamado **semicircunferência**.

$\widehat{AXB}$ e $\widehat{AYB}$ são semicircunferências.

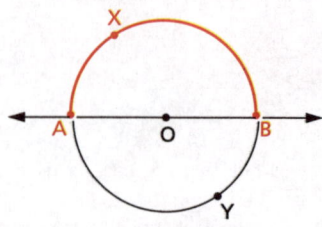

32. Em particular, se os pontos A e B coincidem, eles determinam dois arcos: um deles é um ponto (denominado **arco nulo**) e o outro é a circunferência (denominado **arco de uma volta**).

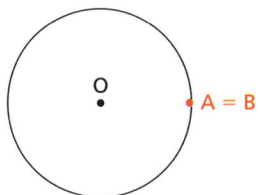

33. Se não houver dúvida quanto ao arco a que nos referimos, podemos escrever apenas $\overset{\frown}{AB}$ ao invés de $\overset{\frown}{AXB}$ ou $\overset{\frown}{AYB}$.

II. Medidas de arcos

34. Se queremos comparar os comprimentos de dois arcos $\overset{\frown}{AB}$ e $\overset{\frown}{CD}$, somos naturalmente levados a estabelecer um método que permita saber qual deles é o maior ou se são iguais. Esse problema é resolvido estabelecendo-se o seguinte método para medir arcos.

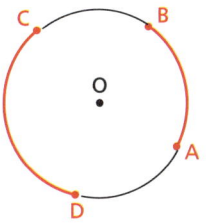

35. Medida de um arco $\overset{\frown}{AB}$ em relação a um arco unitário u (u não nulo e de mesmo raio que $\overset{\frown}{AB}$) é o número real que exprime quantas vezes o arco u "cabe" no arco $\overset{\frown}{AB}$. Assim, na figura ao lado, o arco u cabe 6 vezes no arco $\overset{\frown}{AB}$, então a medida do arco $\overset{\frown}{AB}$ é 6, isto é, arco $\overset{\frown}{AB} = 6 \cdot$ arco u.

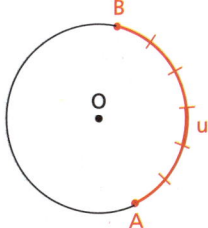

36. Unidades

Para evitar as confusões que ocorreriam se cada um escolhesse uma unidade u para medir o mesmo arco $\overset{\frown}{AB}$, limitamos as unidades de arco a apenas duas: o **grau** e o **radiano**.

ARCOS E ÂNGULOS

37.
> **Grau** (símbolo °) é um arco unitário igual a $\frac{1}{360}$ da circunferência que contém o arco a ser medido.

38. Considerando a figura abaixo, verificamos que AÔB é um ângulo central (porque tem o vértice O no centro da circunferência) e $\widehat{AB}$ é o arco correspondente ao ângulo central AÔB.

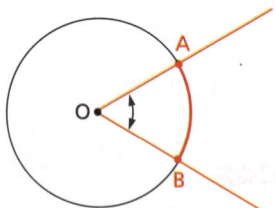

AÔB ângulo central
$\widehat{AB}$ arco subtendido por AÔB

39. Tomando-se para unidade de arco (arco unitário) o arco definido por um ângulo central unitário (unidade de ângulo), temos:

> "A medida (em graus) de um arco de circunferência é igual à medida do ângulo central correspondente".

40. A medida (em graus) de um arco não depende do raio da circunferência, como se pode observar nas figuras abaixo:

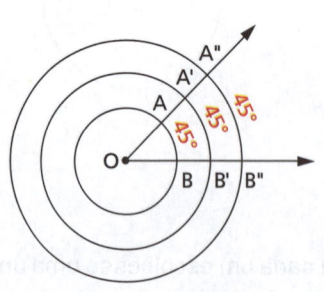

$m\widehat{AB} = m\widehat{A'B'} = m\widehat{A''B''} = 45°$

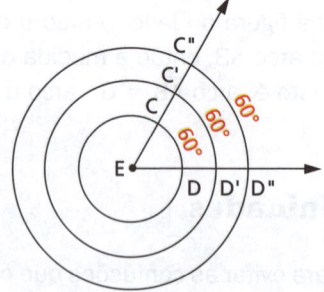

$m\widehat{CD} = m\widehat{C'D'} = m\widehat{C''D''} = 60°$

ARCOS E ÂNGULOS

41.

> **Radiano** (símbolo rad) é um arco unitário cujo comprimento é igual ao raio r da circunferência que contém o arco a ser medido.

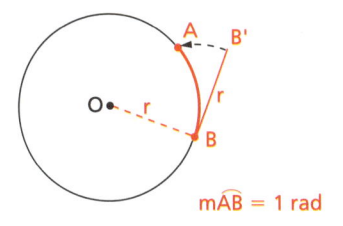

$m\widehat{AB} = 1$ rad

42. É evidente que uma circunferência mede 360°, porém já não é tão fácil dizer quantos radianos mede uma circunferência.

Podemos chegar a uma noção intuitiva do valor dessa medida, considerando a seguinte construção:

1º) Em uma circunferência de centro O e raio r inscrevemos um hexágono regular ABCDEF. Cada lado do hexágono tem comprimento r:

$$AB = BC = CD = DE = EF = FA = r$$

2º) A circunferência fica dividida em 6 arcos de medidas iguais

$$\widehat{AB} = \widehat{BC} = \widehat{CD} = \widehat{DE} = \widehat{EF} = \widehat{FA}$$

e, sendo o comprimento do arco sempre maior que o comprimento da corda correspondente ($\overline{AB}$, $\overline{BC}$, $\overline{CD}$, $\overline{DE}$, $\overline{EF}$ e $\overline{FA}$ são cordas da circunferência), todos esses arcos são maiores que 1 rad.

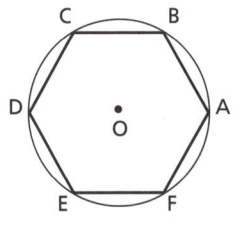

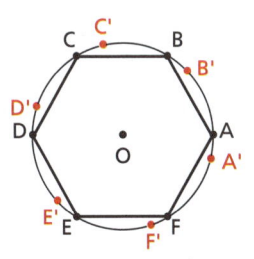

3º) Em cada um dos citados arcos "cabe" 1 rad:

$$\widehat{AB'} = \widehat{BC'} = \widehat{CD'} = \widehat{DE'} = \widehat{EF'} = \widehat{FA'} = 1 \text{ rad}$$

e ainda sobra uma fração de radiano.

4º) O radiano "cabe" 6 vezes na circunferência e mais a soma dessas "sobras". Mais precisamente demonstra-se que a circunferência mede 6,283184... rad (número batizado com o nome de 2π).

Tendo em vista essas considerações, podemos estabelecer a seguinte correspondência para conversão de unidades:

$$360° \longrightarrow 2\pi \text{ rad}$$
$$180° \longrightarrow \pi \text{ rad}$$

ARCOS E ÂNGULOS

EXERCÍCIOS

27. Exprima 225° em radianos.

Solução
Estabelecemos a seguinte regra de três simples:

$$\begin{array}{l} 180° \longrightarrow \pi \text{ rad} \\ 225° \longrightarrow x \end{array} \Rightarrow x = \frac{225 \cdot \pi}{180} = \frac{5\pi}{4} \text{ rad}$$

28. Exprima em radianos.
  a) 210°
  b) 240°
  c) 270°
  d) 300°
  e) 315°
  f) 330°

29. Exprima $\frac{11\pi}{6}$ rad em graus.

Solução
Temos a seguinte regra de três simples:

$$\begin{array}{l} \pi \text{ rad} \longrightarrow 180° \\ \frac{11\pi}{6} \text{ rad} \longrightarrow x \end{array} \Rightarrow x = \frac{\frac{11\pi}{6} \cdot 180}{\pi} = 330°$$

30. Exprima em graus:
  a) $\frac{\pi}{6}$ rad
  b) $\frac{\pi}{4}$ rad
  c) $\frac{\pi}{3}$ rad
  d) $\frac{2\pi}{3}$ rad
  e) $\frac{3\pi}{4}$ rad
  f) $\frac{5\pi}{6}$ rad

31. Um arco de circunferência $\widehat{AB}$ mede 30 cm e o raio R da circunferência mede 10 cm. Calcule a medida do arco em radianos.

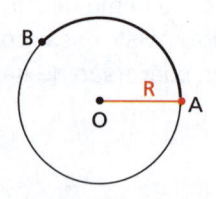

Solução

$$[\text{medida de } \overset{\frown}{AB} \text{ em rad}] = \frac{\text{comprimento do arco } \overset{\frown}{AB}}{\text{comprimento do raio}} = \frac{30 \text{ cm}}{10 \text{ cm}} = 3 \text{ rad}$$

32. Sobre uma circunferência de raio 10 cm marca-se um arco $\overset{\frown}{AB}$ tal que a corda AB mede 10 cm. Calcule a medida do arco em radianos.

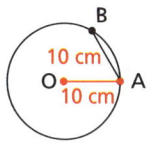

Solução

O segmento $\overline{AB}$ é lado do hexágono regular inscrito na circunferência, logo, o menor arco $\overset{\frown}{AB}$ é $\frac{1}{6}$ da circunferência, isto é, mede:

$$\frac{1}{6} \times 2\pi \text{ rad} = \frac{\pi}{3} \text{ rad}$$

33. Um grau se divide em 60' (60 minutos) e um minuto se divide em 60" (60 segundos). Por exemplo, um arco de medida 30' é um arco de 0,5°. Converta em radianos os seguintes arcos:

a) 22°30'
b) 31°15'45"

Solução

a) $22°30' = 22 \times 60' + 30' = 1\,350'$

$\pi \text{ rad} = 180° = 180 \times 60' = 10\,800'$

então:

$$\begin{matrix} 10\,800' \longrightarrow \pi \text{ rad} \\ 1\,350' \longrightarrow x \end{matrix} \Rightarrow x = \frac{1\,350 \cdot \pi}{10\,800} = \frac{\pi}{8} \text{ rad}$$

b) $31°15'45" = 31 \times 3\,600" + 15 \times 60" + 45" = 112\,545"$

$\pi \text{ rad} = 180° = 180 \times 3\,600" = 648\,000"$

então:

$$\begin{matrix} 648\,000" \longrightarrow \pi \text{ rad} \\ 112\,545" \longrightarrow x \end{matrix}$$

$$x = \frac{112\,545 \cdot \pi}{648\,000} = \frac{112\,545 \cdot 3{,}1416}{648\,000} = 0{,}54563 \text{ rad}$$

ARCOS E ÂNGULOS

34. Converta em graus o arco 1 rad.

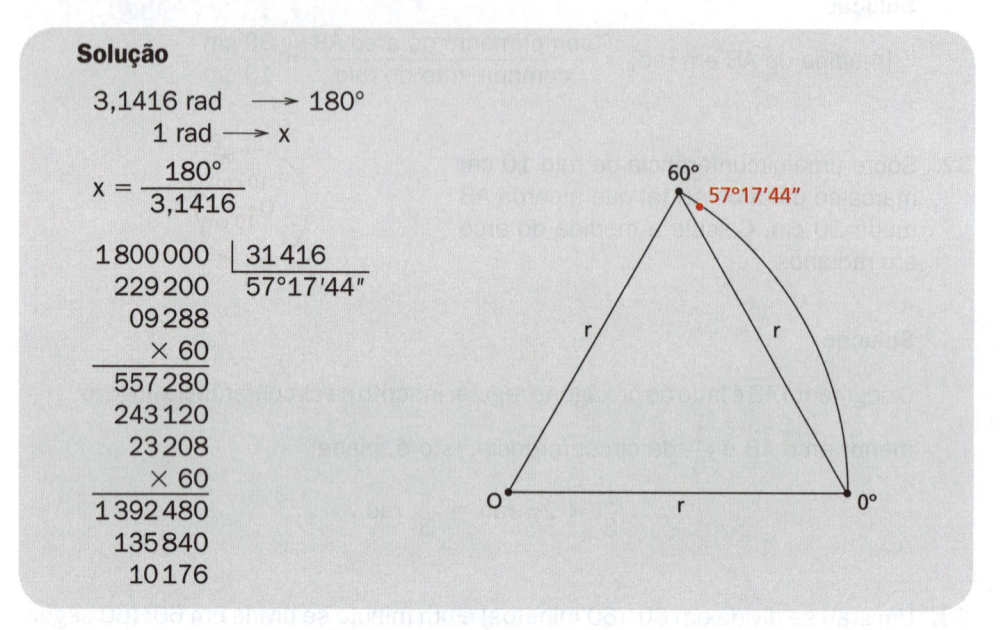

Solução

3,1416 rad ⟶ 180°
1 rad ⟶ x

$$x = \frac{180°}{3,1416}$$

```
1 800 000 | 31 416
  229 200 | 57°17'44"
   09 288
    × 60
  557 280
  243 120
   23 208
    × 60
1 392 480
  135 840
   10 176
```

35. Exprima em radianos as medidas dos arcos a e b tais que $a - b = 15°$ e $a + b = \frac{7\pi}{4}$ rad.

36. Exprima em graus as medidas dos arcos a, b e c tais que $a + b + c = 13°$, $a + b + 2c = \frac{\pi}{12}$ rad e $a + 2b + c = \frac{\pi}{9}$ rad.

III. Medidas de ângulos

43. Consideremos as circunferências concêntricas (de mesmo centro) de raio r_1, r_2 e r_3. Seja α o **ângulo central** $a\hat{O}b$, tal que $\alpha = 60°$, determinando sobre as circunferências arcos ℓ_1, ℓ_2 e ℓ_3, respectivamente.

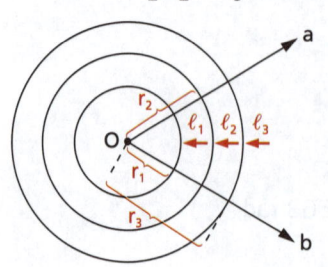

Determinemos esses comprimentos:

360° ⟶ $2\pi r_1$
60° ⟶ ℓ_1

$$\ell_1 = \frac{\pi r_1}{3} \Rightarrow \frac{\ell_1}{r_1} = \frac{\pi}{3}$$

ARCOS E ÂNGULOS

$360° \longrightarrow 2\pi r_2$
$60° \longrightarrow \ell_2$

$\ell_2 = \dfrac{\pi r_2}{3} \Rightarrow \dfrac{\ell_2}{r_2} = \dfrac{\pi}{3}$ e analogamente $\dfrac{\ell_3}{r_3} = \dfrac{\pi}{3}$

Isto é, $\dfrac{\ell_1}{r_1} = \dfrac{\ell_2}{r_2} = \dfrac{\ell_3}{r_3} = \dfrac{\pi}{3}$.

Então, $\dfrac{\pi}{3}$ é a medida em radianos do ângulo $\alpha = 60°$.

44. Portanto, quando queremos medir em radianos um ângulo aÔb, devemos construir uma circunferência de centro O e raio r e verificar quantos radianos mede o arco $\overset{\frown}{AB}$, isto é, calcular o quociente entre o comprimento ℓ do arco $\overset{\frown}{AB}$ e o raio r da circunferência:

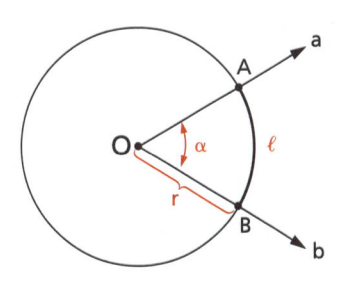

$$\alpha = \dfrac{\ell}{r} \quad (\alpha \text{ em radianos})$$

Por exemplo, se o ângulo central aÔb é tal que determina numa circunferência de raio r = 5 cm um arco $\overset{\frown}{AB}$ de medida ℓ = 8 cm, então a medida de aÔb é:

$$\alpha = \dfrac{\ell}{r} = \dfrac{8}{5} = 1{,}6 \text{ rad}$$

EXERCÍCIOS

37. Calcule, em graus, a medida do ângulo aÔb da figura.

Solução

$\alpha = \dfrac{\ell}{r} = \dfrac{3}{10}$ rad.

Convertendo em graus:

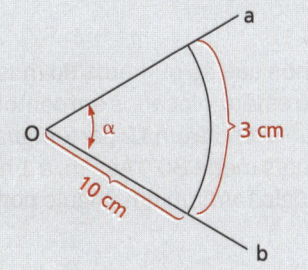

ARCOS E ÂNGULOS

$$\begin{array}{l} \pi \text{ rad} \longrightarrow 180° \\ \dfrac{3}{10} \text{ rad} \longrightarrow x \end{array} \Rightarrow x = \dfrac{\dfrac{3}{10} \times 180°}{\pi} = \dfrac{54°}{3{,}1416} = 17°11'19''$$

38. Calcule o comprimento ℓ do arco $\widehat{AB}$ definido numa circunferência de raio r = 10 cm, por um ângulo central de 60°.

Solução

Convertido em radianos, o ângulo central $a\hat{O}b$ tem medida $\alpha = \dfrac{\pi}{3}$ rad.

Então:

$$\alpha = \dfrac{\ell}{r} \Rightarrow \ell = \alpha \cdot r = \dfrac{\pi}{3} \cdot 10$$

Portanto:

$$\ell = \dfrac{31{,}416}{3} = 10{,}472 \text{ cm}.$$

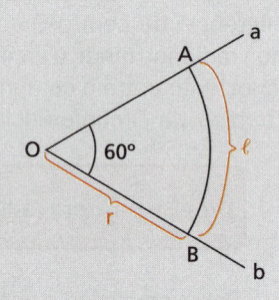

39. Calcule a medida do ângulo central $a\hat{O}b$ que determina em uma circunferência de raio r um arco de comprimento $\dfrac{2\pi r}{3}$.

40. Calcule o comprimento ℓ do arco $\widehat{AB}$ definido em uma circunferência de raio 7 cm por um ângulo central de 4,5 rad.

41. Calcule o menor dos ângulos formados pelos ponteiros de um relógio que está assinalando:

a) 1 h   b) 1h15min   c) 1h40min

Solução

a) Notemos que os números do mostrador de um relógio estão colocados em pontos que dividem a circunferência em 12 partes iguais, cada uma das quais mede 30°. Assim, à 1 h os ponteiros do relógio formam um ângulo convexo de 30°.

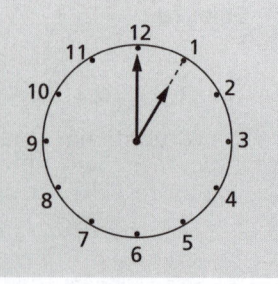

Fundamentos de Matemática Elementar | 3

b) Sabemos que em 60 minutos o ponteiro pequeno percorre um ângulo de 30°, então em 15 minutos ele percorre um ângulo α tal que:

$$\frac{\alpha}{15} = \frac{30°}{60}$$

Portanto $\alpha = 7,5° = 7°30'$.

Assim, temos:

$\theta = 60° - \alpha = 60° - 7°30' \Rightarrow \theta = 52°30'$

c) Notemos que em 40 minutos o ponteiro pequeno percorre o ângulo β tal que:

$$\frac{\beta}{40} = \frac{30°}{60}$$

Portanto $\beta = 20°$.

Assim, temos:

$\phi = 150° + \beta = 150° + 20° \Rightarrow \phi = 170°$

ou ainda:

$\phi = 180° - \gamma = 180° - 10° \Rightarrow \phi = 170°$.

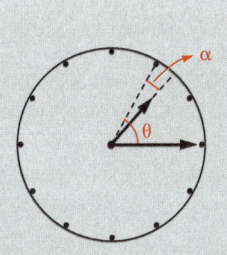

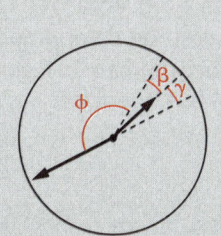

42. Calcule o menor dos ângulos formados pelos ponteiros de um relógio que marca:
   a) 2h40min;   b) 5h55min;   c) 6h30min;   d) 10h15min.

IV. Ciclo trigonométrico

45. Definição

Tomemos sobre um plano um sistema cartesiano ortogonal uOv. Consideremos a circunferência λ de centro O e raio $r = 1$. Notemos que o comprimento dessa circunferência é 2π, pois $r = 1$.

Vamos agora associar a cada número real x, com $0 \leq x < 2\pi$, um único ponto P da circunferência λ do seguinte modo:

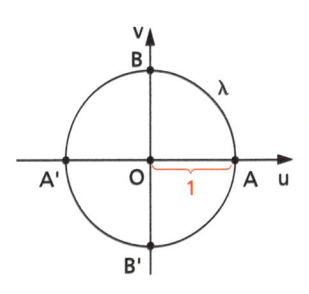

ARCOS E ÂNGULOS

1º) se x = 0, então P coincide com A;

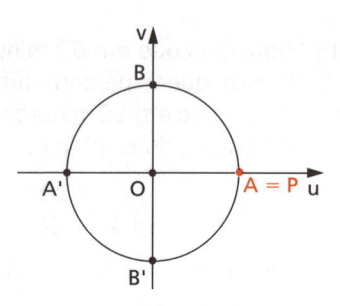

2º) se x > 0, então realizamos a partir de A um percurso de comprimento x, no sentido anti-horário, e marcamos P como ponto final do percurso.

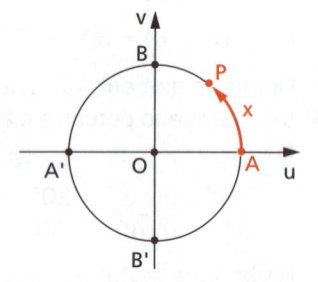

46. A circunferência λ anteriormente definida, com origem em A, é chamada **ciclo** ou **circunferência trigonométrica**.

47. Se o ponto P está associado ao número x, dizemos que P é a imagem de x na circunferência. Assim, por exemplo, temos:

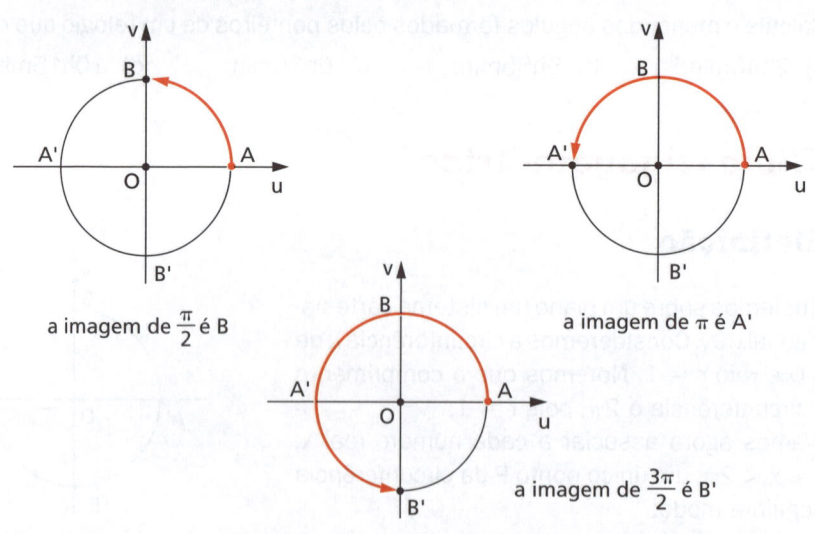

a imagem de $\frac{\pi}{2}$ é B

a imagem de π é A'

a imagem de $\frac{3\pi}{2}$ é B'

EXERCÍCIOS

43. Divide-se o ciclo em 12 partes iguais, utilizando-se A como um dos pontos divisores. Determine o conjunto dos x ($x \in [0, 2\pi[$) cujas imagens são os pontos divisores.

Solução

Notando que cada parte mede $\dfrac{1}{12} \cdot 2\pi = \dfrac{\pi}{6}$

e que P é a imagem de x quando $\widehat{AP} = x$, podemos construir a seguinte tabela:

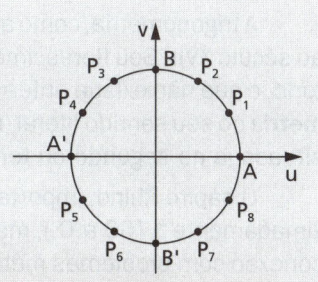

imagem de x	A	P_1	P_2	B	P_3	P_4	A'	P_5	P_6	B'	P_7	P_8
x	0	$\dfrac{\pi}{6}$	$\dfrac{\pi}{3}$	$\dfrac{\pi}{2}$	$\dfrac{2\pi}{3}$	$\dfrac{5\pi}{6}$	π	$\dfrac{7\pi}{6}$	$\dfrac{4\pi}{3}$	$\dfrac{3\pi}{2}$	$\dfrac{5\pi}{3}$	$\dfrac{11\pi}{6}$

44. Divide-se o ciclo em 8 partes iguais, utilizando-se A como um dos pontos divisores. Determine o conjunto dos x ($x \in [0, 2\pi[$) cujas imagens são os pontos divisores.

45. Desenhe e indique no ciclo trigonométrico a imagem de cada um dos seguintes números:

a) $\dfrac{3\pi}{4}$

b) $\dfrac{5\pi}{4}$

c) $\dfrac{5\pi}{6}$

d) $\dfrac{\pi}{8}$

e) $\dfrac{12\pi}{8}$

f) $\dfrac{15\pi}{8}$

Solução

a) $\dfrac{3\pi}{4} = \dfrac{3}{8} \cdot 2\pi$

Marcamos, a partir de A, um percurso $\widehat{AP}$ igual a $\dfrac{3}{8}$ do ciclo, no sentido anti-horário.

A imagem de $\dfrac{3\pi}{4}$ é P.

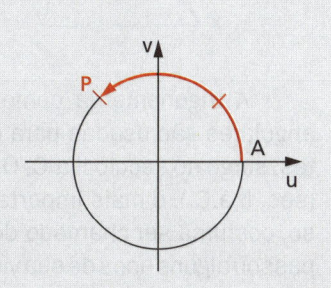

LEITURA

Hiparco, Ptolomeu e a Trigonometria

Hygino H. Domingues

A trigonometria, como a conhecemos hoje, na sua forma analítica, remonta ao século XVII. Seu florescimento dependia de um simbolismo algébrico satisfatório, o que não existia antes dessa época. Mas, considerando o termo **trigonometria** no seu sentido literal (medida do triângulo), a origem do assunto pode ser situada já no segundo ou terceiro milênio antes de Cristo.

O papiro Rhind, importante documento sobre a matemática egípcia (aproximadamente 1700 a.C.), menciona por quatro vezes o *seqt* de um ângulo, em conexão com problemas métricos sobre pirâmides. O *seqt* do ângulo OM̂V na figura abaixo é a razão entre OM e OV e, portanto, corresponde à ideia atual de cotangente. As pirâmides egípcias eram construídas de maneira a que a inclinação de uma face sobre a base (medida de OM̂V) fosse constante — aproximadamente 52°.

Egípcios e babilônios (aproximadamente 1500 a.C.) e posteriormente os gregos usavam relógios de sol em que era utilizada a mesma ideia. Tais relógios consistiam basicamente de uma haste $\overline{BC}$, chamada pelos gregos de *gnomon*, fincada verticalmente no chão. O exame da variação da amplitude da sombra $\overline{AB}$ projetada pela haste propiciava a determinação de parâmetros, como a duração do ano.

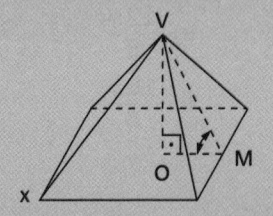

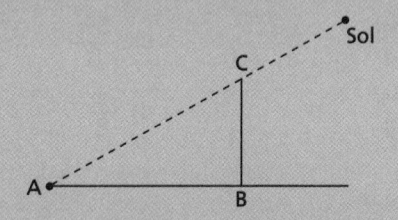

A trigonometria como auxiliar da astronomia, em que certas funções angulares são usadas para determinar posições e trajetórias de corpos celestes, surge no século II a.C. O pai dessa abordagem foi o grego Hiparco de Niceia (séc. II a.C.), o mais importante astrônomo da Antiguidade, que, em razão disso, costuma ser chamado de "o pai da trigonometria". Ao que consta, Hiparco passou alguns anos de sua vida estudando em Alexandria, mas acabou se fixando em Rodes (Grécia), onde desenvolveu a maior parte de seu trabalho.

Contam-se entre as principais contribuições de Hiparco à astronomia: a elaboração de um amplo catálogo de estrelas (o primeiro do mundo ocidental); a medida da duração do ano com grande exatidão (365,2467 dias contra 365,242199 dias segundo avaliações modernas); cálculo do ângulo de inclinação da eclíptica (que atualmente é o círculo (órbita) descrito pela Terra em torno do Sol em um ano) com o plano do equador terrestre. A trigonometria de Hiparco surge como uma "tabela de cordas" em doze livros, obra que se perdeu com o tempo. Aí teria sido usado pela primeira vez o círculo de 360°.

Felizmente, porém, a obra de Hiparco foi preservada e ampliada de maneira brilhante por Claudio Ptolomeu (séc. II d.C.). Sobre a vida de Ptolomeu praticamente o que se sabe é que fez observações astronômicas em Alexandria entre 127 e 151 d.C. Sua obra-prima é o *Almagesto*, um compêndio de astronomia em treze livros, do qual ainda há cópias hoje em dia. A teoria astronômica apresentada por Ptolomeu nessa obra coloca no centro do Universo a Terra, em torno da qual giram o Sol, a Lua e os cinco planetas então conhecidos, segundo uma concepção que foi bastante, com as adaptações devidas, utilizada para descrever o comportamento do sistema solar por quatorze séculos.

Ptolomeu, orientado pela musa da Astronomia Urania, utiliza um quadrante. Abaixo, à esquerda, é mostrada uma esfera armilar. (Margarita philosophica, xilogravura de Gregar Reisch, 1508.)

No livro primeiro do *Almagesto*, como pré-requisito, há uma tabela de cordas (talvez devida a Hiparco) dos ângulos de 0 a 180 graus, de meio em meio grau, considerando o diâmetro de um círculo formado de 120 unidades. Os resultados são apresentados na base 60. No caso do ângulo reto, por exemplo, como $\overline{AB} \cong 84 + \frac{51}{60} + \frac{10}{3600}$, então, $\overline{AB} = 84p\ 51'10''$ (84 partes, 51 sexagésimos e 10 sexagésimos de sexagésimo).

Essas cordas são a origem da ideia atual de seno.

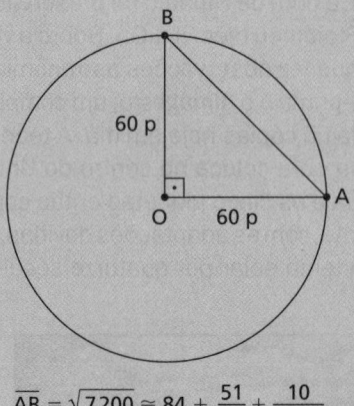

$$\overline{AB} = \sqrt{7200} \cong 84 + \frac{51}{60} + \frac{10}{3600}$$

CAPÍTULO IV
Razões trigonométricas na circunferência

I. Noções gerais

48. Consideremos um ciclo trigonométrico de origem A e raio $\overline{OA}$, em que OA = 1. Para o estudo das razões trigonométricas na circunferência, vamos associar ao ciclo quatro eixos:

1º) eixo dos cossenos (u)
 direção: $\overline{OA}$
 sentido positivo: O → A

2º) eixo dos senos (v)
 direção: perpendicular a *u*, por O
 sentido positivo: O → B
 sendo B tal que $\overset{\frown}{AB} = \dfrac{\pi}{2}$

3º) eixo das tangentes (c)
 direção: paralelo a *v* por A
 sentido positivo: o mesmo de *v*

4º) eixo das cotangentes (d)
 direção: paralelo a *u* por B
 sentido positivo: o mesmo de *u*

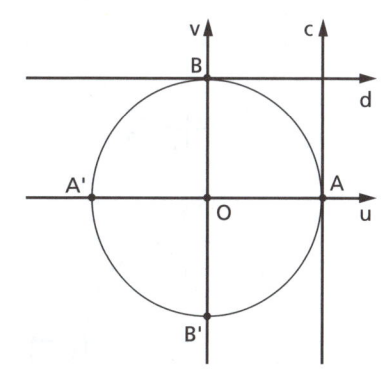

RAZÕES TRIGONOMÉTRICAS NA CIRCUNFERÊNCIA

49. Os eixos u e v dividem a circunferência em quatro arcos: $\widehat{AB}$, $\widehat{BA'}$, $\widehat{A'B'}$ e $\widehat{B'A}$. Dado um número real x, usamos a seguinte linguagem para efeito de localizar a imagem P de x no ciclo:

> x está no 1º quadrante $\Leftrightarrow$ P $\in \widehat{AB}$
> x está no 2º quadrante $\Leftrightarrow$ P $\in \widehat{BA'}$
> x está no 3º quadrante $\Leftrightarrow$ P $\in \widehat{A'B'}$
> x está no 4º quadrante $\Leftrightarrow$ P $\in \widehat{B'A}$

II. Seno

50. Definição

Dado um número real $x \in [0, 2\pi]$, seja P sua imagem no ciclo.

Denominamos **seno** de x (e indicamos sen x) a ordenada OP_1 do ponto P em relação ao sistema uOv.

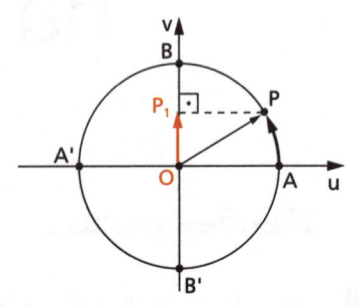

51. Para cada número real $x \in [0, 2\pi]$ existe uma única imagem P e cada imagem P tem um único valor para sen x (OP_1 = sen x).

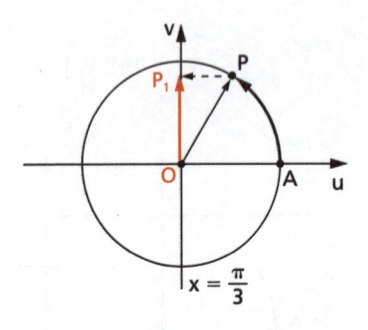

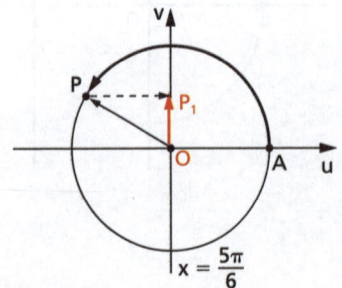

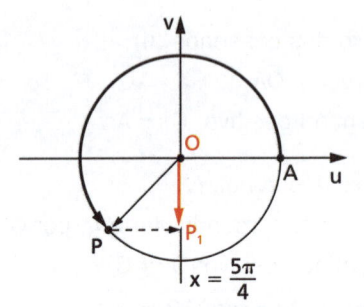

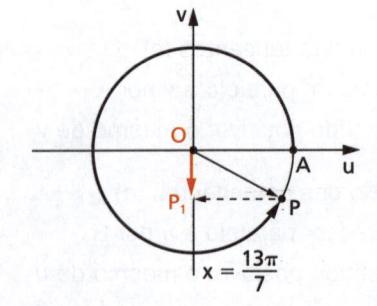

$x = \dfrac{\pi}{3}$

$x = \dfrac{5\pi}{4}$

$x = \dfrac{5\pi}{6}$

$x = \dfrac{13\pi}{7}$

Fundamentos de Matemática Elementar | 3

52. Propriedades

1ª) Se x é do primeiro ou do segundo quadrante, então sen x é positivo.

De fato, neste caso o ponto P está acima do eixo u e sua ordenada é positiva.

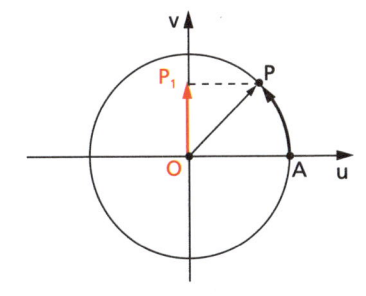

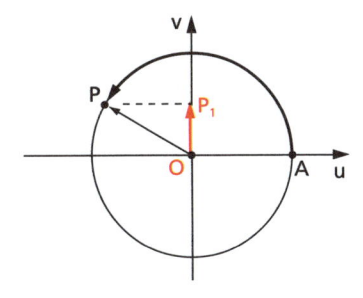

$0 \leq OP_1 \leq 1$
$0 \leq \text{sen } x \leq 1$

$0 \leq OP_1 \leq 1$
$0 \leq \text{sen } x \leq 1$

2ª) Se x é do terceiro ou do quarto quadrante, então sen x é negativo.

De fato, neste caso o ponto P está abaixo do eixo u e sua ordenada é negativa.

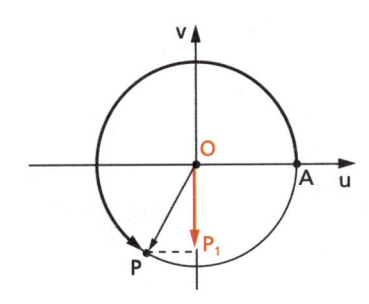

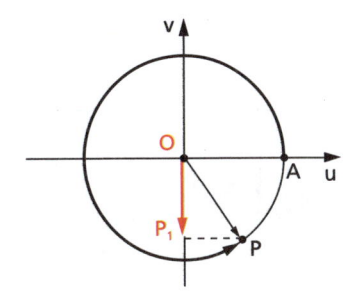

$-1 \leq OP_1 \leq 0$
$-1 \leq \text{sen } x \leq 0$

$-1 \leq OP_1 \leq 0$
$-1 \leq \text{sen } x \leq 0$

Portanto, para todo $x \in [0, 2\pi]$, temos $-1 \leq \text{sen } x \leq 1$. Então -1 é o valor mínimo e 1 é o valor máximo de sen x.

3ª) Se x percorre o primeiro ou o quarto quadrante, então sen x é crescente.

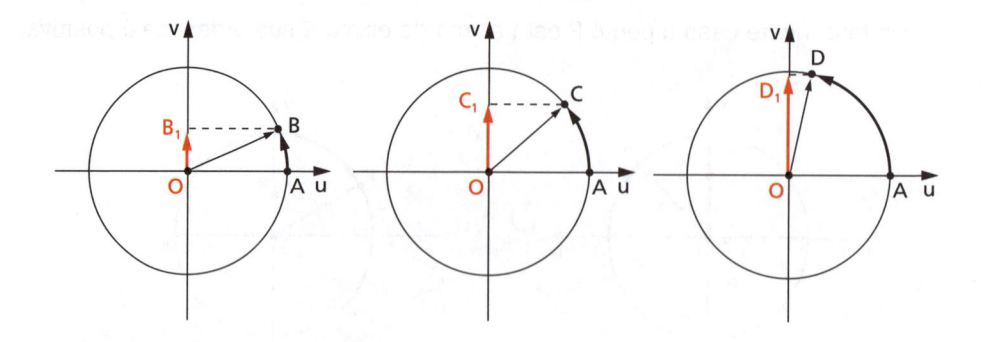

Os arcos $\widehat{AB}$, $\widehat{AC}$ e $\widehat{AD}$ são todos do 1º quadrante.

$$m\widehat{AB} < m\widehat{AC} < m\widehat{AD}$$

Em correspondência, verificamos que: $OB_1 < OC_1 < OD_1$, ou seja, sen x cresce quando x percorre o 1º quadrante.

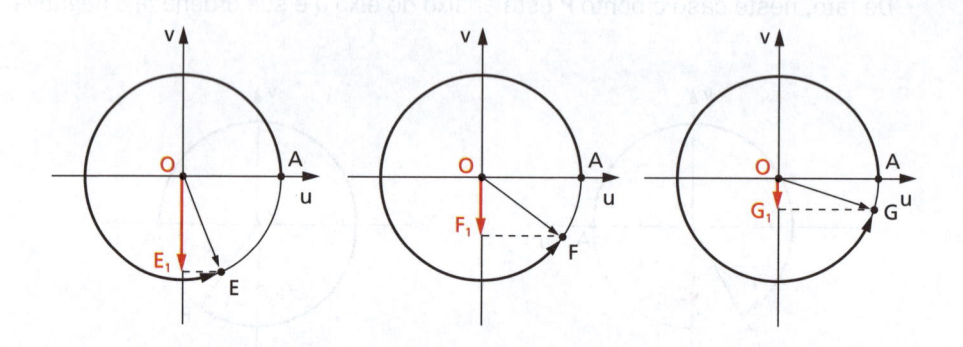

Os arcos $\widehat{AE}$, $\widehat{AF}$ e $\widehat{AG}$ são todos do 4º quadrante.

$$m\widehat{AE} < m\widehat{AF} < m\widehat{AG}$$

Em correspondência, verificamos que $OE_1 < OF_1 < OG_1$, ou seja, sen x cresce quando x percorre o 4º quadrante.

RAZÕES TRIGONOMÉTRICAS NA CIRCUNFERÊNCIA

4ª) Se x percorre o segundo ou o terceiro quadrante, então sen x é decrescente.

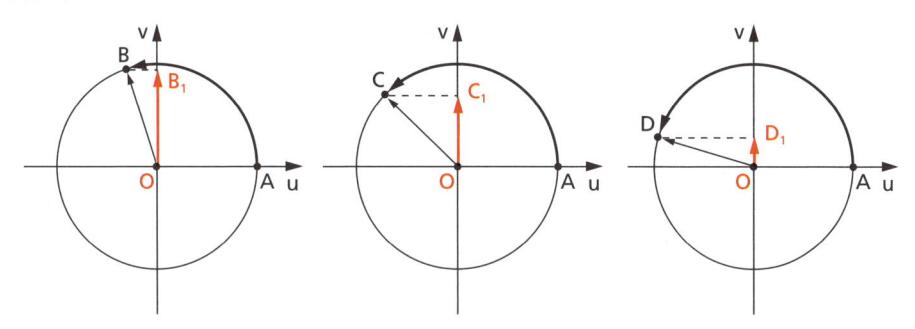

Os arcos $\overset{\frown}{AB}$, $\overset{\frown}{AC}$ e $\overset{\frown}{AD}$ são todos do 2º quadrante.

$$m\overset{\frown}{AB} < m\overset{\frown}{AC} < m\overset{\frown}{AD}$$

$OB_1 > OC_1 > OD_1$, ou seja, sen x decresce quando x percorre o 2º quadrante.

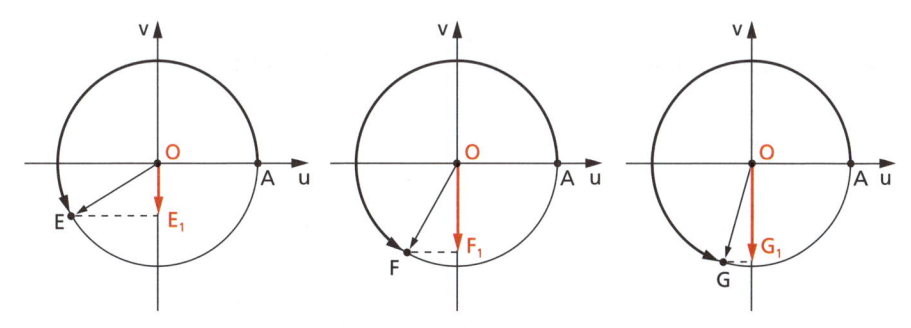

Os arcos $\overset{\frown}{AE}$, $\overset{\frown}{AF}$ e $\overset{\frown}{AG}$ são todos do 3º quadrante.

$$m\overset{\frown}{AE} < m\overset{\frown}{AF} < m\overset{\frown}{AG}$$

$OE_1 > OF_1 > OG_1$, ou seja, sen x decresce quando x percorre o 3º quadrante.

53. Em síntese, verificamos que, fazendo x percorrer o intervalo $[0, 2\pi]$, a imagem de x (ponto P) dá uma volta completa no ciclo, no sentido anti-horário, e a ordenada de P varia segundo a tabela:

x	0		$\frac{\pi}{2}$		π		$\frac{3\pi}{2}$		2π
sen x	0	cresce	1	decresce	0	decresce	-1	cresce	0

54. O sinal de sen x também pode ser assim sintetizado:

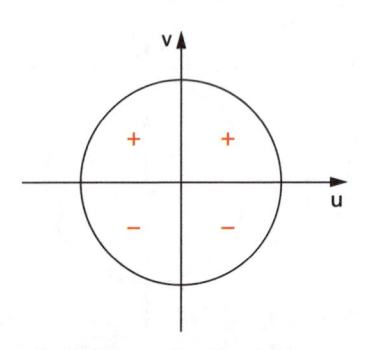

EXERCÍCIOS

46. Localize os arcos $\frac{\pi}{4}, \frac{3\pi}{4}, \frac{5\pi}{4}$ e $\frac{7\pi}{4}$. Em seguida, dê o sinal do seno de cada um deles.

Solução

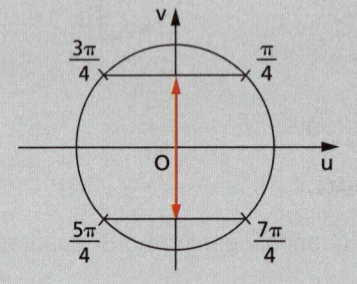

$$\text{sen } \frac{\pi}{4} > 0; \text{ sen } \frac{5\pi}{4} < 0$$

$$\text{sen } \frac{3\pi}{4} > 0; \text{ sen } \frac{7\pi}{4} < 0$$

47. Localize os arcos $\frac{\pi}{6}, \frac{5\pi}{6}, \frac{7\pi}{6}$ e $\frac{11\pi}{6}$. Em seguida, dê o sinal do seno de cada um deles.

48. Localize os arcos $\frac{\pi}{3}, \frac{2\pi}{3}, \frac{4\pi}{3}$ e $\frac{5\pi}{3}$. Qual é o sinal do seno de cada um desses arcos?

49. Você pôde observar no exercício 46 que $\frac{\pi}{4}$ e $\frac{3\pi}{4}$ são simétricos em relação ao eixo v, assim como $\frac{5\pi}{4}$ e $\frac{7\pi}{4}$. Sabendo que sen $\frac{\pi}{4} = \frac{\sqrt{2}}{2}$ e sen $\frac{5\pi}{4} = \frac{-\sqrt{2}}{2}$, dê o valor de sen $\frac{3\pi}{4}$ e sen $\frac{7\pi}{4}$.

50. Utilizando simetria e sabendo que sen $\frac{\pi}{6} = \frac{1}{2}$, dê o valor do seno de $\frac{5\pi}{6}$, $\frac{7\pi}{6}$ e $\frac{11\pi}{6}$.

51. Sabendo que sen $\frac{\pi}{3} = \frac{\sqrt{3}}{2}$, dê o valor do seno de $\frac{2\pi}{3}$, $\frac{4\pi}{3}$ e $\frac{5\pi}{3}$.

52. Calcule as expressões:

a) $\text{sen }\frac{\pi}{3} + \text{sen }\frac{\pi}{4} - \text{sen } 2\pi$

b) $2 \text{ sen }\frac{\pi}{6} + \frac{1}{2} \text{ sen }\frac{7\pi}{4}$

c) $3 \text{ sen }\frac{\pi}{2} - 2 \text{ sen }\frac{5\pi}{4} + \frac{1}{2} \text{ sen } \pi$

d) $-\frac{2}{3} \text{ sen }\frac{3\pi}{2} + \frac{3}{5} \text{ sen }\frac{5\pi}{3} - \frac{6}{7} \text{ sen }\frac{7\pi}{6}$

53. Localize os arcos no ciclo trigonométrico e coloque em ordem crescente os números sen 60°, sen 150°, sen 240° e sen 330°.

III. Cosseno

55. Definição

Dado um número real x ∈ [0, 2π], seja P sua imagem no ciclo. Denominamos **cosseno** de x (indicamos cos x) a abscissa OP_2 do ponto P em relação ao sistema uOv.

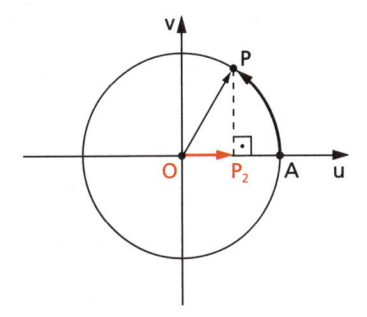

RAZÕES TRIGONOMÉTRICAS NA CIRCUNFERÊNCIA

56. Para cada número real $x \in [0, 2\pi]$ existe uma única imagem P e cada imagem P tem um único valor para cos x ($OP_2 = \cos x$).

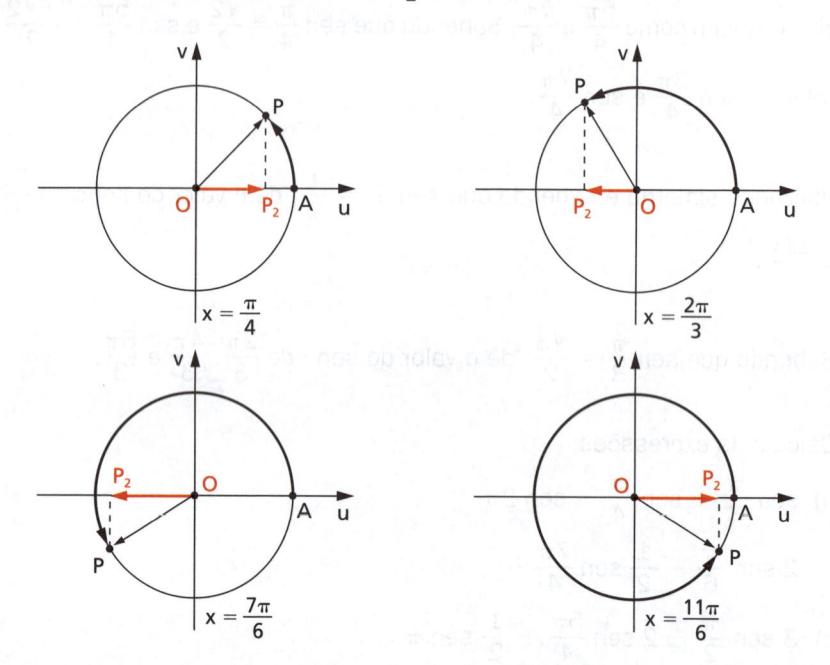

$x = \dfrac{\pi}{4}$

$x = \dfrac{2\pi}{3}$

$x = \dfrac{7\pi}{6}$

$x = \dfrac{11\pi}{6}$

57. Propriedades

1ª) Se x é do primeiro ou do quarto quadrante, então cos x é positivo.

Neste caso, o ponto P está à direita do eixo v e sua abscissa é sempre positiva.

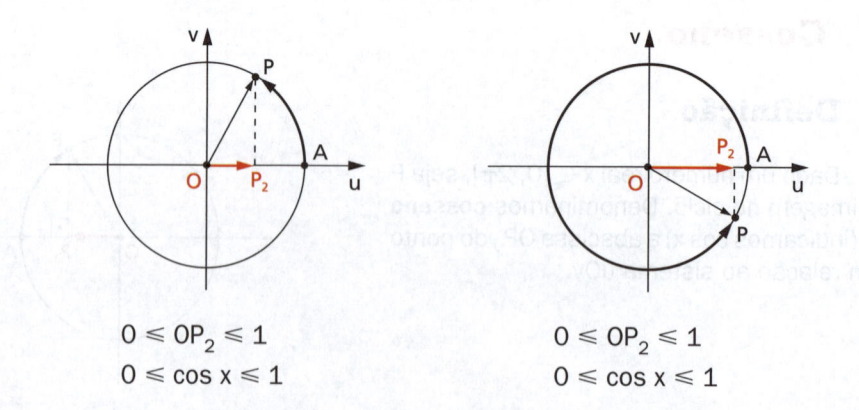

$0 \leq OP_2 \leq 1$
$0 \leq \cos x \leq 1$

$0 \leq OP_2 \leq 1$
$0 \leq \cos x \leq 1$

2ª) Se x é do segundo ou do terceiro quadrante, então cos x é negativo.

Neste caso, o ponto P está à esquerda do eixo v e sua abscissa é sempre negativa.

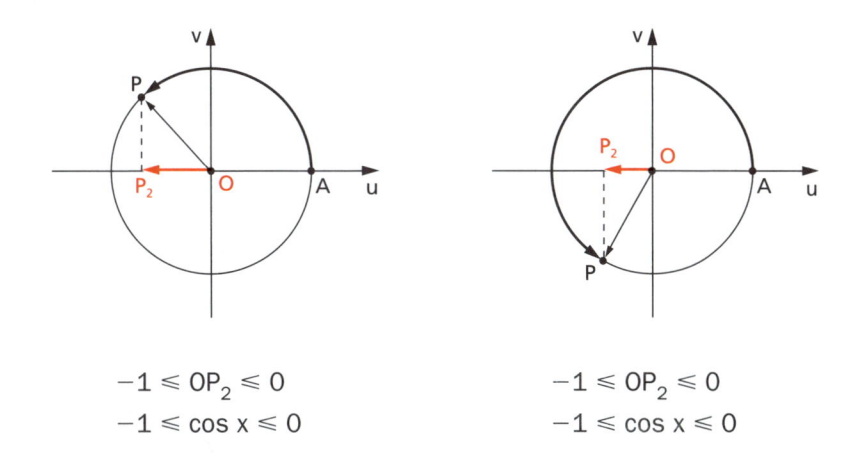

$-1 \leq OP_2 \leq 0$
$-1 \leq \cos x \leq 0$

$-1 \leq OP_2 \leq 0$
$-1 \leq \cos x \leq 0$

Portanto, para todo $x \in [0, 2\pi]$, temos $-1 \leq \cos x \leq 1$, isto é, -1 e $+1$ são os valores, respectivamente, mínimo e máximo da abscissa OP_2, ou seja, do cosseno.

3ª) Se x percorre o primeiro ou o segundo quadrante, então cos x é decrescente.

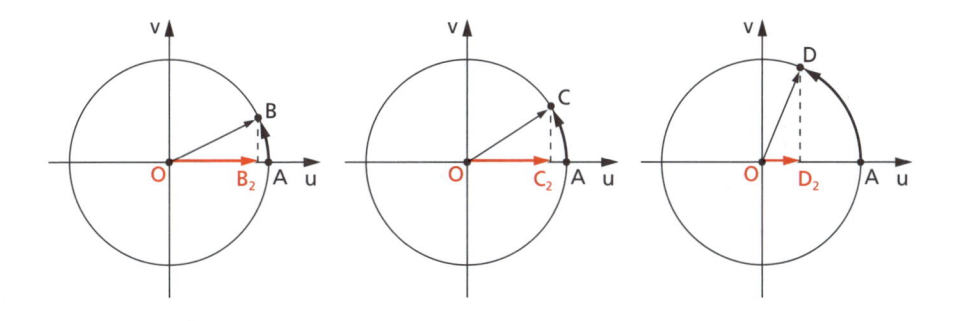

Os arcos $\widehat{AB}$, $\widehat{AC}$ e $\widehat{AD}$ são todos do 1º quadrante.

$$m\widehat{AB} < m\widehat{AC} < m\widehat{AD}$$

$OB_2 > OC_2 > OD_2$, ou seja, cos x decresce quando x percorre o 1º quadrante.

RAZÕES TRIGONOMÉTRICAS NA CIRCUNFERÊNCIA

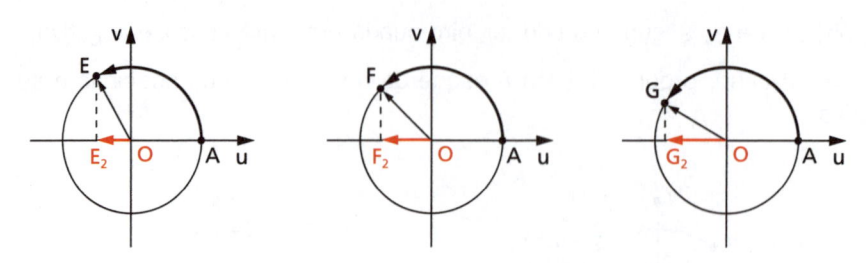

Os arcos $\widehat{AE}$, $\widehat{AF}$ e $\widehat{AG}$ são todos do 2º quadrante.

$$m\widehat{AE} < m\widehat{AF} < m\widehat{AG}$$

$OE_2 > OF_2 > OG_2$, ou seja, cos x decresce quando x percorre o 2º quadrante.

4ª) Se x percorre o terceiro ou o quarto quadrante, então cos x é crescente.

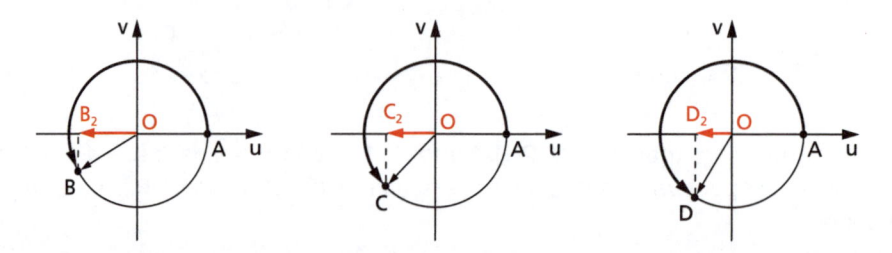

$\widehat{AB}$, $\widehat{AC}$ e $\widehat{AD}$ são todos do 3º quadrante.

$$m\widehat{AB} < m\widehat{AC} < m\widehat{AD}$$

$OB_2 < OC_2 < OD_2$, ou seja, cos x cresce quando x percorre o 3º quadrante.

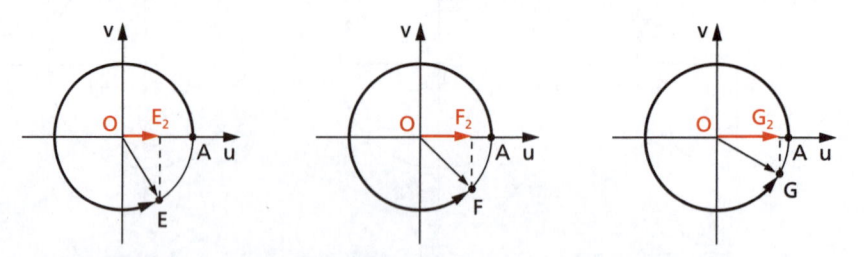

$\widehat{AE}$, $\widehat{AF}$ e $\widehat{AG}$ são todos do 4º quadrante.

$$m\widehat{AE} < m\widehat{AF} < m\widehat{AG}$$

$OE_2 < OF_2 < OG_2$, ou seja, cos x cresce quando x percorre o 4º quadrante.

58. Em síntese, verificamos que, fazendo x percorrer o intervalo [0, 2π], a imagem de x (ponto P) dá uma volta completa no ciclo, no sentido anti-horário, e a abscissa de P varia segundo a tabela:

x	0		$\frac{\pi}{2}$		π		$\frac{3\pi}{2}$		2π
cos x	1	decresce	0	decresce	−1	cresce	0	cresce	1

59. O sinal de cos x também pode ser assim sintetizado:

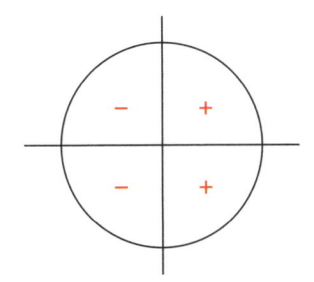

EXERCÍCIOS

54. Localize os arcos $\frac{\pi}{4}$, $\frac{3\pi}{4}$, $\frac{5\pi}{4}$ e $\frac{7\pi}{4}$. Em seguida, dê o sinal do cosseno de cada um deles.

Solução

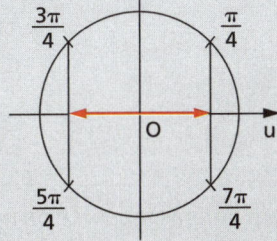

$\cos \frac{\pi}{4} > 0$; $\cos \frac{5\pi}{4} < 0$

$\cos \frac{3\pi}{4} < 0$; $\cos \frac{7\pi}{4} > 0$

55. Localize os arcos $\frac{\pi}{6}, \frac{5\pi}{6}, \frac{7\pi}{6}$ e $\frac{11\pi}{6}$. Em seguida, dê o sinal do cosseno de cada um deles.

56. Qual é o sinal do cosseno de cada arco abaixo?

a) $\frac{\pi}{3}$

b) $\frac{4\pi}{3}$

c) $\frac{\pi}{12}$

d) $\frac{4\pi}{5}$

e) $\frac{5\pi}{6}$

f) $\frac{7\pi}{8}$

g) $\frac{16\pi}{9}$

h) $\frac{2\pi}{3}$

57. Você pôde observar no exercício 54 que $\frac{\pi}{4}$ e $\frac{7\pi}{4}$ são simétricos em relação ao eixo u, assim como $\frac{3\pi}{4}$ e $\frac{5\pi}{4}$. Sabendo que $\cos\frac{\pi}{4} = \frac{\sqrt{2}}{2}$ e $\cos\frac{3\pi}{4} = \frac{-\sqrt{2}}{2}$, dê o valor de $\cos\frac{7\pi}{4}$ e $\cos\frac{5\pi}{4}$.

58. Utilizando simetria e sabendo que $\cos\frac{\pi}{6} = \frac{\sqrt{3}}{2}$, dê o valor do cosseno de $\frac{5\pi}{6}, \frac{7\pi}{6}$ e $\frac{11\pi}{6}$.

59. Sabendo que $\cos\frac{\pi}{3} = \frac{1}{2}$, qual é o valor de $\cos\frac{2\pi}{3}$, $\cos\frac{4\pi}{3}$ e $\cos\frac{5\pi}{3}$?

60. Calcule as expressões:

a) $\cos\frac{\pi}{3} + \cos\frac{\pi}{4} - \cos 2\pi$

b) $2\cos\frac{\pi}{6} + \frac{1}{2}\cos\frac{7\pi}{4}$

c) $3\cos\frac{\pi}{2} - 2\cos\frac{5\pi}{4} + \frac{1}{2}\cos\pi$

d) $-\frac{2}{3}\cos\frac{3\pi}{2} + \frac{3}{5}\cos\frac{5\pi}{3} - \frac{6}{7}\cos\frac{7\pi}{6}$

61. Localize os arcos no ciclo trigonométrico e coloque em ordem crescente os números cos 60°, cos 150°, cos 240° e cos 330°.

RAZÕES TRIGONOMÉTRICAS NA CIRCUNFERÊNCIA

62. Determine o sinal da expressão y = sen 107° + cos 107°.

Solução

Examinando o ciclo, notamos que:

|sen 135°| = |cos 135°|

e

90° < x < 135° ⟹ |sen x| > |cos x|

Como sen 107° > 0, cos 107° < 0

e |sen 107°| > |cos 107°|, decorre:

sen 107° + cos 107° > 0

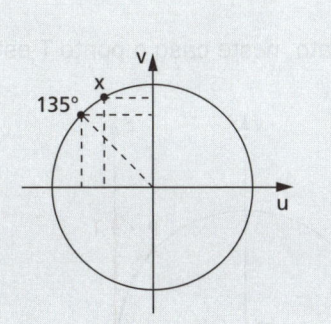

63. Qual é o sinal de cada uma das seguintes expressões?

a) y_1 = sen 45° + cos 45°

b) y_2 = sen 225° + cos 225°

c) y_3 = sen $\dfrac{7\pi}{4}$ + cos $\dfrac{7\pi}{4}$

d) y_4 = sen 300° + cos 300°

IV. Tangente

60. Definição

Dado um número real x ∈ [0, 2π], $x \neq \dfrac{\pi}{2}$ e $x \neq \dfrac{3\pi}{2}$, seja P sua imagem no ciclo. Consideremos a reta $\overleftrightarrow{OP}$ e seja T sua interseção com o eixo das tangentes. Denominamos **tangente** de x (e indicamos tg x) a medida algébrica do segmento $\overline{AT}$.

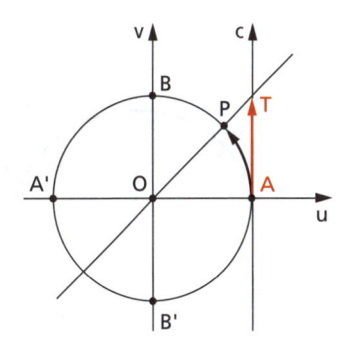

Notemos que, para $x = \dfrac{\pi}{2}$, P está em B e, para $x = \dfrac{3\pi}{2}$, P está em B', então a reta $\overleftrightarrow{OP}$ fica paralela ao eixo das tangentes. Como neste caso não existe o ponto T, a tg x não está definida.

61. Propriedades

1ª) Se x é do primeiro ou do terceiro quadrante, então tg x é positiva.

De fato, neste caso o ponto T está acima de A e AT é positiva.

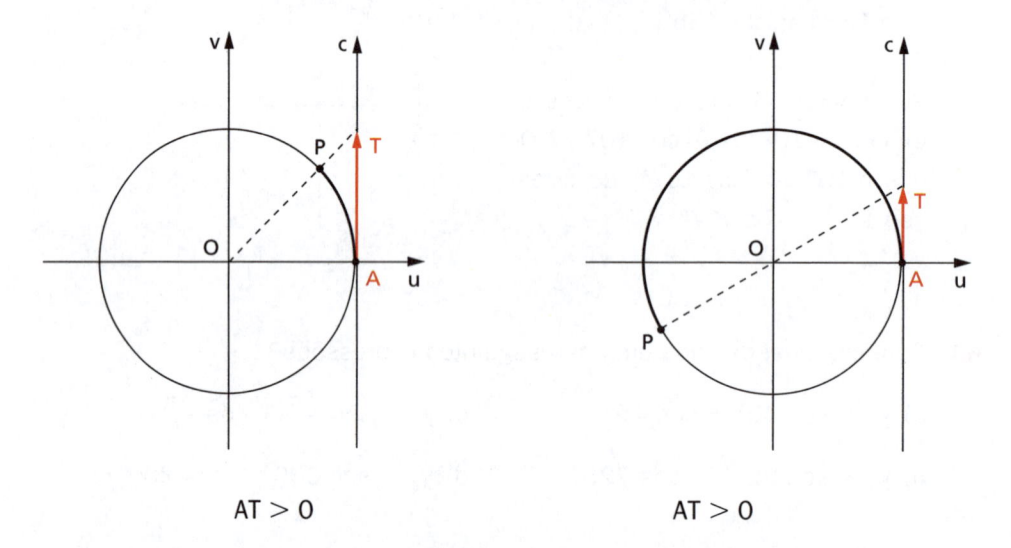

AT > 0   AT > 0

2ª) Se x é do segundo ou do quarto quadrante, então tg x é negativa.

De fato, neste caso o ponto T está abaixo de A e AT é negativa.

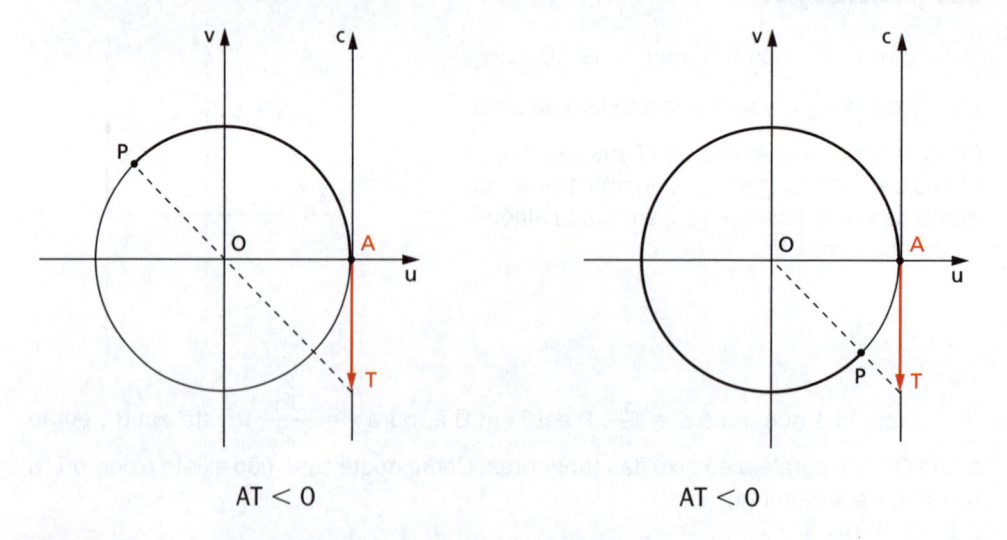

AT < 0   AT < 0

3ª) Se x percorre qualquer um dos quatro quadrantes, então tg x é crescente.
Considderemos estas figuras:

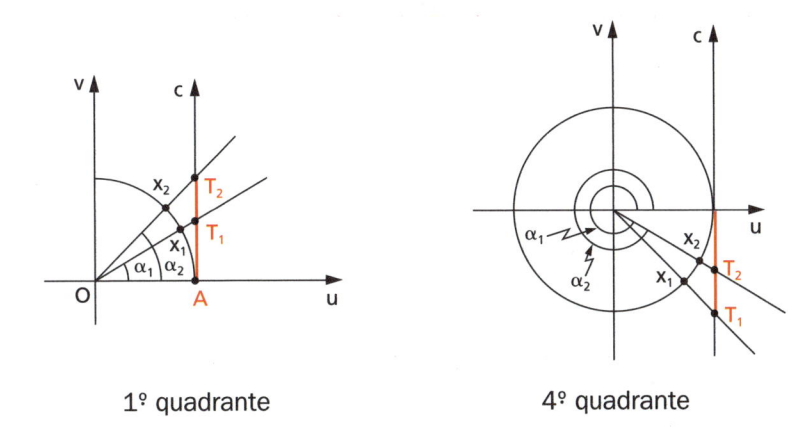

1º quadrante   4º quadrante

Dados x_1 e x_2, com $x_1 < x_2$, temos $\alpha_1 < \alpha_2$ e, por propriedade da Geometria Plana, vem $AT_1 < AT_2$, isto é, $tg\ x_1 < tg\ x_2$.

62. Em síntese, verificamos que, fazendo x percorrer o intervalo $[0, 2\pi]$, a imagem de x (ponto P) dá uma volta completa no ciclo, no sentido anti-horário, e a medida algébrica de $\overline{AT}$ varia segundo a tabela:

x	0		$\dfrac{\pi}{2}$		π		$\dfrac{3\pi}{2}$		2π
tg x	0	cresce	∄	cresce	0	cresce	∄	cresce	0

63. O sinal de tg x também pode ser assim esquematizado:

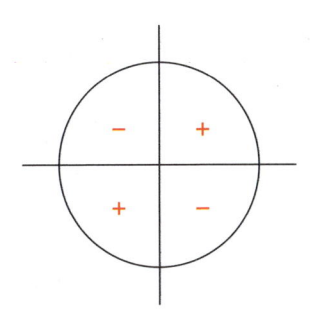

EXERCÍCIOS

64. Localize os arcos $\frac{\pi}{4}$, $\frac{3\pi}{4}$, $\frac{5\pi}{4}$ e $\frac{7\pi}{4}$. Em seguida, dê o sinal da tangente de cada um deles.

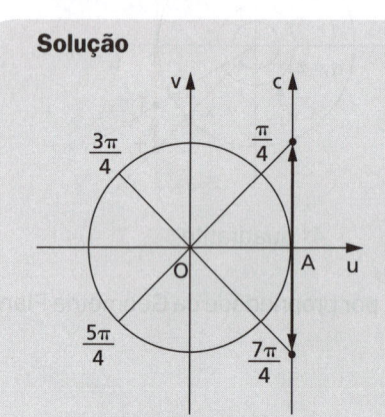

Solução

$$\text{tg}\,\frac{\pi}{4} > 0;\ \text{tg}\,\frac{5\pi}{4} > 0$$

$$\text{tg}\,\frac{3\pi}{4} < 0;\ \text{tg}\,\frac{7\pi}{4} < 0$$

65. Dê o sinal de cada um dos seguintes números:

a) $\text{tg}\,\frac{\pi}{6}$

b) $\text{tg}\,\frac{2\pi}{3}$

c) $\text{tg}\,\frac{7\pi}{6}$

d) $\text{tg}\,\frac{11\pi}{6}$

e) $\text{tg}\,\frac{4\pi}{3}$

f) $\text{tg}\,\frac{5\pi}{3}$

66. Sabendo que $\text{tg}\,\frac{\pi}{4} = 1$ e $\text{tg}\,\frac{3\pi}{4} = -1$ e verificando que $\frac{\pi}{4}$ e $\frac{7\pi}{4}$ são simétricos em relação ao eixo u, assim como $\frac{3\pi}{4}$ e $\frac{5\pi}{4}$, dê o valor de $\text{tg}\,\frac{7\pi}{4}$ e $\text{tg}\,\frac{5\pi}{4}$.

67. Usando simetria e sabendo que $\text{tg}\,\frac{\pi}{6} = \frac{\sqrt{3}}{3}$, dê o valor da tangente de $\frac{5\pi}{6}$, $\frac{7\pi}{6}$ e $\frac{11\pi}{6}$.

68. Sabendo que $\text{tg}\,\frac{\pi}{3} = \sqrt{3}$, qual é o valor da tangente de $\frac{2\pi}{3}$, $\frac{4\pi}{3}$ e $\frac{5\pi}{3}$?

69. Calcule as expressões:

a) $\operatorname{tg} \dfrac{\pi}{3} + \operatorname{tg} \dfrac{\pi}{4} - \operatorname{tg} 2\pi$

b) $2 \operatorname{tg} \dfrac{\pi}{6} + \dfrac{1}{2} \operatorname{tg} \dfrac{7\pi}{4}$

c) $-2 \operatorname{tg} \dfrac{5\pi}{4} + \dfrac{1}{2} \operatorname{tg} \pi - \dfrac{1}{3} \operatorname{tg} \dfrac{5\pi}{6}$

d) $\dfrac{3}{5} \operatorname{tg} \dfrac{5\pi}{3} - \dfrac{6}{7} \operatorname{tg} \dfrac{7\pi}{6} - \dfrac{2}{3} \cos \dfrac{3\pi}{2}$

70. Localize os arcos no ciclo trigonométrico e coloque em ordem crescente os números tg 60°, tg 120°, tg 210° e tg 330°.

71. Qual é o sinal de cada uma das seguintes expressões?

a) $y_1 = \operatorname{tg} 269° + \operatorname{sen} 178°$

b) $y_2 = \operatorname{tg} \dfrac{12\pi}{7} \cdot \left(\operatorname{sen} \dfrac{5\pi}{11} + \cos \dfrac{23\pi}{12} \right)$

V. Cotangente

64. Definição

Dado um número real $x \in [0, 2\pi]$, $x \notin \{0, \pi, 2\pi\}$, seja P sua imagem no ciclo. Consideremos a reta $\overleftrightarrow{OP}$ e seja D sua interseção com o eixo das cotangentes. Denominamos **cotangente** de x (e indicamos cotg x) a medida algébrica do segmento $\overline{BD}$.

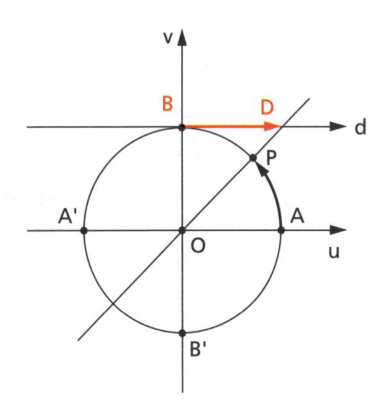

Notemos que, para $x = 0$, $x = \pi$ ou $x = 2\pi$, P está em A ou A' e, então, a reta $\overleftrightarrow{OP}$ fica paralela ao eixo das cotangentes. Como neste caso não existe o ponto D, a cotg x não está definida.

65. Propriedades

1ª) Se x é do primeiro ou do terceiro quadrante, então cotg x é positiva.
2ª) Se x é do segundo ou do quarto quadrante, então cotg x é negativa.
3ª) Se x percorre qualquer um dos quatro quadrantes, então cotg x é decrescente.

(A verificação dessas propriedades fica como exercício para o leitor.)

EXERCÍCIOS

72. Localize os arcos $\frac{\pi}{4}$, $\frac{3\pi}{4}$, $\frac{5\pi}{4}$ e $\frac{7\pi}{4}$. Em seguida, dê o sinal da cotangente de cada um deles.

Solução

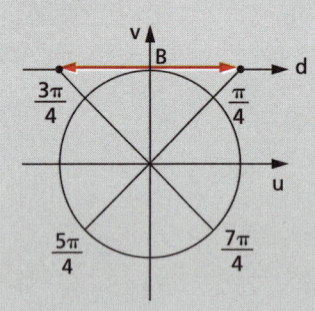

$\text{cotg}\,\frac{\pi}{4} > 0$; $\text{cotg}\,\frac{5\pi}{4} > 0$

$\text{cotg}\,\frac{3\pi}{4} < 0$; $\text{cotg}\,\frac{7\pi}{4} < 0$

73. Dê o sinal dos seguintes números:

a) $\text{cotg}\,\frac{\pi}{6}$

b) $\text{cotg}\,\frac{2\pi}{3}$

c) $\text{cotg}\,\frac{7\pi}{6}$

d) $\text{cotg}\,\frac{11\pi}{6}$

e) $\text{cotg}\,\frac{4\pi}{3}$

f) $\text{cotg}\,\frac{5\pi}{3}$

74. Sabendo que $\text{cotg}\,\frac{\pi}{4} = 1$ e $\text{cotg}\,\frac{3\pi}{4} = -1$ e verificando que $\frac{\pi}{4}$ e $\frac{7\pi}{4}$ são simétricos em relação ao eixo u, assim como $\frac{3\pi}{4}$ e $\frac{5\pi}{4}$, dê o valor de $\text{cotg}\,\frac{7\pi}{4}$ e $\text{cotg}\,\frac{5\pi}{4}$.

75. Usando simetria e sabendo que $\cotg \dfrac{\pi}{6} = \sqrt{3}$, dê o valor da cotangente de $\dfrac{5\pi}{6}$, $\dfrac{7\pi}{6}$ e $\dfrac{11\pi}{6}$.

76. Sabendo que $\cotg \dfrac{\pi}{3} = \dfrac{\sqrt{3}}{3}$, qual é o valor da cotangente de $\dfrac{2\pi}{3}, \dfrac{4\pi}{3}$ e $\dfrac{5\pi}{3}$?

77. Calcule as expressões:

a) $\cotg \dfrac{\pi}{3} + \cotg \dfrac{\pi}{4} + \cotg \dfrac{\pi}{6}$

b) $2 \cotg \dfrac{2\pi}{3} - \dfrac{1}{2} \cotg \dfrac{5\pi}{6}$

c) $\sen \dfrac{\pi}{3} + \cos \dfrac{\pi}{4} - \tg \dfrac{2\pi}{3} + \cotg \dfrac{7\pi}{6}$

d) $\dfrac{3}{5} \cotg \dfrac{5\pi}{3} - \dfrac{6}{7} \cotg \dfrac{7\pi}{6} - \dfrac{2}{3} \sen \dfrac{3\pi}{2} + \dfrac{4}{5} \cos \dfrac{5\pi}{4}$

78. Localize os arcos no ciclo trigonométrico e coloque em ordem crescente os números cotg 60°, cotg 120°, cotg 210° e cotg 330°.

79. Qual é o sinal das seguintes expressões?

a) $y_1 = \cotg 269° + \sen 178°$ b) $y_2 = \cotg \dfrac{12\pi}{7} \cdot \left(\sen \dfrac{5\pi}{11} + \cos \dfrac{23\pi}{12} \right)$

VI. Secante

66. Definição

Dado um número real $x \in [0, 2\pi]$, $x \notin \left\{ \dfrac{\pi}{2}, \dfrac{3\pi}{2} \right\}$, seja P sua imagem no ciclo. Consideremos a reta s tangente ao ciclo em P e seja S sua interseção com o eixo dos cossenos. Denominamos **secante** de x (e indicamos sec x) a abscissa OS do ponto S.

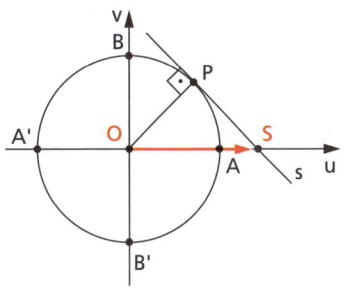

Notemos que, para $x = \dfrac{\pi}{2}$ ou $x = \dfrac{3\pi}{2}$, P está em B ou B', então a reta s fica paralela ao eixo dos cossenos. Como neste caso não existe o ponto S, a sec x não está definida.

67. Propriedades

1ª) Se x é do 1º ou do 4º quadrante, então sec x é positiva.
2ª) Se x é do 2º ou do 3º quadrante, então sec x é negativa.
3ª) Se x percorre o 1º ou o 2º quadrante, então sec x é crescente.
4ª) Se x percorre o 3º ou o 4º quadrante, então sec x é decrescente.
(A verificação dessas propriedades fica como exercício para o leitor.)

EXERCÍCIOS

80. Localize os arcos relacionados abaixo e, em seguida, dê o sinal da secante de cada um deles.

a) $\dfrac{\pi}{3}$ e) $\dfrac{5\pi}{3}$

b) $\dfrac{2\pi}{3}$ f) $\dfrac{7\pi}{4}$

c) $\dfrac{5\pi}{4}$ g) $\dfrac{11\pi}{6}$

d) $\dfrac{5\pi}{6}$ h) $\dfrac{7\pi}{6}$

81. Sabendo que $\sec \dfrac{\pi}{6} = \dfrac{2\sqrt{3}}{3}$, localizando os arcos e utilizando simetria, dê o valor da secante de $\dfrac{5\pi}{6}$, $\dfrac{7\pi}{6}$ e $\dfrac{11\pi}{6}$.

82. Quais são os valores da secante de $\dfrac{2\pi}{3}$, $\dfrac{4\pi}{3}$ e $\dfrac{5\pi}{3}$, sabendo que $\sec \dfrac{\pi}{3} = 2$?

83. Localize os arcos no ciclo trigonométrico e coloque em ordem crescente os números sec 60°, sec 120°, sec 210° e sec 330°.

84. Qual é o sinal das seguintes expressões?

a) $y_1 = \sec 269° + \sec 178°$ b) $y_2 = \sec \dfrac{12\pi}{7} \cdot \left(\operatorname{sen} \dfrac{5\pi}{11} + \cos \dfrac{23\pi}{12}\right)$

VII. Cossecante

68. Definição

Dado um número real $x \in [0, 2\pi]$, $x \notin \{0, \pi, 2\pi\}$, seja P sua imagem no ciclo. Consideremos a reta s tangente ao ciclo em P e seja C sua interseção com o eixo dos senos. Denominamos **cossecante** de x (e indicamos cossec x) a ordenada OC do ponto C.

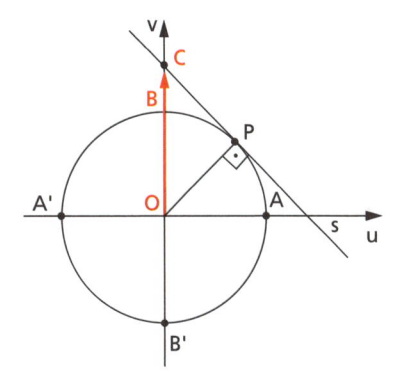

Notemos que, para $x = 0$, $x = \pi$ ou $x = 2\pi$, P está em A ou A' e, então a reta s fica paralela ao eixo dos senos. Como neste caso não existe o ponto C, a cossec x não está definida.

69. Propriedades

1ª) Se x é do 1º ou do 2º quadrante, então cossec x é positiva.
2ª) Se x é do 3º ou do 4º quadrante, então cossec x é negativa.
3ª) Se x percorre o 2º ou o 3º quadrante, então cossec x é crescente.
4ª) Se x percorre o 1º ou o 4º quadrante, então cossec x é decrescente.
(A verificação dessas propriedades fica como exercício para o leitor.)

EXERCÍCIOS

85. Localize os arcos relacionados abaixo e, em seguida, dê o sinal da cossecante de cada um deles.

a) $\dfrac{\pi}{3}$ c) $\dfrac{5\pi}{4}$ e) $\dfrac{5\pi}{3}$ g) $\dfrac{11\pi}{6}$

b) $\dfrac{2\pi}{3}$ d) $\dfrac{5\pi}{6}$ f) $\dfrac{7\pi}{4}$ h) $\dfrac{7\pi}{6}$

86. Sabendo que $\operatorname{cossec} \dfrac{\pi}{6} = 2$, localizando os arcos e utilizando simetria, dê o valor da cossecante de $\dfrac{5\pi}{6}$, $\dfrac{7\pi}{6}$ e $\dfrac{11\pi}{6}$.

87. Quais são os valores da cossecante de $\dfrac{2\pi}{3}$, $\dfrac{4\pi}{3}$ e $\dfrac{5\pi}{3}$, sabendo que a cossecante de $\dfrac{\pi}{3}$ é igual a $\dfrac{2\sqrt{3}}{3}$?

88. Localize os arcos no ciclo trigonométrico e coloque em ordem crescente os números cossec 60°, cossec 150°, cossec 240° e cossec 300°.

89. Qual é o sinal das seguintes expressões?
a) $y_1 = \cos 91° + \operatorname{cossec} 91°$
b) $y_2 = \operatorname{sen} 107° + \sec 107°$
c) $y_3 = \sec \dfrac{9\pi}{8} \cdot \left(\operatorname{tg} \dfrac{7\pi}{6} + \operatorname{cotg} \dfrac{\pi}{7} \right)$

90. Qual é o valor de $\left(\operatorname{cossec} \dfrac{\pi}{6} + \operatorname{sen} \dfrac{\pi}{6} \right)\left(\operatorname{sen} \dfrac{\pi}{4} - \sec \dfrac{\pi}{3} \right)$?

CAPÍTULO V
Relações fundamentais

I. Introdução

Definimos sen x, cos x, tg x, cotg x, sec x e cossec x no ciclo trigonométrico, ou seja, para x pertencente ao intervalo [0, 2π].

Vamos mostrar agora que esses seis números guardam entre si relações denominadas **relações fundamentais**. Mais ainda, mostraremos que a partir de um deles sempre é possível calcular os outros cinco.

II. Relações fundamentais

70. Teorema

Para todo x real, x ∈ [0, 2π], vale a relação:

$$\operatorname{sen}^2 x + \cos^2 x = 1$$

RELAÇÕES FUNDAMENTAIS

Demonstração:

a) No caso especial em que $x \in \left\{0, \dfrac{\pi}{2}, \pi, \dfrac{3\pi}{2}, 2\pi\right\}$, podemos verificar diretamente:

x	sen x	cos x	sen² x + cos² x
0	0	1	1
$\dfrac{\pi}{2}$	1	0	1
π	0	−1	1
$\dfrac{3\pi}{2}$	−1	0	1
2π	0	1	1

b) Se $x \notin \left\{0, \dfrac{\pi}{2}, \pi, \dfrac{3\pi}{2}, 2\pi\right\}$, a imagem de x é distinta de A, B, A' e B' e, então, existe o triângulo OP_2P retângulo.

Portanto:

$$|OP_2|^2 + |P_2P|^2 = |OP|^2$$

ou seja:

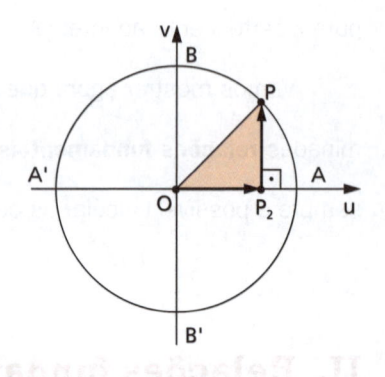

$$\cos^2 x + \text{sen}^2 x = 1$$

71. Teorema

Para todo x real, $x \in [0, 2\pi]$ e $x \notin \left\{\dfrac{\pi}{2}, \dfrac{3\pi}{2}\right\}$, vale a relação:

$$\text{tg } x = \dfrac{\text{sen } x}{\cos x}$$

RELAÇÕES FUNDAMENTAIS

Demonstração:

a) Se $x \notin \{0, \pi, 2\pi\}$, a imagem de x é distinta de A, B, A' e B', então temos:

$$\triangle OAT \sim \triangle OP_2P$$

$$\frac{|AT|}{|OA|} = \frac{|P_2P|}{|OP_2|}$$

$$|\text{tg } x| = \frac{|\text{sen } x|}{|\cos x|} \quad (1)$$

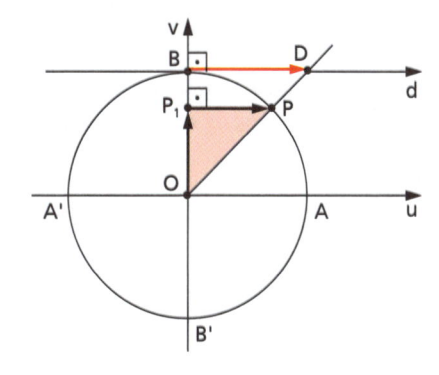

Utilizando o quadro de sinais ao lado, observemos que o sinal de tg x é igual ao do quociente $\frac{\text{sen } x}{\cos x}$. (2)

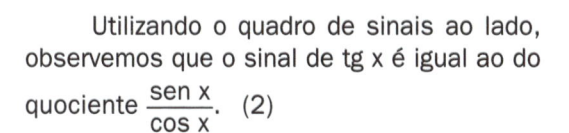

De (1) e (2) decorre a tese.

b) Se $x \in \{0, \pi, 2\pi\}$, temos:

$$\text{tg } x = 0 = \frac{\text{sen } x}{\cos x}$$

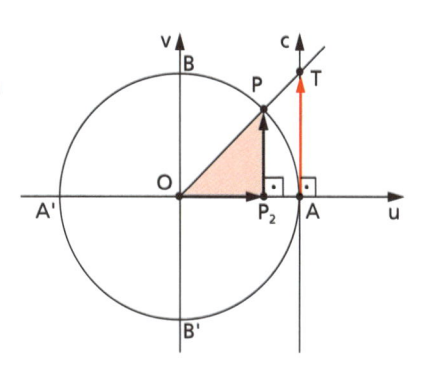

Q	sinal de tg x	sinal de $\frac{\text{sen } x}{\cos x}$
1º	+	+
2º	−	−
3º	+	+
4º	−	−

72. Teorema

Para todo x real, $x \in [0, 2\pi]$ e $x \notin \{0, \pi, 2\pi\}$, vale a relação:

$$\boxed{\text{cotg } x = \frac{\cos x}{\text{sen } x}}$$

Demonstração:

a) Se $x \notin \left\{\frac{\pi}{2}, \frac{3\pi}{2}\right\}$, a imagem de x é distinta de A, B, A' e B', então temos:

$$\triangle OBD \sim \triangle OP_1P$$

$$\frac{|BD|}{|OB|} = \frac{|P_1P|}{|OP_1|}$$

$$|\text{cotg } x| = \frac{|\cos x|}{|\text{sen } x|} \quad (1)$$

RELAÇÕES FUNDAMENTAIS

Utilizando o quadro de sinais ao lado, observemos que o sinal de cotg x é igual ao do quociente $\frac{\cos x}{\text{sen } x}$. (2)

De (1) e (2) decorre a tese.

Q	sinal de cotg x	sinal de $\frac{\cos x}{\text{sen } x}$
1º	+	+
2º	−	−
3º	+	+
4º	−	−

b) Se $x = \frac{\pi}{2}$ ou $x = \frac{3\pi}{2}$, temos cotg $x = 0 = \frac{\cos x}{\text{sen } x}$.

73. Teorema

Para todo x real, $x \in [0, 2\pi]$ e $x \notin \left\{\frac{\pi}{2}, \frac{3\pi}{2}\right\}$, vale a relação:

$$\sec x = \frac{1}{\cos x}$$

Demonstração:

a) Se $x \notin \{0, \pi, 2\pi\}$, a imagem de x é distinta de A, B, A' e B', então temos:

$$\triangle OPS \sim \triangle OP_2P$$

$$\frac{|OS|}{|OP|} = \frac{|OP|}{|OP_2|}$$

$$|\sec x| = \frac{1}{|\cos x|} \quad (1)$$

Utilizando o quadro de sinais ao lado, observemos que o sinal de sec x é igual ao sinal de cos x. (2)

De (1) e (2) decorre a tese.

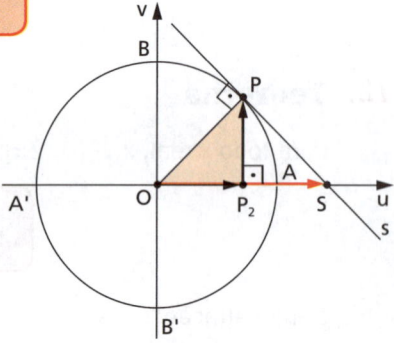

Q	sinal de sec x	sinal de sen x
1º	+	+
2º	−	−
3º	−	−
4º	+	+

b) Se x ∈ {0, π, 2π}, temos:

$$\sec x = 1 = \frac{1}{\cos x}, \quad (x = 0 \text{ ou } x = 2\pi)$$

$$\sec x = -1 = \frac{1}{\cos x}, \quad (x = \pi)$$

74. Teorema

Para todo x real, x ∈ [0, 2π] e x ∉ {0, π, 2π}, vale a relação:

$$\operatorname{cossec} x = \frac{1}{\operatorname{sen} x}$$

Demonstração:

a) Se $x \notin \left\{\frac{\pi}{2}, \frac{3\pi}{2}\right\}$, a imagem de x é distinta de A, B, A' e B', então temos:

$$\triangle OPC \sim \triangle OP_1P$$

$$\frac{|OC|}{|OP|} = \frac{|OP|}{|OP_1|}$$

$$|\operatorname{cossec} x| = \frac{1}{|\operatorname{sen} x|} \quad (1)$$

Utilizando o quadro de sinais ao lado, observemos que o sinal de cossec x é igual ao sinal de sen x. (2)

De (1) e (2) decorre a tese.

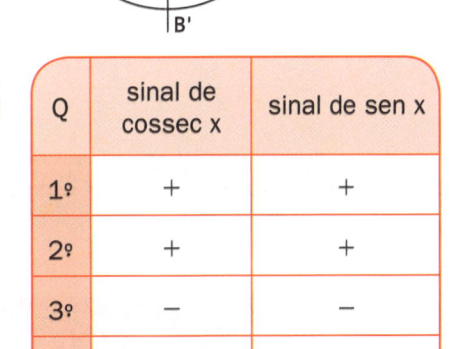

Q	sinal de cossec x	sinal de sen x
1º	+	+
2º	+	+
3º	−	−
4º	−	−

b) Se $x \in \left\{\frac{\pi}{2}, \frac{3\pi}{2}\right\}$, temos:

$$\operatorname{cossec} x = 1 = \frac{1}{\operatorname{sen} x}, \left(x = \frac{\pi}{2}\right) \text{ ou } \operatorname{cossec} x = -1 = \frac{1}{\operatorname{sen} x}, \left(x = \frac{3\pi}{2}\right)$$

RELAÇÕES FUNDAMENTAIS

75. Corolário

Para todo x real, $x \in [0, 2\pi]$ e $x \notin \left\{0, \dfrac{\pi}{2}, \pi, \dfrac{3\pi}{2}, 2\pi\right\}$, valem as relações:

$$1^a)\ \cotg x = \dfrac{1}{\tg x}$$

$$2^a)\ \tg^2 x + 1 = \sec^2 x$$

$$3^a)\ 1 + \cotg^2 x = \cossec^2 x$$

$$4^a)\ \cos^2 x = \dfrac{1}{1 + \tg^2 x}$$

$$5^a)\ \sen^2 x = \dfrac{\tg^2 x}{1 + \tg^2 x}$$

Demonstração:

$1^a)\ \cotg x = \dfrac{\cos x}{\sen x} = \dfrac{1}{\frac{\sen x}{\cos x}} = \dfrac{1}{\tg x}$

$2^a)\ \tg^2 x + 1 = \dfrac{\sen^2 x}{\cos^2 x} + 1 = \dfrac{\sen^2 x + \cos^2 x}{\cos^2 x} = \dfrac{1}{\cos^2 x} = \sec^2 x$

$3^a)\ 1 + \cotg^2 x = 1 + \dfrac{\cos^2 x}{\sen^2 x} = \dfrac{\sen^2 x + \cos^2 x}{\sen^2 x} = \dfrac{1}{\sen^2 x} = \cossec^2 x$

$4^a)\ \cos^2 x = \dfrac{1}{\sec^2 x} = \dfrac{1}{1 + \tg^2 x}$

$5^a)\ \sen^2 x = \cos^2 x \cdot \dfrac{\sen^2 x}{\cos^2 x} = \cos^2 x \cdot \tg^2 x = \dfrac{1}{1 + \tg^2 x} \cdot \tg^2 x = \dfrac{\tg^2 x}{1 + \tg^2 x}$

EXERCÍCIOS

91. Sabendo que $\sen x = \dfrac{4}{5}$ e $\dfrac{\pi}{2} < x < \pi$, obtenha as demais razões trigonométricas de x.

Solução

Notando que $\frac{\pi}{2} < x < \pi \Rightarrow \cos x < 0$, temos:

$$\cos x = -\sqrt{1 - \operatorname{sen}^2 x} = -\sqrt{1 - \frac{16}{25}} = -\sqrt{\frac{9}{25}} = -\frac{3}{5}$$

$$\operatorname{tg} x = \frac{\operatorname{sen} x}{\cos x} = \frac{\frac{4}{5}}{-\frac{3}{5}} = -\frac{4}{3}$$

$$\operatorname{cotg} x = \frac{\cos x}{\operatorname{sen} x} = \frac{-\frac{3}{5}}{\frac{4}{5}} = -\frac{3}{4}$$

$$\sec x = \frac{1}{\cos x} = \frac{1}{-\frac{3}{5}} = -\frac{5}{3}$$

$$\operatorname{cossec} x = \frac{1}{\operatorname{sen} x} = \frac{1}{\frac{4}{5}} = \frac{5}{4}$$

92. Sabendo que $\operatorname{cossec} x = -\frac{25}{24}$ e $\pi < x < \frac{3\pi}{2}$, obtenha as demais razões trigonométricas de x.

93. Sabendo que $\operatorname{tg} x = \frac{12}{5}$ e $\pi < x < \frac{3\pi}{2}$, obtenha as demais razões trigonométricas de x.

Solução

$$\operatorname{cotg} x = \frac{1}{\operatorname{tg} x} = \frac{1}{\frac{12}{5}} = \frac{5}{12}$$

Notando que $\pi < x < \frac{3\pi}{2} \Rightarrow \sec x < 0$, temos:

$$\sec x = -\sqrt{1 + \operatorname{tg}^2 x} = -\sqrt{1 + \frac{144}{25}} = -\sqrt{\frac{169}{25}} = -\frac{13}{5}$$

RELAÇÕES FUNDAMENTAIS

$$\cos x = \frac{1}{\sec x} = \frac{1}{-\frac{13}{5}} = -\frac{5}{13}$$

$$\operatorname{sen} x = \operatorname{tg} x \cdot \cos x = \left(\frac{12}{5}\right)\left(-\frac{5}{13}\right) = -\frac{12}{13}$$

$$\operatorname{cossec} x = \frac{1}{\operatorname{sen} x} = \frac{1}{-\frac{12}{13}} = -\frac{13}{12}$$

94. Calcule cos x, sabendo que cotg $x = \frac{2\sqrt{m}}{m-1}$, com $m > 1$.

95. Calcule sec x, sabendo que sen $x = \frac{2ab}{a^2 + b^2}$, com $a > b > 0$.

96. Sabendo que sec $x = 3$, calcule o valor da expressão $y = \operatorname{sen}^2 x + 2 \cdot \operatorname{tg}^2 x$.

Solução

$$\cos x = \frac{1}{\sec x} = \frac{1}{3}$$

$$\operatorname{sen}^2 x = 1 - \cos^2 x = 1 - \frac{1}{9} = \frac{8}{9}$$

$$\operatorname{tg}^2 x = \sec^2 x - 1 = 9 - 1 = 8$$

então

$$y = \operatorname{sen}^2 x + 2 \cdot \operatorname{tg}^2 x = \frac{8}{9} + 16 = \frac{152}{9}$$

97. Sendo sen $x = \frac{1}{3}$ e $0 < x < \frac{\pi}{2}$, calcule o valor de

$$y = \frac{1}{\operatorname{cossec} x + \operatorname{cotg} x} + \frac{1}{\operatorname{cossec} x - \operatorname{cotg} x}.$$

98. Sabendo que cotg $x = \frac{24}{7}$ e $\pi < x < \frac{3\pi}{2}$, calcule o valor da expressão

$$y = \frac{\operatorname{tg} x \cdot \cos x}{(1 + \cos x)(1 - \cos x)}.$$

Solução 1

Calculamos tg x, cos x e finalmente y:

$$\text{tg } x = \frac{1}{\text{cotg } x} = \frac{7}{24}$$

$$\cos^2 x = \frac{1}{1 + \text{tg}^2 x} = \frac{1}{1 + \frac{49}{576}} = \frac{576}{625} \Rightarrow \cos x = -\frac{24}{25} \text{ (pois, } \cos x < 0\text{)}$$

$$y = \frac{\text{tg } x \cdot \cos x}{(1 + \cos x)(1 - \cos x)} = \frac{\left(\frac{7}{24}\right)\left(-\frac{24}{25}\right)}{\left(1 - \frac{24}{25}\right)\left(1 + \frac{24}{25}\right)} = \frac{-\frac{7}{25}}{\frac{49}{625}} = -\frac{25}{7}$$

Solução 2

Simplificamos y e depois calculamos o valor da expressão:

$$y = \frac{\frac{\text{sen } x}{\cos x} \cdot \cos x}{1 - \cos^2 x} = \frac{\text{sen } x}{\text{sen}^2 x} = \frac{1}{\text{sen } x} = \text{cossec } x =$$

$$= -\sqrt{1 + \text{cotg}^2 x} = -\sqrt{1 + \frac{576}{49}} = -\frac{25}{7}$$

99. Dado que $\cos x = \frac{2}{5}$ e $\frac{3\pi}{2} < x < 2\pi$, obtenha o valor de
$y = (1 + \text{tg}^2 x)^2 + (1 - \text{tg}^2 x)^2$.

100. Calcule sen x e cos x, sabendo que $3 \cdot \cos x + \text{sen } x = -1$.

Solução

Vamos resolver o sistema:

$$\begin{cases} 3 \cdot \cos x + \text{sen } x = -1 \quad (1) \\ \cos^2 x + \text{sen}^2 x = 1 \quad (2) \end{cases}$$

De (1) vem: $\text{sen } x = -1 - 3 \cdot \cos x$ (3)

RELAÇÕES FUNDAMENTAIS

> Substituindo (3) em (2), resulta:
>
> $\cos^2 x + (-1 - 3 \cdot \cos x)^2 = 1 \Rightarrow$
>
> $\Rightarrow \cos^2 x + 1 + 6 \cdot \cos x + 9 \cdot \cos^2 x = 1 \Rightarrow$
>
> $\Rightarrow 10 \cdot \cos^2 x + 6 \cdot \cos x = 0$
>
> então: $\cos x = 0$ ou $\cos x = -\dfrac{3}{5}$.
>
> Substituindo cada uma dessas alternativas em (3), encontramos:
>
> $\operatorname{sen} x = -1 - 3 \cdot 0 = -1$ ou $\operatorname{sen} x = -1 - 3\left(-\dfrac{3}{5}\right) = \dfrac{4}{5}$.
>
> Assim, temos duas soluções:
>
> 1ª) $\cos x = 0$ e $\operatorname{sen} x = -1$
>
> ou
>
> 2ª) $\cos x = -\dfrac{3}{5}$ e $\operatorname{sen} x = \dfrac{4}{5}$

101. Calcule $\operatorname{sen} x$ e $\cos x$, sabendo que $5 \cdot \sec x - 3 \cdot \operatorname{tg}^2 x = 1$.

102. Obtenha $\operatorname{tg} x$, sabendo que $\operatorname{sen}^2 x - 5 \cdot \operatorname{sen} x \cdot \cos x + \cos^2 x = 3$.

103. Calcule m de modo a obter $\operatorname{sen} x = 2m + 1$ e $\cos x = 4m + 1$.

> **Solução**
>
> Como $\operatorname{sen}^2 x + \cos^2 x = 1$, resulta:
>
> $(2m + 1)^2 + (4m + 1)^2 = 1 \Rightarrow (4m^2 + 4m + 1) + (16m^2 + 8m + 1) = 1$
>
> $\Rightarrow 20m^2 + 12m + 1 = 0 \Rightarrow m = \dfrac{-12 \pm \sqrt{144 - 80}}{40} =$
>
> $= \dfrac{-12 \pm 8}{40} \Rightarrow m = -\dfrac{1}{2}$ ou $m = -\dfrac{1}{10}$

104. Calcule m de modo a obter $\operatorname{tg} x = m - 2$ e $\operatorname{cotg} x = \dfrac{m}{3}$.

105. Determine a de modo a obter $\cos x = \dfrac{1}{a + 1}$ e $\operatorname{cossec} x = \dfrac{a + 1}{\sqrt{a + 2}}$.

106. Determine uma relação entre x e y, independente de t, sabendo que:
x = 3 · sen t e y = 4 · cos t

Solução

Como $\text{sen}^2 t + \cos^2 t = 1$, resulta:

$\left(\dfrac{x}{3}\right)^2 + \left(\dfrac{y}{4}\right)^2 = 1 \Rightarrow \dfrac{x^2}{9} + \dfrac{y^2}{16} = 1 \Rightarrow 16x^2 + 9y^2 = 144$

107. Determine uma relação entre x e y, independente de t, sabendo que:
x = 5 · tg t e y = 3 · cossec t

Solução

Como $\text{cossec}^2 t = \text{cotg}^2 t + 1$ e $\text{cotg } t = \dfrac{1}{\text{tg } t}$, resulta:

$\left(\dfrac{y}{3}\right)^2 = \left(\dfrac{5}{x}\right)^2 + 1 \Rightarrow \dfrac{y^2}{9} = \dfrac{25}{x^2} + 1 \Rightarrow x^2 y^2 = 225 + 9x^2 \Rightarrow$

$\Rightarrow x^2 y^2 - 9x^2 = 225$

108. Se sen x + cos x = a e sen x · cos x = b, obtenha uma relação entre a e b, independente de x.

109. Dado que sen x · cos x = m, calcule o valor de $y = \text{sen}^4 x + \cos^4 x$ e $z = \text{sen}^6 x + \cos^6 x$.

Solução

Como $a^2 + b^2 \equiv (a + b)^2 - 2ab$, temos:
$y = (\text{sen}^2 x)^2 + (\cos^2 x)^2 = (\text{sen}^2 x + \cos^2 x)^2 - 2 \cdot \text{sen}^2 x \cdot \cos^2 x =$
$= 1^2 - 2 \cdot (\text{sen } x \cdot \cos x)^2 = 1 - 2m^2$

Como $a^3 + b^3 \equiv (a + b)(a^2 - ab + b^2)$, temos:
$z = (\text{sen}^2 x)^3 + (\cos^2 x)^3 = (\text{sen}^2 x + \cos^2 x)(\text{sen}^4 x - \text{sen}^2 x \cdot \cos^2 x + \cos^4 x) =$
$= \text{sen}^4 x + \cos^4 x - \text{sen}^2 x \cdot \cos^2 x = y - (\text{sen } x \cdot \cos x)^2 =$
$= 1 - 2m^2 - m^2 = 1 - 3m^2$

110. Sabendo que sen x + cos x = a (a dado), calcule $y = \text{sen}^3 x + \cos^3 x$.

CAPÍTULO VI

Arcos notáveis

Verificaremos no que segue que as razões trigonométricas dos reais $x = \frac{\pi}{n}$, $n \in \mathbb{N}$ e $n \geq 3$, podem ser calculadas a partir de ℓ_n, que é o lado do polígono regular de n lados inscrito na circunferência.

I. Teorema

Para todo $n \in \mathbb{N}$ e $n \geq 3$, vale a relação:

$$\operatorname{sen} \frac{\pi}{n} = \frac{\ell_n}{2}$$

Demonstração:

Seja $A\hat{O}P = A\hat{O}P' = \frac{\pi}{n}$.

Como $P'\hat{O}P = \frac{2\pi}{n}$, decorre que $P'P = \ell_n$.

No triângulo isósceles P'OP, o segmento $\overline{OP_2}$ contido no eixo dos cossenos é **bissetriz** interna e também **altura** e **mediana**, isto é, $\overline{P'P} \perp u$ e P_2 é ponto médio de $\overline{P'P}$. Então:

$$\operatorname{sen} \frac{\pi}{n} = P_2P = \frac{\ell_n}{2}$$

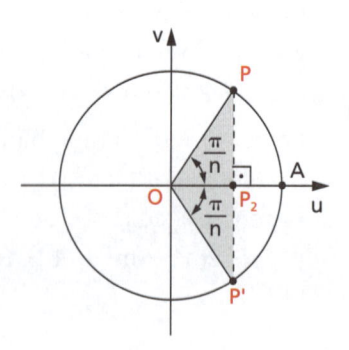

II. Aplicações

Os casos mais comuns de aplicação desta teoria são aqueles em que n = 3, 4 e 6.

Esses casos já foram vistos sob outro aspecto nos itens 27, 28 e 29 do capítulo II.

76. Valores das razões trigonométricas de $\dfrac{\pi}{3}$

Aplicando o teorema de Pitágoras ao triângulo assinalado na figura, temos $\ell_3 = R\sqrt{3}$.

Notando que o raio do ciclo é R = 1, temos:

$$\operatorname{sen} \frac{\pi}{3} = \frac{\ell_3}{2} = \frac{R\sqrt{3}}{2} = \frac{\sqrt{3}}{2}$$

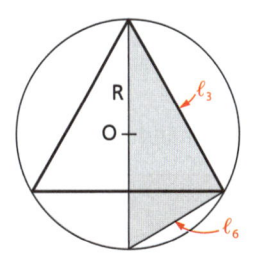

Em consequência, vem:

$$\cos \frac{\pi}{3} = \sqrt{1 - \operatorname{sen}^2 \frac{\pi}{3}} = \sqrt{1 - \frac{3}{4}} = \frac{1}{2}$$

$$\operatorname{tg} \frac{\pi}{3} = \frac{\operatorname{sen} \dfrac{\pi}{3}}{\cos \dfrac{\pi}{3}} = \frac{\dfrac{\sqrt{3}}{2}}{\dfrac{1}{2}} = \sqrt{3}$$

77. Valores das razões trigonométricas de $\dfrac{\pi}{4}$

Aplicando o teorema de Pitágoras ao triângulo assinalado na figura, temos $\ell_4 = R\sqrt{2}$.

Então:

$$\operatorname{sen} \frac{\pi}{4} = \frac{\ell_4}{2} = \frac{R\sqrt{2}}{2} = \frac{\sqrt{2}}{2}$$

Em consequência, vem:

$$\cos \frac{\pi}{4} = \frac{\sqrt{2}}{2} \text{ e } \operatorname{tg} \frac{\pi}{4} = 1$$

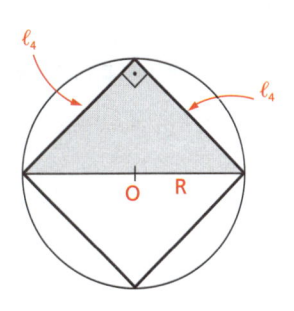

ARCOS NOTÁVEIS

78. Valores das razões trigonométricas de $\dfrac{\pi}{6}$

Sendo PQ = ℓ_6 o lado do hexágono regular inscrito, o triângulo OPQ é equilátero e, então:

$$\boxed{\ell_6 = R}$$

Logo:

$$\operatorname{sen} \frac{\pi}{6} = \frac{\ell_6}{2} = \frac{R}{2} = \frac{1}{2}$$

$$\cos \frac{\pi}{6} = \frac{\sqrt{3}}{2} \quad \text{e} \quad \operatorname{tg} \frac{\pi}{6} = \frac{\sqrt{3}}{3}$$

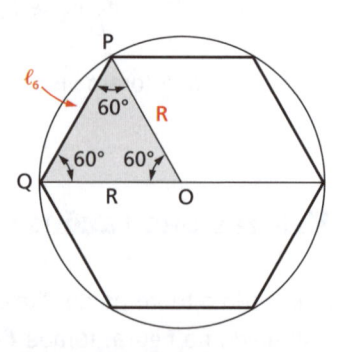

79. Concluindo, podemos sintetizar esses resultados na seguinte tabela:

razão \ ângulo	$\dfrac{\pi}{6}$	$\dfrac{\pi}{4}$	$\dfrac{\pi}{3}$
seno	$\dfrac{1}{2}$	$\dfrac{\sqrt{2}}{2}$	$\dfrac{\sqrt{3}}{2}$
cosseno	$\dfrac{\sqrt{3}}{2}$	$\dfrac{\sqrt{2}}{2}$	$\dfrac{1}{2}$
tangente	$\dfrac{\sqrt{3}}{3}$	1	$\sqrt{3}$

80. Da geometria plana vem a informação que $\ell_5 = \dfrac{R\sqrt{10 - 2\sqrt{5}}}{2}$ (lado do pentágono) e $\ell_{10} = \dfrac{R(\sqrt{5} - 1)}{2}$ (lado do decágono), de onde podemos obter:

$$\operatorname{sen} \frac{\pi}{5} = \frac{\ell_5}{2} = \frac{\sqrt{10 - 2\sqrt{5}}}{4}$$

$$\operatorname{sen} \frac{\pi}{10} = \frac{\ell_{10}}{2} = \frac{\sqrt{5} - 1}{4}$$

Além disso, existe a fórmula $\ell_{2n} = \sqrt{R(2R - \sqrt{4R^2 - \ell_n^2})}$, que permite obter o valor de ℓ_8, conhecendo ℓ_4; obter o valor de ℓ_{12}, conhecendo ℓ_6; obter o valor de ℓ_{24}, conhecendo ℓ_{12}, e assim por diante.

Mas nem todos ℓ_n podem ser expressos exatamente em função do raio, como, por exemplo, ℓ_7. Nesse caso, as razões trigonométricas de $\dfrac{\pi}{7}$ devem ser calculadas por outros métodos.

EXERCÍCIOS

111. Calcule sen 15°, cos 15° e tg 15°.

Solução

$$\operatorname{sen} 15° = \operatorname{sen} \frac{\pi}{12} = \frac{\ell_{12}}{2}$$

Usando a fórmula $\ell_{2n} = \sqrt{R(2R - \sqrt{4R^2 - \ell_n^2})}$, em que $\ell_n = \ell_6 = R$, vem $\ell_{12} = R\sqrt{2 - \sqrt{3}}$ e, como $R = 1$ (raio do ciclo trigonométrico), então $\ell_{12} = \sqrt{2 - \sqrt{3}}$.

Assim: $\operatorname{sen} \dfrac{\pi}{12} = \dfrac{\ell_{12}}{2} = \dfrac{\sqrt{2 - \sqrt{3}}}{2}$

$$\cos \frac{\pi}{12} = \sqrt{1 - \operatorname{sen}^2 \frac{\pi}{12}} = \sqrt{1 - \frac{2 - \sqrt{3}}{4}} = \frac{\sqrt{2 + \sqrt{3}}}{2}$$

$$\operatorname{tg} \frac{\pi}{12} = \frac{\operatorname{sen} \dfrac{\pi}{12}}{\cos \dfrac{\pi}{12}} = \frac{\sqrt{2 - \sqrt{3}}}{\sqrt{2 + \sqrt{3}}} = \sqrt{\frac{2 - \sqrt{3}}{2 + \sqrt{3}}}$$

112. Calcule $\operatorname{sen} \dfrac{\pi}{8}$, $\cos \dfrac{\pi}{8}$ e $\operatorname{tg} \dfrac{\pi}{8}$.

ARCOS NOTÁVEIS

113. Reproduza a tabela abaixo em seu caderno e complete-a:

razão \ x	0	$\frac{\pi}{12}$	$\frac{\pi}{10}$	$\frac{\pi}{8}$	$\frac{\pi}{6}$	$\frac{\pi}{5}$	$\frac{\pi}{4}$	$\frac{\pi}{3}$
sen x								
cos x								
tg x								

[MODELO]

114. Determine os elementos do conjunto $A = \left\{ x = \text{tg} \frac{k\pi}{3} \mid k = 0, 1, 2, ..., 6 \right\}$.

Solução

Dando valores a k, temos:

$k = 0 \Rightarrow x = \text{tg } 0 = 0$

$k = 1 \Rightarrow x = \text{tg } \frac{\pi}{3} = \sqrt{3}$

$k = 2 \Rightarrow x = \text{tg } \frac{2\pi}{3} = -\sqrt{3}$

$k = 3 \Rightarrow x = \text{tg } \pi = 0$

$k = 4 \Rightarrow x = \text{tg } \frac{4\pi}{3} = \sqrt{3}$

$k = 5 \Rightarrow x = \text{tg } \frac{5\pi}{3} = -\sqrt{3}$

$k = 6 \Rightarrow x = \text{tg } 2\pi = 0$

então $A = \{-\sqrt{3}, 0, \sqrt{3}\}$

115. Determine $A \cap B$, sabendo que:

$A = \left\{ x = \text{sen} \frac{k\pi}{6} \mid k = 0, 1, ..., 12 \right\}$

$B = \left\{ x = \cos \frac{k\pi}{4} \mid k = 0, 1, 2, ..., 8 \right\}$

LEITURA

Viète, a Notação Literal e a Trigonometria

Hygino H. Domingues

O uso de letras em matemática, para designar grandezas conhecidas ou incógnitas, remonta ao tempo de Euclides (séc. III a.C.) ou antes. Assim mesmo a álgebra, perto do final do século XVI, resumia-se basicamente a um receituário para resolver equações numa incógnita ou sistemas de duas equações a duas incógnitas, com coeficientes numéricos, derivados de problemas comerciais ou geométricos. E a trigonometria até então era essencialmente geométrica.

Embora nessa época já fosse prática velha um geômetra representar indistintamente todos os triângulos por ABC (por exemplo) e daí deduzir propriedades genéricas, um algebrista considerava as equações de segundo grau, por exemplo, uma a uma, embora soubesse que para todas valia o mesmo método de resolução. Além disso, como os números negativos não eram bem aceitos, uma equação como $x^2 - 5x + 6 = 0$ (usando a notação atual) era tratada sob a forma $x^2 + 6 = 5x$.

Quem deu o passo que pela primeira vez permitiu a abordagem generalizada do estudo das equações algébricas foi o francês François Viète (1540-1603), considerado o mais eminente matemático do século XVI. Viète não era um matemático profissional. Formado em Direito, exerceu esta profissão na mocidade, tornando-se mais tarde membro do conselho do rei, primeiro sob Henrique III, depois sob Henrique IV.

Seu *hobby*, o estudo da matemática, pôde ser especialmente cultivado num período aproximado de 5 anos, antes da ascensão de Henrique IV, quando esteve em desfavor junto à corte. Viète financiava, ele próprio, a edição de seus trabalhos, o que põe em relevo sua devoção à matemática. Dentre seus feitos de engenhosidade conta-se o de "quebrar" o sistema criptográfico usado pela Espanha (então em guerra com a França), através de mensagens interceptadas. Decifrar um código que envolvia cerca de 600 caracteres, periodicamente mudados, foi considerado pelos espanhóis obra de magia.

François Viète (1540-1603).

A convenção de Viète para tirar o estudo das equações do terreno dos casos particulares consistia em indicar por vogais maiúsculas as quantidades incógnitas e por consoantes maiúsculas as quantidades supostamente conhecidas. Foi assim que pela primeira vez na história da matemática se fez a distinção formal entre variável e parâmetro.

À época de Viète a matemática carecia de uma simbologia universal. Na álgebra, por exemplo, coexistiam lado a lado procedimentos retóricos (sem símbolos) com notações parciais e particulares. Se reunisse as notações já surgidas, e que acabaram vingando, com a sua, as equações do segundo grau teriam para Viète a forma $BA^2 + CA + D = 0$, em que B, C e D são parâmetros e A, a incógnita. Mas os progressos não vêm todos juntos e Viète, embora já usando o sinal +, escrevia A *quadratum* e posteriormente Aq para o quadrado de A e *aequal* em vez de =. Além disso, posto que rejeitasse os números negativos, seus coeficientes representavam apenas quantidades positivas. Não foi senão a partir de 1657, graças a John Hudde (1633-1704), que os coeficientes de uma equação passaram a representar indistintamente números positivos e negativos.

Viète também contribuiu bastante para a trigonometria. Defensor da representação decimal (contra a sexagesimal, ainda muito em uso), calculou o seno de um grau com 13 algarismos e com base nesse valor preparou extensas tábuas para as seis funções trigonométricas. Mas o mais importante é que se alguém merece a honra de ser considerado o pai da abordagem analítica da trigonometria, sem dúvida esse alguém é Viète. Em particular foi ele o primeiro a aplicar transformações algébricas à trigonometria.

A notação de Viète não demorou a ser superada pela de Descartes (1596-1650), em que *a*, *b*, *c*, ... indicam parâmetros, *x*, *y*, *z*, ..., variáveis e x^n, a potência enésima de *x*. Mas suas ideias renovadoras, essas são indeléveis.

CAPÍTULO VII
Redução ao 1º quadrante

Vamos deduzir fórmulas para calcular as razões trigonométricas de x, com x não pertencente ao 1º quadrante, relacionando x com algum elemento do 1º quadrante. A meta é conhecer sen x, cos x e tg x a partir de uma tabela que dê as razões circulares dos reais entre 0 e $\frac{\pi}{2}$.

I. Redução do 2º ao 1º quadrante

81. Dado o número real x tal que $\frac{\pi}{2} < x < \pi$, seja P a imagem de x no ciclo. Seja P' o ponto do ciclo, simétrico de P em relação ao eixo dos senos. Temos:

$\widehat{AP} + \widehat{PA'} = \pi$ (no sentido anti-horário) e, como $\widehat{AP'} = \widehat{PA'}$, vem:

$$\widehat{AP} + \widehat{AP'} = \pi$$

portanto $\widehat{AP'} = \pi - x$.

É imediato que:

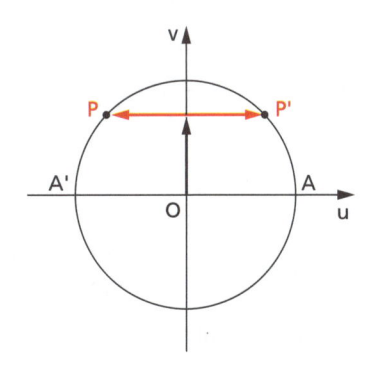

sen x = sen (π − x)
cos x = −cos (π − x)

REDUÇÃO AO 1º QUADRANTE

82. Levando em conta as relações fundamentais, decorre:

$$\operatorname{tg} x = \frac{\operatorname{sen} x}{\cos x} = \frac{\operatorname{sen}(\pi - x)}{-\cos(\pi - x)} = -\operatorname{tg}(\pi - x)$$

$\operatorname{cotg} x = -\operatorname{cotg}(\pi - x)$

$\sec x = -\sec(\pi - x)$

$\operatorname{cossec} x = \operatorname{cossec}(\pi - x)$

83. Assim, por exemplo, temos:

$\operatorname{sen} 115° = \operatorname{sen}(180° - 115°) = \operatorname{sen} 65°$

$\cos 130° = -\cos(180° - 130°) = -\cos 50°$

$$\operatorname{tg} \frac{2\pi}{3} = -\operatorname{tg}\left(\pi - \frac{2\pi}{3}\right) = -\operatorname{tg} \frac{\pi}{3}$$

$$\operatorname{cotg} \frac{4\pi}{5} = -\operatorname{cotg}\left(\pi - \frac{4\pi}{5}\right) = -\operatorname{cotg} \frac{\pi}{5}$$

II. Redução do 3º ao 1º quadrante

84. Dado o número real x tal que $\pi < x < \frac{3\pi}{2}$, seja P a imagem de x no ciclo. Seja P' o ponto do ciclo, simétrico de P em relação ao centro. Temos:

$\widehat{AP} - \widehat{PA'} = \pi$ (no sentido anti-horário)
portanto $\widehat{AP'} = x - \pi$.

É imediato que:

$\operatorname{sen} x = -\operatorname{sen}(x - \pi)$

$\cos x = -\cos(x - \pi)$

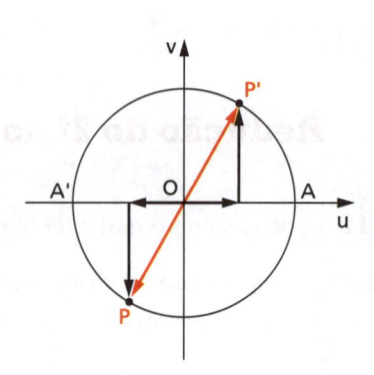

85. Em consequência, temos:

$$\operatorname{tg} x = \frac{\operatorname{sen} x}{\cos x} = \frac{-\operatorname{sen}(x - \pi)}{-\cos(x - \pi)} = \operatorname{tg}(x - \pi)$$

$\operatorname{cotg} x = \operatorname{cotg}(x - \pi)$

$\sec x = -\sec(x - \pi)$

$\operatorname{cossec} x = -\operatorname{cossec}(x - \pi)$

86. Assim, por exemplo, temos:

sen 210° = −sen (210° − 180°) = −sen 30°

cos 225° = −cos (225° − 180°) = −cos 45°

$\text{tg}\,\dfrac{4\pi}{3} = \text{tg}\left(\dfrac{4\pi}{3} - \pi\right) = \text{tg}\,\dfrac{\pi}{3}$

$\sec\dfrac{7\pi}{6} = -\sec\left(\dfrac{7\pi}{6} - \pi\right) = -\sec\dfrac{\pi}{6}$

III. Redução do 4º ao 1º quadrante

87. Dado o número real x tal que $\dfrac{3\pi}{2} < x < 2\pi$, seja P a imagem de x no ciclo. Seja P' o ponto do ciclo, simétrico de P em relação ao eixo dos cossenos. Temos:

$\widehat{AP} + \widehat{PA} = 2\pi$ (no sentido anti-horário) e, como $\widehat{AP'} = \widehat{PA}$, vem:

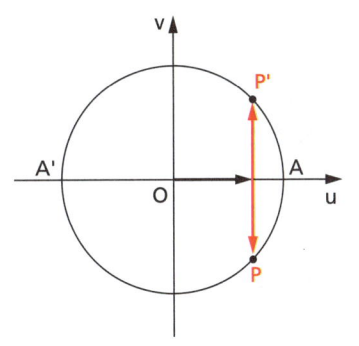

$$\widehat{AP} + \widehat{AP'} = 2\pi$$

portanto $\widehat{AP'} = 2\pi - x$.

É imediato que:

sen x = −sen (2π − x)

cos x = cos (2π − x)

88. Em consequência, temos:

$\text{tg}\,x = \dfrac{\text{sen }x}{\cos x} = \dfrac{-\text{sen }(2\pi - x)}{\cos (2\pi - x)} = -\text{tg}\,(2\pi - x)$

cotg x = −cotg (2π − x)

sec x = sec (2π − x)

cossec x = −cossec (2π − x)

REDUÇÃO AO 1º QUADRANTE

89. Assim, por exemplo, temos:

sen 280° = −sen (360° − 280°) = −sen 80°

cos 340° = cos (360° − 340°) = cos 20°

$$\text{tg}\frac{11\pi}{6} = -\text{tg}\left(2\pi - \frac{11\pi}{6}\right) = -\text{tg}\frac{\pi}{6}$$

$$\text{cossec}\frac{5\pi}{3} = -\text{cossec}\left(2\pi - \frac{5\pi}{3}\right) = -\text{cossec}\frac{\pi}{3}$$

EXERCÍCIO

116. Reduza ao 1º quadrante:

a) cos 178°

b) cotg $\frac{7\pi}{6}$

c) sen $\frac{7\pi}{6}$

d) sen $\frac{5\pi}{4}$

e) sen 251°

f) sec 124°

g) cos $\frac{5\pi}{3}$

h) cos $\frac{7\pi}{6}$

i) tg 290°

j) cossec $\frac{11\pi}{6}$

k) tg $\frac{3\pi}{4}$

l) tg $\frac{5\pi}{3}$

IV. Redução de $\left[\frac{\pi}{4}, \frac{\pi}{2}\right]$ a $\left[0, \frac{\pi}{4}\right]$

90. Dado o número real x tal que $\frac{\pi}{4} < x < \frac{\pi}{2}$, seja P a imagem de x no ciclo. Seja P' o ponto do ciclo simétrico de P em relação à bissetriz do 1º quadrante. Temos:

$\widehat{AP} + \widehat{PB} = \frac{\pi}{2}$ (no sentido anti-horário) e, como

$\widehat{PB} = \widehat{AP'}$, vem:

$\widehat{AP} + \widehat{AP'} = \frac{\pi}{2}$, então $\widehat{AP'} = \frac{\pi}{2} - x$.

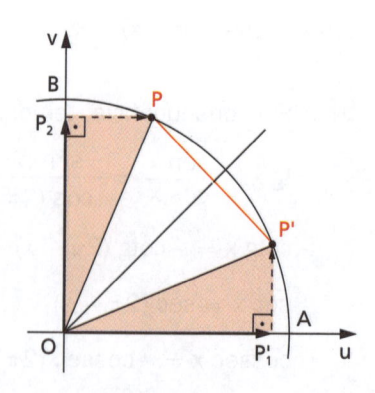

REDUÇÃO AO 1º QUADRANTE

Considerando a congruência dos triângulos OPP_2 e $OP'P'_1$, temos:

$OP_2 = OP'_1 \Rightarrow \text{sen } x = \cos\left(\dfrac{\pi}{2} - x\right)$

$P_2P = P'_1P' \Rightarrow \cos x = \text{sen}\left(\dfrac{\pi}{2} - x\right)$

91. Em consequência, temos:

$$\text{tg } x = \frac{\text{sen } x}{\cos x} = \frac{\cos\left(\dfrac{\pi}{2} - x\right)}{\text{sen}\left(\dfrac{\pi}{2} - x\right)} = \text{cotg}\left(\dfrac{\pi}{2} - x\right)$$

$$\text{cotg } x = \text{tg}\left(\dfrac{\pi}{2} - x\right)$$

$$\sec x = \text{cossec}\left(\dfrac{\pi}{2} - x\right)$$

$$\text{cossec } x = \sec\left(\dfrac{\pi}{2} - x\right)$$

92. Assim, por exemplo, temos:

sen 71° = cos (90° − 71°) = cos 19°

cos 60° = sen (90° − 60°) = sen 30°

tg 50° = cotg (90° − 50°) = cotg 40°

$\text{sen } \dfrac{\pi}{3} = \cos\left(\dfrac{\pi}{2} - \dfrac{\pi}{3}\right) = \cos \dfrac{\pi}{6}$

$\cos \dfrac{5\pi}{12} = \text{sen}\left(\dfrac{\pi}{2} - \dfrac{5\pi}{12}\right) = \text{sen } \dfrac{\pi}{12}$

$\text{tg } \dfrac{3\pi}{8} = \text{cotg}\left(\dfrac{\pi}{2} - \dfrac{3\pi}{8}\right) = \text{cotg } \dfrac{\pi}{8}$

REDUÇÃO AO 1º QUADRANTE

EXERCÍCIOS

117. Reduza ao intervalo $\left[0, \frac{\pi}{4}\right]$:

a) sen 261°
b) sen $\frac{4\pi}{3}$
c) sen $\frac{5\pi}{6}$
d) sen $\frac{5\pi}{3}$
e) cos 341°
f) cos $\frac{2\pi}{3}$
g) cos $\frac{7\pi}{6}$
h) cos $\frac{4\pi}{3}$
i) tg 151°
j) tg $\frac{5\pi}{3}$
k) tg $\frac{11\pi}{6}$
l) tg $\frac{2\pi}{3}$

118. Se cos x = $\frac{3}{5}$, calcule sen $\left(x + \frac{\pi}{2}\right)$.

119. Sabendo que sen x = $\frac{1}{2}$ e $0 \leq x \leq \frac{\pi}{2}$, calcule:

a) cos x
b) cos $\left(x + \frac{\pi}{2}\right)$
c) sen $\left(x + \frac{\pi}{2}\right)$
d) tg $\left(x + \frac{\pi}{2}\right)$
e) cotg $\left(x + \frac{\pi}{2}\right)$
f) sec $\left(x + \frac{\pi}{2}\right)$
g) cossec $\left(x + \frac{\pi}{2}\right)$

120. Calcule:

a) $\left[\operatorname{sen} x + \cos\left(\frac{\pi}{2} - x\right)\right] [\operatorname{cotg}(x - \pi) - \operatorname{cotg}(2\pi - x)]$

b) $\dfrac{\operatorname{tg}(x - \pi) + \sec(\pi - x)}{\left[\operatorname{cotg}\left(\frac{\pi}{2} - x\right) - \operatorname{cossec}(2\pi - x)\right] \cdot \cos\left(\frac{\pi}{2} - x\right)}$

121. Calcule:

$$\dfrac{\operatorname{sen}(\pi - x) - \cos\left(\frac{\pi}{2} - x\right) - \operatorname{tg}(2\pi - x)}{\operatorname{tg}(\pi - x) - \cos(2\pi - x) + \operatorname{sen}\left(\frac{\pi}{2} - x\right)}$$

122. Calcule:

$$\dfrac{\cos(90° + x) + \cos(180° - x) + \cos(360° - x) + 3 \cdot \cos(90° - x)}{\operatorname{sen}(270° + x) - \operatorname{sen}(90° + x) - \cos(90° - x) + \operatorname{sen}(180° - x)}$$

em função de tg x.

3ª PARTE
Funções trigonométricas

CAPÍTULO VIII

Funções circulares

I. Noções básicas

93. Dados dois conjuntos A e B, chama-se **relação binária** de A em B todo subconjunto R de A × B.

$$R \text{ é relação binária de A em B} \Leftrightarrow R \subset A \times B.$$

94. Dados dois conjuntos A e B, não vazios, uma relação f de A em B recebe o nome de **aplicação de A em B** ou **função em A com imagens em B** se, e somente se, para todo $x \in A$ existe um só $y \in B$ tal que $(x, y) \in f$.

$$f \text{ é aplicação de A em B} \Leftrightarrow (\forall x \in A, \exists \,|\, y \in B \,|\, (x, y) \in f)$$

95. Geralmente, existe uma sentença aberta $y = f(x)$ que expressa a lei mediante a qual, dado $x \in A$, determina-se $y \in B$ tal que $(x, y) \in f$.
Então:

$$f = \{(x, y) \,|\, x \in A, y \in B \text{ e } y = f(x)\}$$

Isso significa que, dados os conjuntos A e B, a função f tem a lei de correspondência $y = f(x)$.

96. Para definirmos uma função f, definida em A com imagens em B segundo a lei de correspondência y = f(x), usaremos uma das seguintes notações:

$$f : A \longrightarrow B \qquad \text{ou} \qquad A \overset{f}{\longrightarrow} B$$
$$x \longmapsto f(x) \qquad\qquad\qquad x \longmapsto f(x)$$

97. Chamamos de **domínio** o conjunto D dos elementos x ∈ A para os quais existe y ∈ B tal que (x, y) ∈ f. Como, pela definição de função, todo elemento de A tem essa propriedade, então D = A.

98. Chamamos de **imagem** o conjunto Im dos elementos y ∈ B para os quais existe x ∈ A tal que (x, y) ∈ f. Portanto, Im ⊂ B.

II. Funções periódicas

99. Exemplo preliminar

Dado o número real x, sempre existem dois números inteiros consecutivos n e n + 1 tais que n ⩽ x < n + 1. Consideremos a função f que associa a cada real x o real x − n, em que n é o maior número inteiro que não supera x. Temos, por exemplo:

f(0,1) = 0,1;   f(1,1) = 1,1 − 1 = 0,1;   f(2,1) = 2,1 − 2 = 0,1;
f(3) = 3 − 3 = 0;   f(−5) = (−5) − (−5) = 0;   f(7) = 7 − 7 = 0.

De modo geral, temos:

0 ⩽ x < 1 ⇒ f(x) = x − 0 = x
1 ⩽ x < 2 ⇒ f(x) = x − 1
2 ⩽ x < 3 ⇒ f(x) = x − 2

etc.

−1 ⩽ x < 0 ⇒ f(x) = x − (−1) = x + 1
−2 ⩽ x < −1 ⇒ f(x) = x − (−2) = x + 2
−3 ⩽ x < −2 ⇒ f(x) = x − (−3) = x + 3

etc.

FUNÇÕES CIRCULARES

Seu gráfico é:

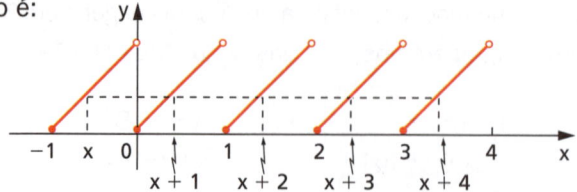

Temos:
$$f(x) = f(x + 1) = f(x + 2) = f(x + 3) = f(x + 4) = \ldots \ \forall x \in \mathbb{R}$$
portanto existem infinitos números p inteiros tais que $f(x) = f(x + p)$, $\forall x \in \mathbb{R}$.

100. O menor número $p > 0$ que satisfaz a igualdade $f(x) = f(x + p)$, $\forall x \in \mathbb{R}$ é o número $p = 1$, denominado **período da função f**. A função f é chamada **função periódica** porque foi possível encontrar um número $p > 0$ tal que, dando acréscimos iguais a p em x, o valor calculado para f não se altera, isto é, o valor de f se repete periodicamente para cada acréscimo de p à variável.

101. Definição

Uma função f: A → B é **periódica** se existir um número $p > 0$ satisfazendo a condição
$$f(x + p) = f(x), \ \forall x \in A$$

O menor valor de p que satisfaz a condição acima é chamado **período de f**.

102. O gráfico da função periódica se caracteriza por apresentar um elemento de curva que se repete, isto é, se quisermos desenhar toda a curva bastará construirmos um "carimbo" onde esteja desenhado o tal elemento de curva e ir carimbando. Período é o comprimento do carimbo (medido no eixo dos x).

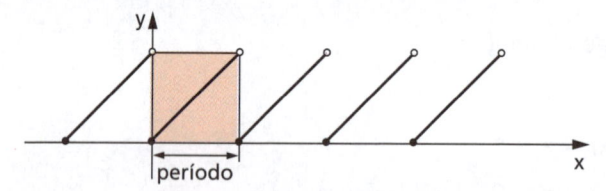

III. Ciclo trigonométrico

103. Definição

Tomemos sobre um plano um sistema cartesiano ortogonal uOv. Consideremos a circunferência λ de centro O e raio $r = 1$. Notemos que o comprimento dessa circunferência é 2π, pois $r = 1$.

FUNÇÕES CIRCULARES

Vamos agora definir uma aplicação de $\mathbb{R}$ sobre λ, isto é, vamos associar a cada número real x um único ponto P da circunferência λ do seguinte modo:

1º) se $x = 0$, então P coincide com A;

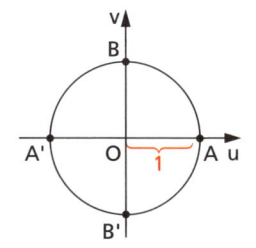

2º) se $x > 0$, então realizamos a partir de A um percurso de comprimento x, no sentido anti-horário, e marcamos P como ponto final do percurso;

3º) se $x < 0$, então realizamos a partir de A um percurso de comprimento $|x|$, no sentido horário. O ponto final do percurso é P.

A circunferência λ acima definida, com origem em A, é chamada **ciclo** ou **circunferência trigonométrica**.

Se o ponto P está associado ao número x, dizemos que P é a imagem de x no ciclo. Assim, por exemplo, temos:

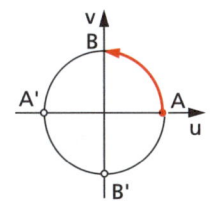

a imagem de $\dfrac{\pi}{2}$ é B

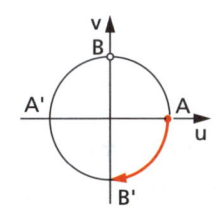

a imagem de $-\dfrac{\pi}{2}$ é B'

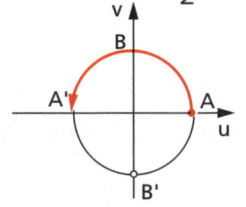

a imagem de π é A'

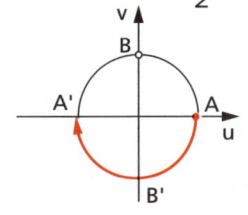

a imagem de $-\pi$ é A'

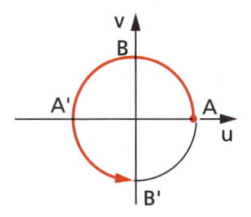

a imagem de $\dfrac{3\pi}{2}$ é B'

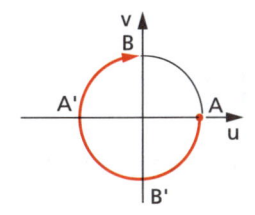

a imagem de $-\dfrac{3\pi}{2}$ é B

104. Notemos que, se P é a imagem do número x_0, então P também é a imagem dos números:

$$x_0, \quad x_0 + 2\pi, \quad x_0 + 4\pi, \quad x_0 + 6\pi, \quad \text{etc.}$$

e também de:

$$x_0 - 2\pi, \quad x_0 - 4\pi, \quad x_0 - 6\pi, \quad \text{etc.}$$

105. Em resumo, P é a imagem dos elementos do conjunto:

$$\{x \in \mathbb{R} \mid x = x_0 + 2k\pi, k \in \mathbb{Z}\}.$$

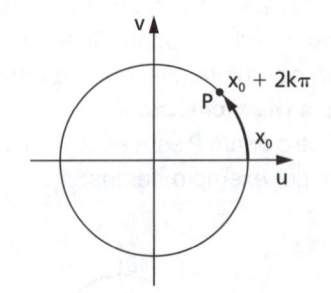

106. Dois números reais $x_1 = x_0 + 2k_1\pi$ ($k_1 \in \mathbb{Z}$) e $x_2 = x_0 + 2k_2\pi$ ($k_2 \in \mathbb{Z}$) que têm a mesma imagem P no ciclo são tais que $x_1 - x_2 = 2k\pi$ (em que $k = k_1 - k_2$) e, por isso, diz-se que x_1 e x_2 são **côngruos módulo** 2π ou, simplesmente, x_1 e x_2 são **côngruos**.

107. Os eixos u e v dividem a circunferência em quatro arcos: $\widehat{AB}$, $\widehat{BA'}$, $\widehat{A'B'}$ e $\widehat{B'A}$. Dado um número real x, usamos a seguinte linguagem para efeito de localizar a imagem P de x no ciclo:

x está no 1º quadrante $\Leftrightarrow$ $P \in \widehat{AB}$ $\Leftrightarrow$ $0 + 2k\pi \leq x \leq \dfrac{\pi}{2} + 2k\pi$

x está no 2º quadrante $\Leftrightarrow$ $P \in \widehat{BA'}$ $\Leftrightarrow$ $\dfrac{\pi}{2} + 2k\pi \leq x \leq \pi + 2k\pi$

x está no 3º quadrante $\Leftrightarrow$ $P \in \widehat{A'B'}$ $\Leftrightarrow$ $\pi + 2k\pi \leq x \leq \dfrac{3\pi}{2} + 2k\pi$

x está no 4º quadrante $\Leftrightarrow$ $P \in \widehat{B'A}$ $\Leftrightarrow$ $\dfrac{3\pi}{2} + 2k\pi \leq x \leq 2\pi + 2k\pi$

EXERCÍCIOS

123. Indique no ciclo a imagem de cada um dos seguintes números:

a) $\dfrac{3\pi}{4}$ b) $-\dfrac{5\pi}{4}$ c) 11π d) -3π e) $\dfrac{25\pi}{3}$ f) $-\dfrac{19\pi}{6}$

Solução

a) $\dfrac{3\pi}{4} = \dfrac{3}{8} \cdot 2\pi$

Marcamos, a partir de A, um percurso $\widehat{AP}$ igual a $\dfrac{3}{8}$ do ciclo, no sentido anti-horário.

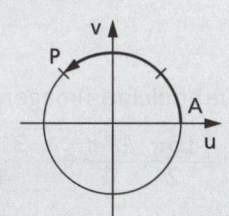

b) $-\dfrac{5\pi}{4} = -\dfrac{5}{8} \cdot 2\pi$

Marcamos, a partir de A, um percurso $\widehat{AP}$ igual a $\dfrac{5}{8}$ do ciclo, no sentido horário.

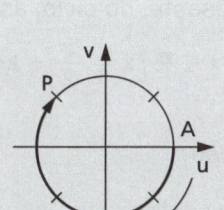

c) $11\pi = \pi + 10\pi$

Como $11\pi - \pi$ é múltiplo de 2π, então 11π e π têm a mesma imagem (A').

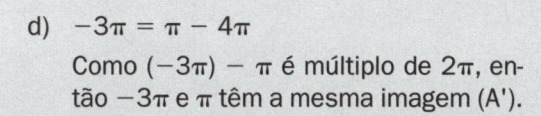

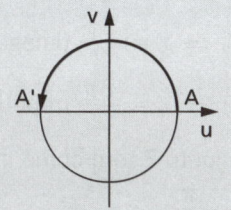

d) $-3\pi = \pi - 4\pi$

Como $(-3\pi) - \pi$ é múltiplo de 2π, então -3π e π têm a mesma imagem (A').

e) $\dfrac{25\pi}{3} = \dfrac{\pi}{3} + \dfrac{24\pi}{3} = \dfrac{\pi}{3} + 8\pi$

Assim, $\dfrac{25\pi}{3}$ e $\dfrac{\pi}{3}$ têm a mesma imagem P que é obtida marcando um percurso $\widehat{AP}$ igual a $\dfrac{1}{6}$ do ciclo, no sentido anti-horário.

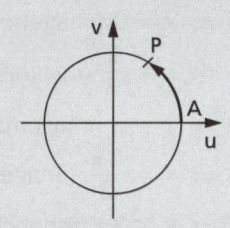

FUNÇÕES CIRCULARES

f) $-\dfrac{19\pi}{6} = \dfrac{5\pi}{6} - \dfrac{24\pi}{6} = \dfrac{5\pi}{6} - 4\pi$

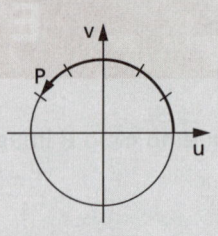

Assim, $-\dfrac{19\pi}{6}$ e $\dfrac{5\pi}{6}$ têm a mesma imagem. Como $\dfrac{5\pi}{6} = \dfrac{5}{12} \cdot 2\pi$, a imagem procurada é a extremidade do percurso $\widehat{AP}$ igual a $\dfrac{5}{12}$ do ciclo medido no sentido anti-horário.

124. Indique no ciclo as imagens dos seguintes números reais: $\dfrac{\pi}{8}$, $\dfrac{11\pi}{8}$, $-\dfrac{3\pi}{8}$, $-\dfrac{7\pi}{8}$, $\dfrac{13\pi}{6}$, $-\dfrac{15\pi}{2}$, $\dfrac{17\pi}{4}$ e $-\dfrac{31\pi}{4}$.

125. Represente, no ciclo, as imagens dos seguintes conjuntos de números:

$E = \left\{ x \in \mathbb{R} \mid x = \dfrac{\pi}{2} + k\pi, k \in \mathbb{Z} \right\}$

$F = \left\{ x \in \mathbb{R} \mid x = k\dfrac{\pi}{2}, k \in \mathbb{Z} \right\}$

Solução

$x = \dfrac{\pi}{2} + k\pi$

$k = 0 \Rightarrow x = \dfrac{\pi}{2}$ (imagem: B)

$k = 1 \Rightarrow x = \dfrac{3\pi}{2}$ (imagem: B')

$k = 2 \Rightarrow x = \dfrac{5\pi}{2}$ (repetição: B)

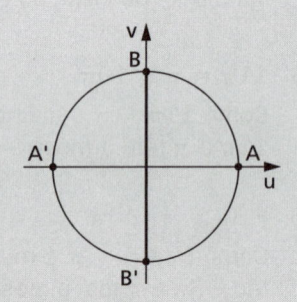

O conjunto E tem como imagem os pontos B e B' do ciclo.

$x = k \cdot \dfrac{\pi}{2}$

$k = 0 \Rightarrow x = 0$ (imagem: A)

$k = 1 \Rightarrow x = \dfrac{\pi}{2}$ (imagem: B)

$k = 2 \Rightarrow x = \pi$ (imagem: A')

$k = 3 \Rightarrow x = \dfrac{3\pi}{2}$ (imagem: B')

$k = 4 \Rightarrow x = 2\pi$ (repetição: A)

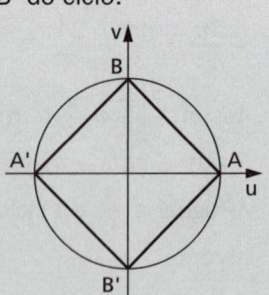

O conjunto F tem como imagem os pontos A, B, A' e B' do ciclo.

126. Represente, no ciclo, as imagens dos seguintes conjuntos de números reais:

$E = \{x \in \mathbb{R} \mid x = k\pi, k \in \mathbb{Z}\}$

$F = \left\{x \in \mathbb{R} \mid x = \dfrac{k\pi}{2}, k \in \mathbb{Z}\right\}$

$G = \left\{x \in \mathbb{R} \mid x = \dfrac{\pi}{3} + k\pi, k \in \mathbb{Z}\right\}$

$H = \left\{x \in \mathbb{R} \mid x = \dfrac{\pi}{4} + k\dfrac{\pi}{2}, k \in \mathbb{Z}\right\}$

127. Qual dos números é o maior? Justifique.
   a) sen 830° ou sen 1 195°
   b) cos (−535°) ou cos 190°

IV. Função seno

108. Definição

Dado um número real x, seja P sua imagem no ciclo. Denominamos seno de x (e indicamos sen x) a ordenada $\overline{OP_1}$ do ponto P em relação ao sistema uOv. Denominamos **função seno** a função f: $\mathbb{R} \to \mathbb{R}$ que associa a cada real x o real OP_1 = sen x, isto é:

$f(x) = \text{sen } x.$

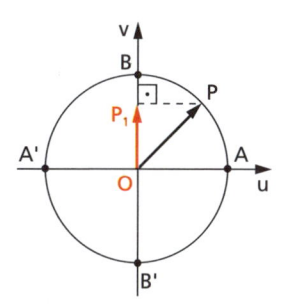

109. Propriedades

As propriedades da razão trigonométrica seno, já vistas no capítulo IV, item 52, a saber: (a) se x é do primeiro ou do segundo quadrante, então sen x é positivo; (b) se x é do terceiro ou do quarto quadrante, então sen x é negativo; (c) se x percorre o primeiro ou o quarto quadrante, então sen x é crescente; (d) se x percorre o segundo ou o terceiro quadrante, então sen x é decrescente, são também válidas para a função seno.

FUNÇÕES CIRCULARES

Além dessas, temos para a função seno:

1ª) A imagem da função seno é o intervalo $[-1, 1]$, isto é, $-1 \leq \text{sen } x \leq 1$ para todo x real.

É imediata a justificação, pois, se P está no ciclo, sua ordenada pode variar apenas de -1 a $+1$.

2ª) A função seno é periódica e seu período é 2π.

É imediato que, se sen $x = OP_1$ e $k \in \mathbb{Z}$, então sen $(x + k \cdot 2\pi) = OP_1$, pois x e $x + k \cdot 2\pi$ têm a mesma imagem P no ciclo. Temos, então, para todo x real:

$$\text{sen } x = \text{sen } (x + k \cdot 2\pi)$$

e, portanto, a função seno é periódica. Seu período é o menor valor positivo de $k \cdot 2\pi$, isto é, 2π.

110. Gráfico

Fazendo um diagrama com x em abscissas e sen x em ordenadas, podemos construir o seguinte gráfico, denominado **senoide**, que nos indica como varia a função $f(x) = \text{sen } x$.

x	y = sen x
0	0
$\dfrac{\pi}{6}$	$\dfrac{1}{2}$
$\dfrac{\pi}{4}$	$\dfrac{\sqrt{2}}{2}$
$\dfrac{\pi}{3}$	$\dfrac{\sqrt{3}}{2}$
$\dfrac{\pi}{2}$	1
π	0
$\dfrac{3\pi}{2}$	-1
2π	0

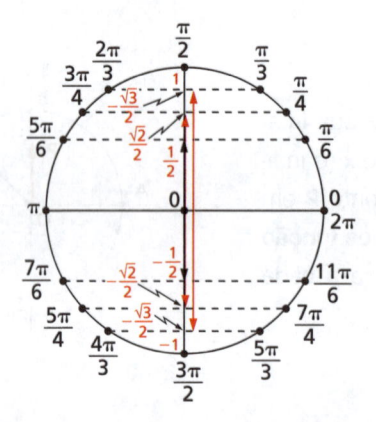

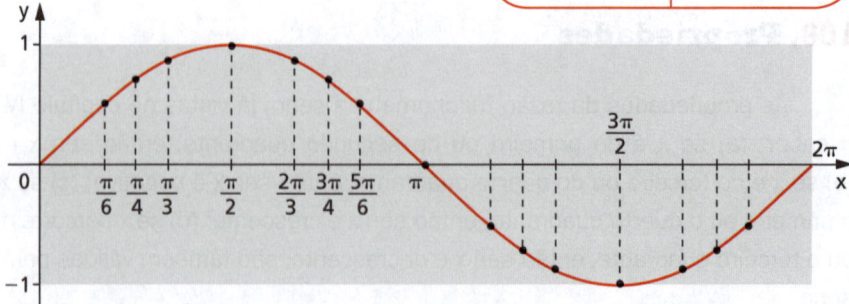

FUNÇÕES CIRCULARES

Observemos que, como o domínio da função seno é $\mathbb{R}$, a senoide continua para a direita de 2π e para a esquerda de 0. No retângulo em destaque está representado apenas um período da função. Notemos ainda que as dimensões desse retângulo são $2\pi \times 2$, isto é, aproximadamente $6{,}28 \times 2$ e, em escala, $10{,}5 \times 3{,}2$.

EXERCÍCIOS

Determine o período e a imagem e faça o gráfico de um período completo das funções dadas nos exercícios 128 a 147.

128. f: $\mathbb{R} \to \mathbb{R}$ dada por $f(x) = -\operatorname{sen} x$.

Solução

Vamos contruir uma tabela em três etapas:

1ª) atribuímos valores a x;
2ª) associamos a cada x o valor de sen x;
3ª) multiplicamos sen x por -1.

x	sen x	y
0		
$\frac{\pi}{2}$		
π		
$\frac{3\pi}{2}$		
2π		

x	sen x	y
0	0	
$\frac{\pi}{2}$	1	
π	0	
$\frac{3\pi}{2}$	-1	
2π	0	

x	sen x	y
0	0	0
$\frac{\pi}{2}$	1	-1
π	0	0
$\frac{3\pi}{2}$	-1	1
2π	0	0

Com essa tabela podemos obter 5 pontos do gráfico, que é simétrico da senoide em relação ao eixo dos x.

FUNÇÕES CIRCULARES

É imediato que:
Im(f) = [−1, 1]
p(f) = 2π

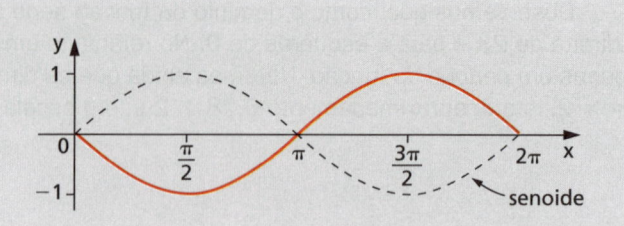

129. f: ℝ → ℝ dada por f(x) = 2 · sen x.

Solução

Vamos construir uma tabela em três etapas:
1ª) atribuímos valores a x;
2ª) associamos a cada x o valor de sen x;
3ª) multiplicamos sen x por 2.

x	sen x	y
0		
$\frac{\pi}{2}$		
π		
$\frac{3\pi}{2}$		
2π		

x	sen x	y
0	0	
$\frac{\pi}{2}$	1	
π	0	
$\frac{3\pi}{2}$	−1	
2π	0	

x	sen x	y
0	0	0
$\frac{\pi}{2}$	1	2
π	0	0
$\frac{3\pi}{2}$	−1	−2
2π	0	0

Com essa tabela podemos obter 5 pontos do gráfico, que deve apresentar para cada x uma ordenada y que é o dobro da ordenada correspondente da senoide.

É imediato que:
Im(f) = [−2, 2]
p(f) = 2π

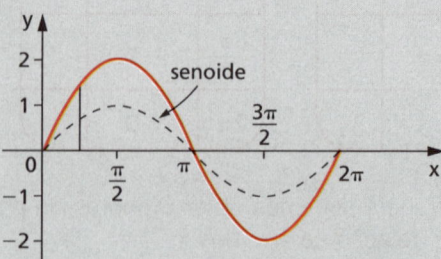

130. f: $\mathbb{R} \to \mathbb{R}$ dada por $f(x) = -2 \cdot \text{sen } x$.

131. f: $\mathbb{R} \to \mathbb{R}$ dada por $f(x) = |\text{sen } x|$.

Solução

Recordemos inicialmente que, para um dado número real a, temos:

$a \geq 0 \Rightarrow |a| = a$

$a < 0 \Rightarrow |a| = -a$

Aplicando essa definição, temos:

$\text{sen } x \geq 0 \Rightarrow |\text{sen } x| = \text{sen } x$

(quando $\text{sen } x \geq 0$, os gráficos $y = |\text{sen } x|$ e $y = \text{sen } x$ coincidem)

$\text{sen } x < 0 \Rightarrow |\text{sen } x| = -\text{sen } x$

(quando $\text{sen } x < 0$, os gráficos $y = |\text{sen } x|$ e $y = \text{sen } x$ são simétricos em relação ao eixo dos x).

É imediato que:

$\text{Im}(f) = [0, 1]$

$p(f) = \pi$

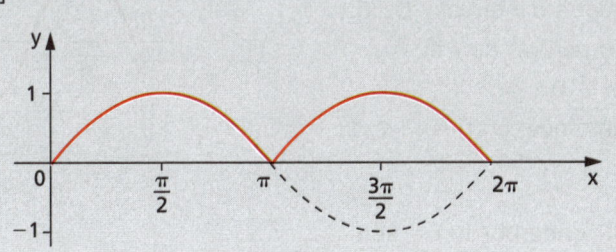

132. f: $\mathbb{R} \to \mathbb{R}$ dada por $f(x) = |3 \cdot \text{sen } x|$.

133. f: $\mathbb{R} \to \mathbb{R}$ dada por $f(x) = \text{sen } 2x$.

Solução

Vamos construir uma tabela em três etapas:

1ª) atribuímos valores a $t = 2x$;

2ª) associamos a cada $2x$ o correspondente $\text{sen } 2x$;

3ª) calculamos $x \left(x = \dfrac{t}{2} \right)$.

FUNÇÕES CIRCULARES

x	t = 2x	y
0		
$\frac{\pi}{2}$		
π		
$\frac{3\pi}{2}$		
2π		

x	t = 2x	y
	0	0
	$\frac{\pi}{2}$	1
	π	0
	$\frac{3\pi}{2}$	-1
	2π	0

x	t = 2x	y
0	0	0
$\frac{\pi}{4}$	$\frac{\pi}{2}$	1
$\frac{\pi}{2}$	π	0
$\frac{3\pi}{4}$	$\frac{3\pi}{2}$	-1
π	2π	0

Com base nessa tabela, podemos obter 5 pontos da curva. Notemos que o gráfico deve apresentar para cada x uma ordenada y que é o seno do dobro de x. Notemos ainda que para sen t completar um período é necessário que t = 2x percorra o intervalo [0, 2π], isto é, x percorra o intervalo [0, π].

Assim, o período de f é:

p(f) = π - 0 = π

É imediato que: Im(f) = [-1, 1]

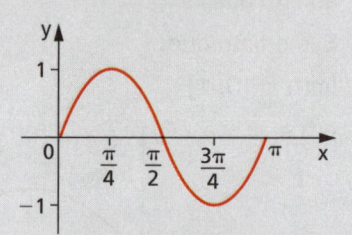

134. f: $\mathbb{R} \to \mathbb{R}$ dada por f(x) = sen $\frac{x}{2}$.

Solução

x	t = $\frac{x}{2}$	y
0		
$\frac{\pi}{2}$		
π		
$\frac{3\pi}{2}$		
2π		

x	t = $\frac{x}{2}$	y
	0	0
	$\frac{\pi}{2}$	1
	π	0
	$\frac{3\pi}{2}$	-1
	2π	0

x	t = $\frac{x}{2}$	y
0	0	0
π	$\frac{\pi}{2}$	1
2π	π	0
3π	$\frac{3\pi}{2}$	-1
4π	2π	0

É imediato que:
Im(f) = [−1, 1]
p(f) = 4π

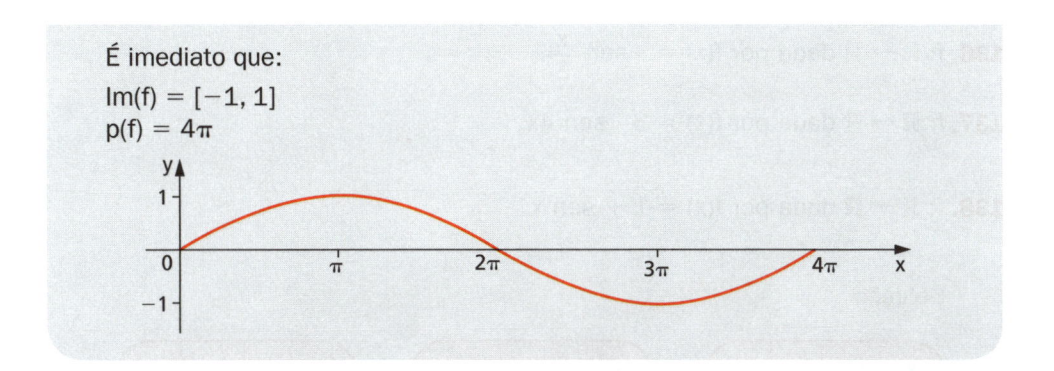

135. f: ℝ → ℝ dada por f(x) = sen 3x.

Solução

x	t = 3x	y
	0	
	$\frac{\pi}{2}$	
	π	
	$\frac{3\pi}{2}$	
	2π	

x	t = 3x	y
	0	0
	$\frac{\pi}{2}$	1
	π	0
	$\frac{3\pi}{2}$	−1
	2π	0

x	t = 3x	y
0	0	0
$\frac{\pi}{6}$	$\frac{\pi}{2}$	1
$\frac{\pi}{3}$	π	0
$\frac{\pi}{2}$	$\frac{3\pi}{2}$	−1
$\frac{2\pi}{3}$	2π	0

É imediato que:
Im(f) = [−1, 1]
p(f) = $\frac{2\pi}{3}$

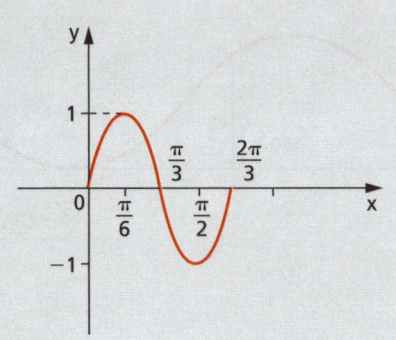

136. f: $\mathbb{R} \to \mathbb{R}$ dada por $f(x) = -\text{sen}\, \dfrac{x}{3}$.

137. f: $\mathbb{R} \to \mathbb{R}$ dada por $f(x) = 3 \cdot \text{sen}\, 4x$.

138. f: $\mathbb{R} \to \mathbb{R}$ dada por $f(x) = 1 + \text{sen}\, x$.

Solução

x	sen x	y
0		
$\dfrac{\pi}{2}$		
π		
$\dfrac{3\pi}{2}$		
2π		

x	sen x	y
0	0	
$\dfrac{\pi}{2}$	1	
π	0	
$\dfrac{3\pi}{2}$	-1	
2π	0	

x	sen x	y
0	0	1
$\dfrac{\pi}{2}$	1	2
π	0	1
$\dfrac{3\pi}{2}$	-1	0
2π	0	1

Notemos que o gráfico deve apresentar para cada x uma ordenada y que é igual ao seno de x mais uma unidade. Se cada seno sofre um acréscimo de 1, então a senoide sofre uma translação de uma unidade "para cima".
É imediato que:
Im(f) = [0, 2]
p(f) = 2π

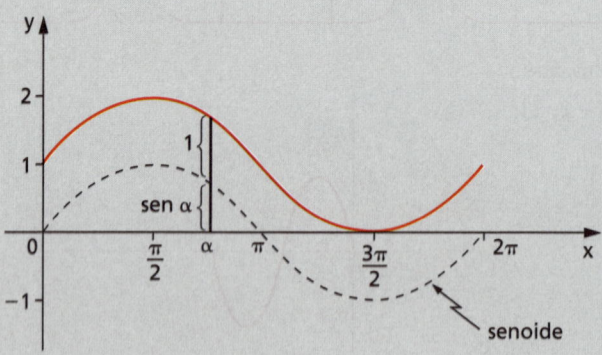

139. f: $\mathbb{R} \to \mathbb{R}$ dada por $f(x) = -2 + \text{sen}\, x$.

FUNÇÕES CIRCULARES

140. f: ℝ → ℝ dada por f(x) = 1 + 2 · sen x.

141. f: ℝ → ℝ dada por f(x) = 2 − sen x.

142. f: ℝ → ℝ dada por f(x) = −1 + sen 2x.

143. f: ℝ → ℝ dada por f(x) = 1 + 3 · sen $\frac{x}{2}$.

144. f: ℝ → ℝ dada por f(x) = sen $\left(x - \frac{\pi}{4}\right)$.

Solução

x	t = x − $\frac{\pi}{4}$	y
	0	
	$\frac{\pi}{2}$	
	π	
	$\frac{3\pi}{2}$	
	2π	

x	t = x − $\frac{\pi}{4}$	y
	0	0
	$\frac{\pi}{2}$	1
	π	0
	$\frac{3\pi}{2}$	−1
	2π	0

x	t = x − $\frac{\pi}{4}$	y
$\frac{\pi}{4}$	0	0
$\frac{3\pi}{4}$	$\frac{\pi}{2}$	1
$\frac{5\pi}{4}$	π	0
$\frac{7\pi}{4}$	$\frac{3\pi}{2}$	−1
$\frac{9\pi}{4}$	2π	0

Notemos que o gráfico deve apresentar para cada x uma ordenada y que é o seno de x − $\frac{\pi}{4}$. Notemos que para sen t completar um período é necessário que t = x − $\frac{\pi}{4}$ percorra o intervalo [0, 2π], isto é, x percorra o intervalo $\left[\frac{\pi}{4}, \frac{9\pi}{4}\right]$.

Assim, o período de f é:

p(f) = $\frac{9\pi}{4} - \frac{\pi}{4}$ = 2π

FUNÇÕES CIRCULARES

É imediato que:
Im(f) = [−1, 1]

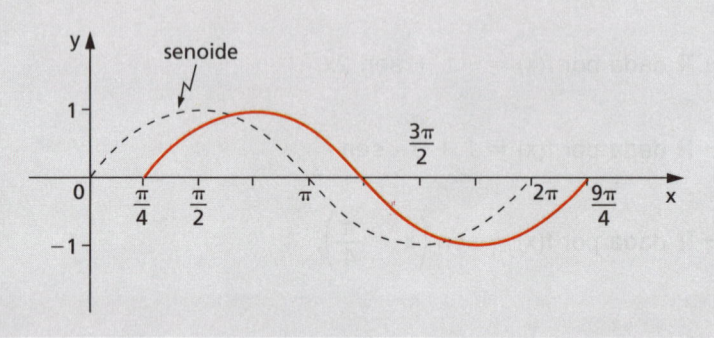

senoide

145. f: $\mathbb{R} \to \mathbb{R}$ dada por $f(x) = \text{sen}\left(x + \dfrac{\pi}{3}\right)$.

146. f: $\mathbb{R} \to \mathbb{R}$ dada por $f(x) = \text{sen}\left(2x - \dfrac{\pi}{3}\right)$.

147. f: $\mathbb{R} \to \mathbb{R}$ dada por $f(x) = 1 + 2 \cdot \text{sen}\left(\dfrac{x}{2} - \dfrac{\pi}{6}\right)$.

148. Sendo *a*, *b*, *c*, *d* números reais e positivos, determine imagem e período da função f: $\mathbb{R} \to \mathbb{R}$ dada por $f(x) = a + b \cdot \text{sen}(cx + d)$.

Solução

Façamos $cx + d = t$. Quando *x* percorre $\mathbb{R}$, *t* percorre $\mathbb{R}$ (pois a função afim $t = cx + d$ é sobrejetora) e, em consequência, sen *t* percorre o intervalo $[-1, 1]$, $b \cdot$ sen *t* percorre o intervalo $[-b, b]$ e $y = a + b \cdot$ sen *t* percorre o intervalo $[a - b, a + b]$, que é a imagem de *f*.

Para que *f* complete um período é necessário que *t* varie de 0 a 2π, então:

$t = 0 \Rightarrow cx + d = 0 \Rightarrow x = -\dfrac{d}{c}$

$t = 2\pi \Rightarrow cx + d = 2\pi \Rightarrow x = \dfrac{2\pi}{c} - \dfrac{d}{c}$

Portanto:

$p = \Delta x = \left(\dfrac{2\pi}{c} - \dfrac{d}{c}\right) - \left(-\dfrac{d}{c}\right) = \dfrac{2\pi}{c}$.

149. Determine o período da função dada por $y = 3 \operatorname{sen}\left(2\pi x + \dfrac{\pi}{2}\right)$.

150. Construa o gráfico de um período da função f: $\mathbb{R} \to \mathbb{R}$ tal que

$$f(x) = 1 - 2 \cdot \operatorname{sen}\left(2x - \dfrac{\pi}{3}\right).$$

151. Para que valores de *m* existe *x* tal que sen x = 2m − 5?

> **Solução**
> Para que exista *x* satisfazendo a igualdade acima, devemos ter:
> $-1 \leq 2m - 5 \leq 1 \Leftrightarrow 4 \leq 2m \leq 6 \Leftrightarrow 2 \leq m \leq 3$.

152. Em cada caso abaixo, para que valores de *m* existe *x* satisfazendo a igualdade:

a) sen x = 2 − 5m;   b) $\operatorname{sen} x = \dfrac{m-1}{m-2}$?

V. Função cosseno

111. Definição

Dado um número real x, seja P sua imagem no ciclo. Denominamos cosseno de x (e indicamos cos x) a abscissa $\overline{OP_2}$ do ponto P em relação ao sistema uOv. Denominamos **função cosseno** a função f: $\mathbb{R} \to \mathbb{R}$ que associa a cada real x o real OP_2 = cos x, isto é, f(x) = cos x.

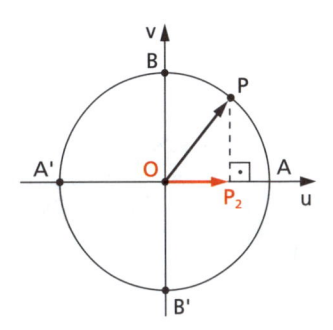

112. Propriedades

As propriedades da razão trigonométrica cosseno, já vistas no capítulo IV, item 57, a saber: (a) se x é do primeiro ou do quarto quadrante, então cos x é positivo; (b) se x é do segundo ou do terceiro quadrante, então cos x é negativo; (c) se x percorre o

FUNÇÕES CIRCULARES

primeiro ou o segundo quadrante, então cos x é decrescente; (d) se x percorre o terceiro ou o quarto quadrante, então cos x é crescente, são também válidas para a função cosseno.

Além dessas, temos para a função cosseno:

1ª) A imagem da função cosseno é o intervalo $[-1, 1]$, isto é, $-1 \leq \cos x \leq 1$ para todo x real.

2ª) A função cosseno é periódica e seu período é 2π.

113. Gráfico

Fazendo um diagrama com x em abscissas e cos x em ordenadas, podemos construir o seguinte gráfico, denominado **cossenoide**, que nos indica como varia a função $f(x) = \cos x$.

x	y = cos x
0	1
$\dfrac{\pi}{6}$	$\dfrac{\sqrt{3}}{2}$
$\dfrac{\pi}{4}$	$\dfrac{\sqrt{2}}{2}$
$\dfrac{\pi}{3}$	$\dfrac{1}{2}$
$\dfrac{\pi}{2}$	0
π	-1
$\dfrac{3\pi}{2}$	0
2π	1

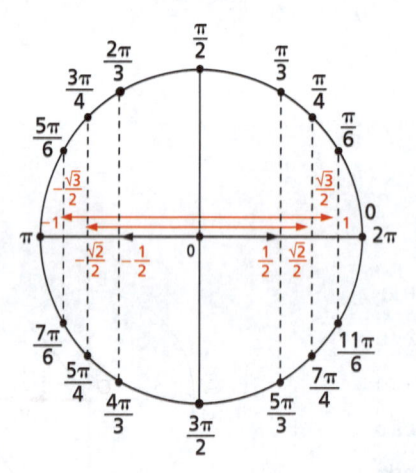

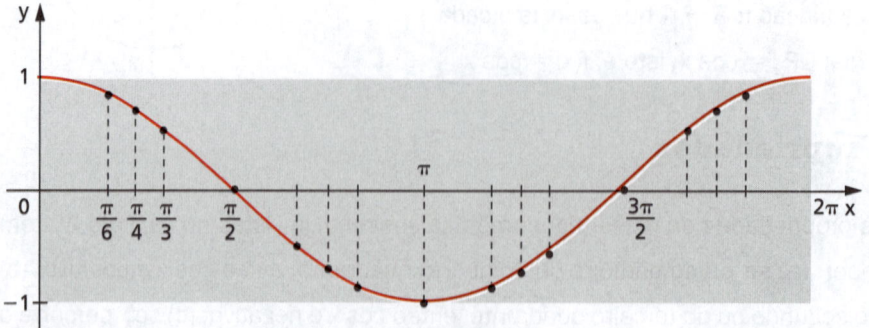

Observemos que, como o domínio da função cosseno é $\mathbb{R}$, a cossenoide continua para a direita de 2π e para a esquerda de zero. No retângulo em destaque está representado apenas um período da função. Notemos ainda que as dimensões desse retângulo devem manter a proporção na escala $2\pi \times 2$, isto é, aproximadamente $6,28 \times 2$ (em escala, $10,6 \times 3$).

EXERCÍCIOS

Determine o período e a imagem e faça o gráfico de um período completo das funções dadas nos exercícios 153 a 167.

153. f: $\mathbb{R} \to \mathbb{R}$ dada por $f(x) = -\cos x$.

154. f: $\mathbb{R} \to \mathbb{R}$ dada por $f(x) = 2 \cdot \cos x$.

155. f: $\mathbb{R} \to \mathbb{R}$ dada por $f(x) = -3 \cdot \cos x$.

156. f: $\mathbb{R} \to \mathbb{R}$ dada por $f(x) = |\cos x|$.

157. f: $\mathbb{R} \to \mathbb{R}$ dada por $f(x) = \cos 2x$.

158. f: $\mathbb{R} \to \mathbb{R}$ dada por $f(x) = \cos \dfrac{x}{2}$.

159. f: $\mathbb{R} \to \mathbb{R}$ dada por $f(x) = 1 + \cos x$.

160. f: $\mathbb{R} \to \mathbb{R}$ dada por $f(x) = 1 + 2 \cdot \cos 3x$.

161. f: $\mathbb{R} \to \mathbb{R}$ dada por $f(x) = \cos\left(x - \dfrac{\pi}{4}\right)$.

162. f: $\mathbb{R} \to \mathbb{R}$ dada por $f(x) = 2 \cdot \cos\left(x - \dfrac{\pi}{3}\right)$.

163. Determine imagem e período da função f: $\mathbb{R} \to \mathbb{R}$ dada por
$f(x) = -1 + 2 \cdot \cos\left(3x - \dfrac{\pi}{4}\right)$.

164. Para que valores de t existe x satisfazendo a igualdade $\cos x = \dfrac{t+2}{2t-1}$?

FUNÇÕES CIRCULARES

165. Esboce o gráfico da função f: $\mathbb{R} \to \mathbb{R}$ tal que f(x) = sen x + cos x.

Solução

Notemos que para cada x esta função associa um y que é a soma do seno com o cosseno de x. Vamos, então, colocar num diagrama a senoide e a cossenoide e, para cada x, somemos as ordenadas dos pontos encontrados em cada curva.

Veremos mais adiante que:
Im(f) = $[-\sqrt{2}, \sqrt{2}]$
p(f) = 2π

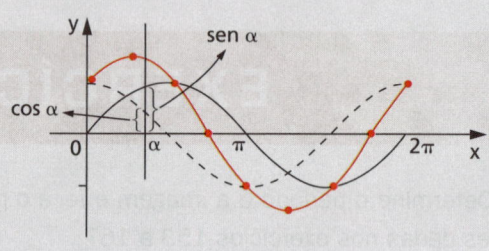

166. Esboce o gráfico de um período da função f: $\mathbb{R} \to \mathbb{R}$ dada por f(x) = cos x − sen x.

167. Prove que, se $0 < x < \dfrac{\pi}{2}$, então sen x + cos x > 1.

Sugestão: ciclo trigonométrico e desigualdade triangular.

168. Determine o período da função y = 3 cos 4x.

169. Calcule a soma dos 12 primeiros termos da série cos α, cos (α + π), cos (α + 2π), ...

VI. Função tangente

114. Definição

Dado um número real x,

$$x \neq \frac{\pi}{2} + k\pi,$$

seja P sua imagem no ciclo. Consideremos a reta $\overleftrightarrow{OP}$ e seja T sua interseção com o eixo das tangentes. Denominamos tangente de x (e indicamos tg x) a medida algébrica do segmento $\overline{AT}$.

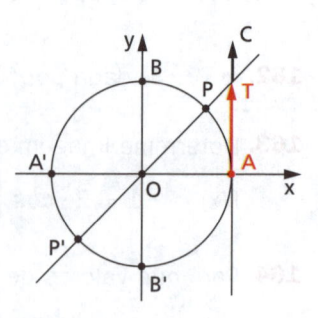

FUNÇÕES CIRCULARES

Denominamos **função tangente** a função f: D → ℝ que associa a cada real x, $x \neq \frac{\pi}{2} + k\pi$, o real AT = tg x, isto é, f(x) = tg x.

Notemos que, para $x = \frac{\pi}{2} + k\pi$, P está em B ou B' e, então, a reta $\overleftrightarrow{OP}$ fica paralela ao eixo das tangentes. Como neste caso não existe o ponto T, a tg x não é definida.

115. Propriedades

Além das propriedades já vistas no capítulo IV, item 61, para a razão trigonométrica tangente, ou seja, (a) se x é do primeiro ou do terceiro quadrante, então tg x é positiva; (b) se x é do segundo ou do quarto quadrante, então tg x é negativa; (c) se x percorre qualquer um dos quatro quadrantes, então tg x é crescente, temos também para a função tangente:

1ª) O domínio da função tangente é $D = \left\{ x \in \mathbb{R} \mid x \neq \frac{\pi}{2} + k\pi \right\}$.

2ª) A imagem da função tangente é ℝ, isto é, para todo y real existe um x real tal que tg x = y.

De fato, dado y ∈ ℝ, consideremos sobre o eixo das tangentes o ponto T tal que AT = y. Construindo a reta $\overleftrightarrow{OT}$, observamos que ela intercepta o ciclo em dois pontos, P e P', imagens dos reais x cuja tangente é y.

3ª) A função tangente é periódica e seu período é π.

De fato, se tg x = AT e k ∈ ℤ, então tg(x + kπ) = AT, pois x e x + kπ têm imagens P e P' coincidentes ou diametralmente opostas no ciclo e, assim, $\overleftrightarrow{OP} = \overleftrightarrow{OP'}$, portanto $\overleftrightarrow{OP} \cap c = \overleftrightarrow{OP'} \cap c$.

Temos, então, para todo x real e $x \neq \frac{\pi}{2} + k\pi$:

$$tg\ x = tg(x + k\pi)$$

e a função tangente é periódica. Seu período é o menor valor positivo de kπ, isto é, π.

116. Gráfico

Fazendo um diagrama com x em abscissas e tg x em ordenadas, podemos construir o seguinte gráfico, denominado **tangentoide**, que nos indica a variação da função f(x) = tg x.

FUNÇÕES CIRCULARES

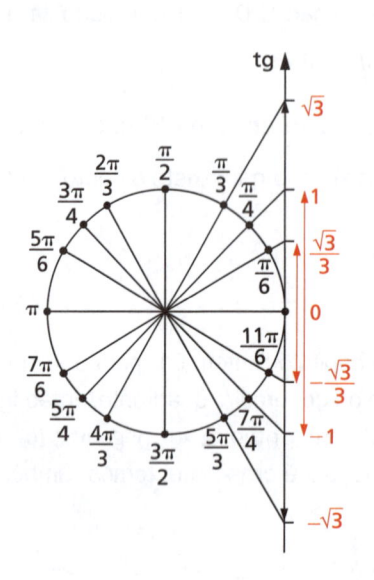

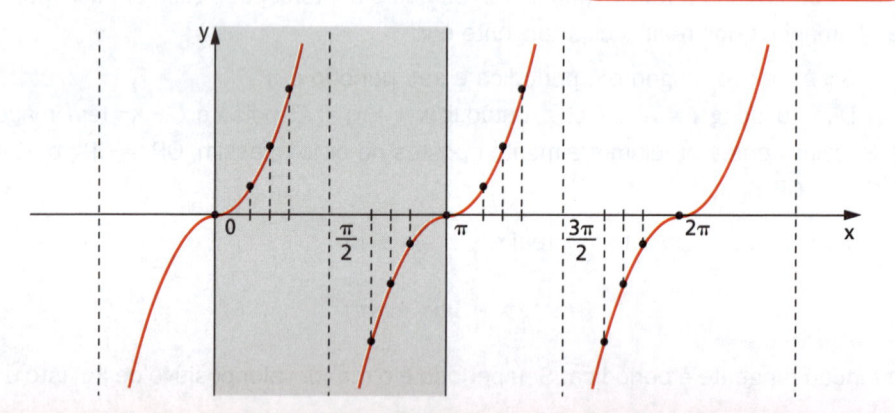

x	y = tg x
0	0
$\frac{\pi}{6}$	$\frac{\sqrt{3}}{3}$
$\frac{\pi}{4}$	1
$\frac{\pi}{3}$	$\sqrt{3}$
$\frac{\pi}{2}$	$\not\exists$
$\frac{2\pi}{3}$	$-\sqrt{3}$
$\frac{3\pi}{4}$	-1
$\frac{5\pi}{6}$	$-\frac{\sqrt{3}}{3}$
π	0
2π	0

EXERCÍCIOS

170. Qual é o domínio da função real f tal que f(x) = tg 2x?

Solução

Façamos $2x = t$. Sabemos que existe tg t se, e somente se, $t \neq \frac{\pi}{2} + k\pi$ ($k \in \mathbb{Z}$), então:

$2x \neq \frac{\pi}{2} + k\pi \Rightarrow x \neq \frac{\pi}{4} + k\frac{\pi}{2}$ ($k \in \mathbb{Z}$) e

$D(f) = \left\{ x \in \mathbb{R} \mid x \neq \frac{\pi}{4} + k\frac{\pi}{2}, k \in \mathbb{Z} \right\}$.

171. Qual é o domínio das seguintes funções reais?

a) $f(x) = \text{tg } 3x$

b) $g(x) = \text{tg}\left(2x - \frac{\pi}{3}\right)$

172. Para que valores de α existe x tal que $\text{tg } x = \sqrt{\alpha^2 - 5\alpha + 4}$?

173. Esboce o gráfico e dê o domínio e o período da função real $f(x) = \text{tg}\left(x - \frac{\pi}{4}\right)$.

Solução

Façamos $x - \frac{\pi}{4} = t$.

Temos: $\exists$ tg t $\Rightarrow t \neq \frac{\pi}{2} + k\pi \Rightarrow x - \frac{\pi}{4} \neq \frac{\pi}{2} + k\pi$

então $D(f) = \left\{ x \in \mathbb{R} \mid x \neq \frac{3\pi}{4} + k\pi, k \in \mathbb{Z} \right\}$.

Para tg t descrever um período completo devemos ter:

$-\frac{\pi}{2} < t < \frac{\pi}{2} \Leftrightarrow -\frac{\pi}{2} < x - \frac{\pi}{4} < \frac{\pi}{2} \Leftrightarrow -\frac{\pi}{4} < x < \frac{3\pi}{4}$

então $p(f) = \frac{3\pi}{4} - \left(-\frac{\pi}{4}\right) = \pi$.

Como a função associa a cada x a tg$\left(x - \frac{\pi}{4}\right)$, teremos (por analogia com as funções já vistas) um gráfico que é a tangentoide deslocada de $\frac{\pi}{4}$ para a direita.

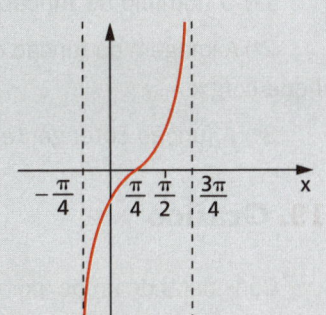

174. Esboce o gráfico e dê o domínio e o período da função real $f(x) = \text{tg}\left(2x + \frac{\pi}{6}\right)$.

VII. Função cotangente

117. Definição

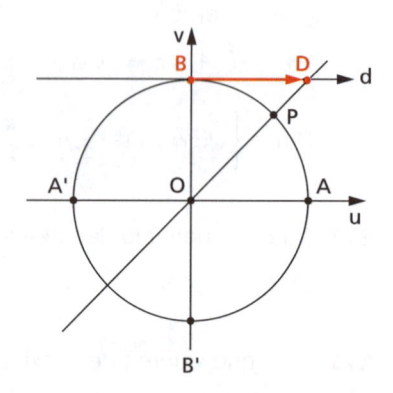

Dado um número real x, $x \neq k\pi$, seja P sua imagem no ciclo. Consideremos a reta $\overleftrightarrow{OP}$ e seja D sua interseção com o eixo das cotangentes. Denominamos cotangente de x (e indicamos cotg x) a medida algébrica do segmento $\overline{BD}$. Denominamos **função cotangente** a função $f: D \to \mathbb{R}$ que associa a cada real x, $x \neq k\pi$, o real $BD = \cotg x$, isto é, $f(x) = \cotg x$.

Notemos que, para $x = k\pi$, P está em A ou A' e, então, a reta $\overleftrightarrow{OP}$ fica paralela ao eixo das cotangentes. Como neste caso não existe o ponto D, a cotg x não é definida.

118. Propriedades

São válidas para a função cotangente as propriedades já vistas no capítulo IV, item 65, para a razão trigonométrica cotangente, a saber: (a) se x é do primeiro ou do terceiro quadrante, então cotg x é positiva; (b) se x é do segundo ou do quarto quadrante, então cotg x é negativa; (c) se x percorre qualquer um dos quatro quadrantes, então cotg x é decrescente. Além dessas, temos:

1ª) O domínio da função cotangente é $D = \{x \in \mathbb{R} \mid x \neq k\pi\}$.

2ª) A imagem da função cotangente é $\mathbb{R}$, isto é, para todo y real existe um x real tal que cotg $x = y$.

3ª) A função cotangente é periódica e seu período é π.

119. Gráfico

Considerando arcos, por exemplo, do 1º e 2º quadrantes, temos a seguinte relação de pares ordenados $(x, \cotg x)$ para traçar o gráfico da cotangente:

$\left(\dfrac{\pi}{6}, \sqrt{3}\right); \left(\dfrac{\pi}{4}, 1\right); \left(\dfrac{\pi}{3}, \dfrac{\sqrt{3}}{3}\right); \left(\dfrac{\pi}{2}, 0\right); \left(\dfrac{2\pi}{3}, \dfrac{-\sqrt{3}}{3}\right); \left(\dfrac{3\pi}{4}, -1\right); \left(\dfrac{5\pi}{6}, -\sqrt{3}\right).$

FUNÇÕES CIRCULARES

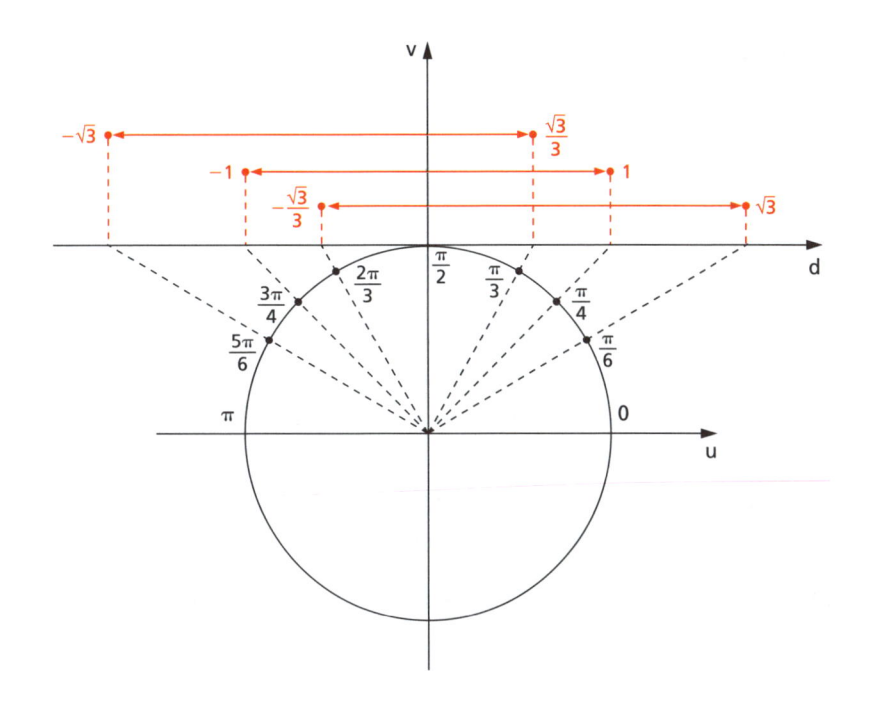

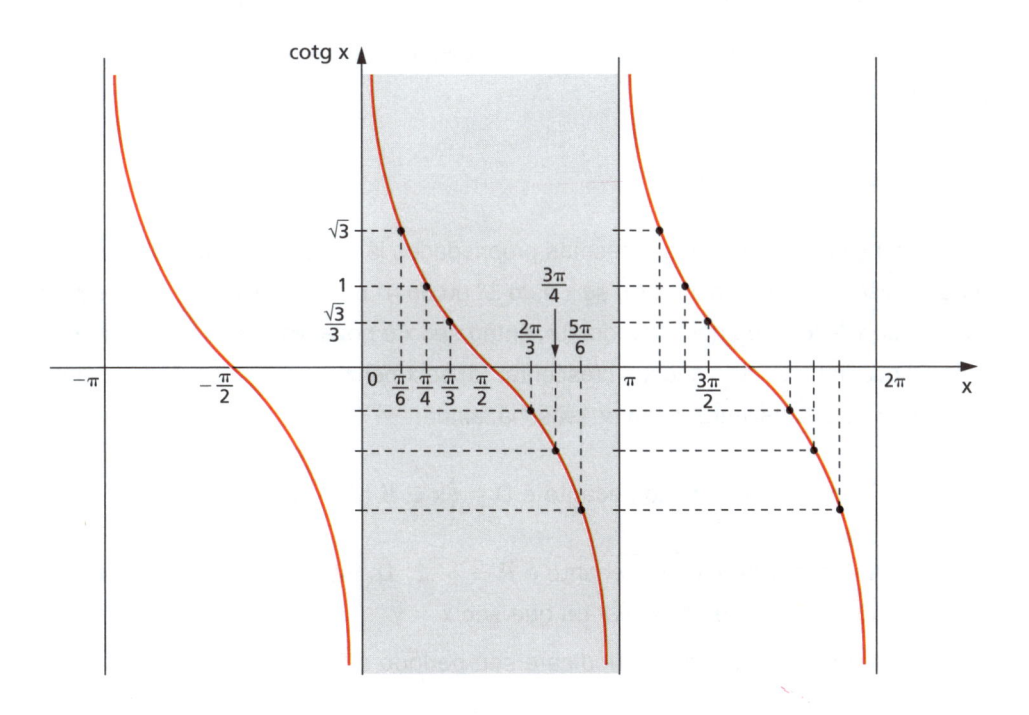

VIII. Função secante

120. Definição

Dado um número real x,

$$x \neq \frac{\pi}{2} + k\pi,$$

seja P sua imagem no ciclo. Consideremos a reta s tangente ao ciclo em P e seja S sua interseção com o eixo dos cossenos. Denominamos secante de x (e indicamos sec x) a abscissa OS do ponto S. Denominamos **função secante** a função f: D → ℝ que associa a cada real x, $x \neq \frac{\pi}{2} + k\pi$, o real OS = sec x, isto é, f(x) = sec x.

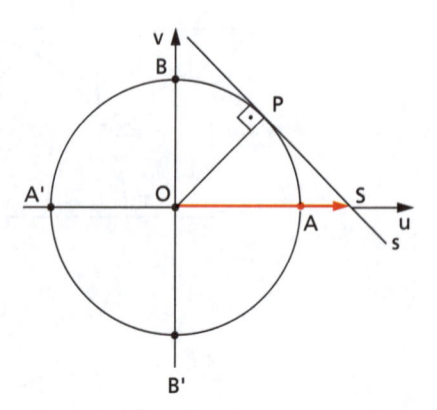

Notemos que, para $x = \frac{\pi}{2} + k\pi$, P está em B ou B' e, então, a reta s fica paralela ao eixo dos cossenos. Como neste caso não existe o ponto S, a sec x não é definida.

121. Propriedades

A função secante tem as mesmas propriedades já vistas no capítulo IV, item 67, para a razão secante, a saber: (a) se x é do 1º ou do 4º quadrante, então sec x é positiva; (b) se x é do 2º ou do 3º quadrante, então sec x é negativa; (c) se x percorre o 1º ou o 2º quadrante, então sec x é crescente; (d) se x percorre o 3º ou o 4º quadrante, então sec x é decrescente. Além dessas, há, ainda:

1ª) O domínio da função secante é $D = \left\{ x \in \mathbb{R} \mid x \neq \frac{\pi}{2} + k\pi \right\}$.

2ª) A imagem da função secante é $\mathbb{R} - \;]-1, 1[$, isto é, para todo y real, com $y \leq -1$ ou $y \geq 1$, existe um x real tal que sec x = y.

3ª) A função secante é periódica e seu período é 2π.

122. Gráfico

Tabela de pares ordenados $(x, \sec x)$, relativa aos valores do 1º e 2º quadrantes:

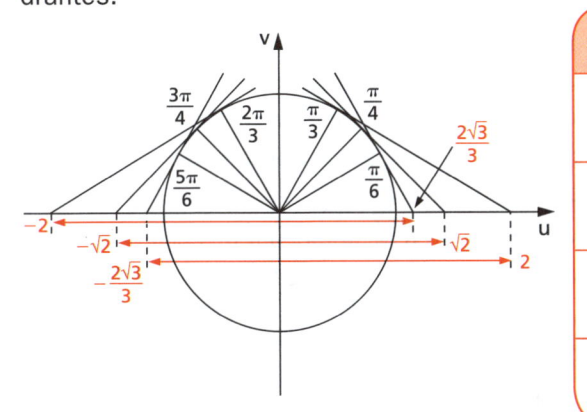

x	sec x	x	sec x
0	1	$\frac{2\pi}{3}$	-2
$\frac{\pi}{6}$	$\frac{2\sqrt{3}}{3}$	$\frac{3\pi}{4}$	$-\sqrt{2}$
$\frac{\pi}{4}$	$\sqrt{2}$	$\frac{5\pi}{6}$	$\frac{-2\sqrt{3}}{3}$
$\frac{\pi}{3}$	2	π	-1

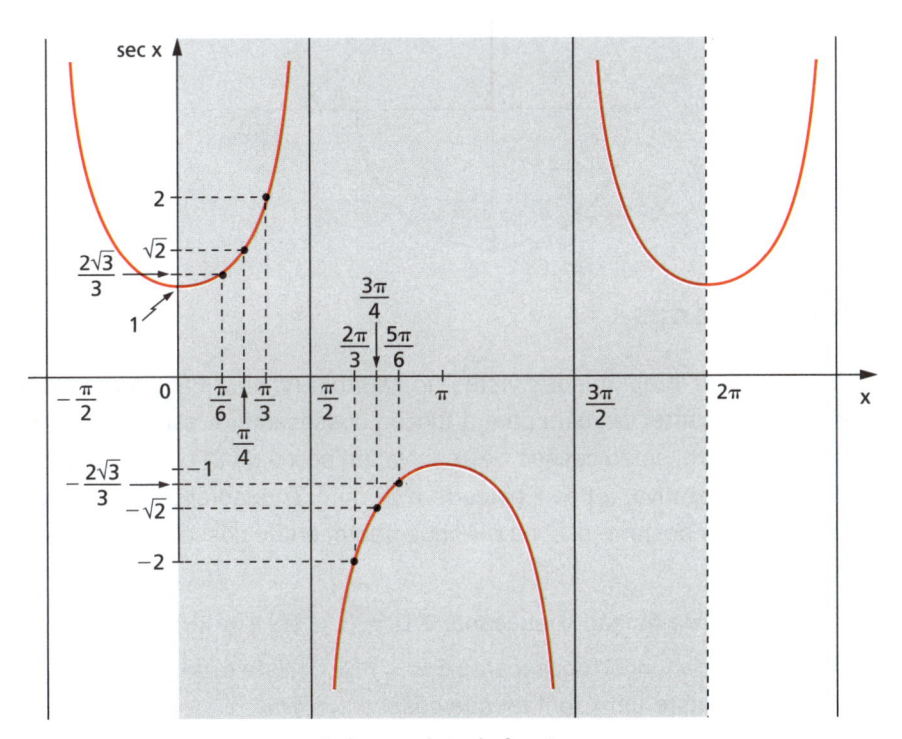

período completo da função sec x

IX. Função cossecante

123. Definição

Dado um número real x, $x \neq k\pi$, seja P sua imagem no ciclo. Consideremos a reta s tangente ao ciclo em P e seja C sua interseção com o eixo dos senos. Denominamos cossecante de x (e indicamos por cossec x) a ordenada OC do ponto C. Denominamos **função cossecante** a função $f: D \to \mathbb{R}$ que associa a cada real x, $x \neq k\pi$, o real OC = cossec x, isto é, $f(x)$ = cossec x.

Notemos que, para $x = k\pi$, P está em A ou A' e, então, a reta s fica paralela ao eixo dos senos. Como neste caso não existe o ponto C, a cossec x não é definida.

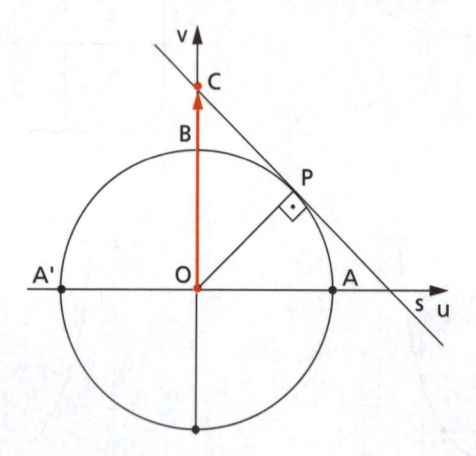

124. Propriedades

São válidas as propriedades vistas no capítulo IV, item 69, para a razão trigonométrica cossecante, também para a função cossecante, a saber: (a) se x é do 1º ou do 2º quadrante, então cossec x é positiva; (b) se x é do 3º ou do 4º quadrante, então cossec x é negativa; (c) se x percorre o 2º ou o 3º quadrante, então cossec x é crescente; (d) se x percorre o 1º ou o 4º quadrante, então cossec x é decrescente. Além dessas, temos:

1ª) O domínio da função cossecante é $D = \{x \in \mathbb{R} \mid x \neq k\pi\}$.

2ª) A imagem da função cossecante é $\mathbb{R} - \,]-1, 1[$, isto é, para todo real y, com $y \leq -1$ ou $y \geq 1$, existe um x real tal que cossec $x = y$.

3ª) A função cossecante é periódica e seu período é 2π.

125. Gráfico

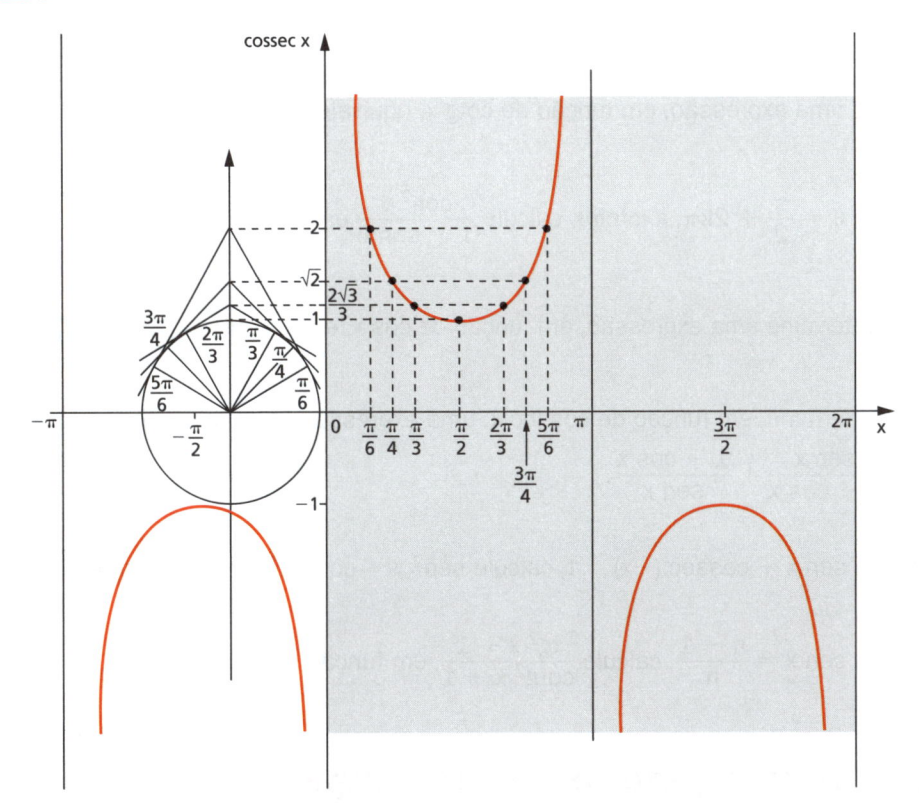

EXERCÍCIOS

175. Determine o domínio e o período das seguintes funções reais:

$f(x) = \cotg\left(x - \frac{\pi}{3}\right)$, $g(x) = \sec 2x$, $h(x) = \cossec\left(x + \frac{\pi}{4}\right)$.

176. Em cada caso, determine o conjunto ao qual m deve pertencer de modo que exista x, satisfazendo a igualdade:

a) $\cotg x = \sqrt{2 - m}$

b) $\sec x = 3m - 2$

c) $\cossec x = \dfrac{2m - 1}{1 - 3m}$

FUNÇÕES CIRCULARES

177. Simplifique $\dfrac{1}{1 + \sec x} \cdot \sqrt{\dfrac{1 + \cos x}{1 - \cos x}}$.

178. Dê uma expressão, em função de cotg x, equivalente a $\dfrac{\operatorname{cossec} x - \operatorname{sen} x}{\sec x - \cos x}$.

179. Se $\theta \neq \dfrac{\pi}{2} + 2k\pi$, k inteiro, calcule $\dfrac{\cos^2 \theta}{1 - \operatorname{sen} \theta}$ em função de sen θ.

180. Determine uma expressão, em função de cos x, equivalente a $\dfrac{\cos^4 x - \operatorname{sen}^4 x}{1 - \operatorname{tg}^4 x}$.

181. Determine, em função de cossec x, uma expressão equivalente a
$\dfrac{\operatorname{sen} x}{1 + \cos x} + \dfrac{1 + \cos x}{\operatorname{sen} x}$.

182. Se sen x + cossec (−x) = t, calcule sen² x + cossec² x em função de t.

183. Se sen $x = \dfrac{n-1}{n}$, calcule $\dfrac{\operatorname{tg}^2 x + 1}{\operatorname{cotg}^2 x + 1}$, em função de n.

X. Funções pares e funções ímpares

126. Definição

Uma função f: A → B é denominada **função par** se, e somente se:

$$f(x) = f(-x), \forall x \in A$$

isto é, dando valores simétricos à variável, obtemos o mesmo valor para a função.

Exemplos:

1º) $f(x) = |x|$ é função par, pois $|-x| = |x|, \forall x \in \mathbb{R}$.

2º) $f(x) = x^2$ é função par, pois $(-x)^2 = x^2, \forall x \in \mathbb{R}$.

3º) $f(x) = \dfrac{1}{x^2}$ é função par, pois $\dfrac{1}{(-x)^2} = \dfrac{1}{x^2}, \forall x \in \mathbb{R}^*$.

Da definição decorre que o gráfico de uma função par é simétrico em relação ao eixo y, pois:

$$(x, y) \in f \Rightarrow (-x, y) \in f$$

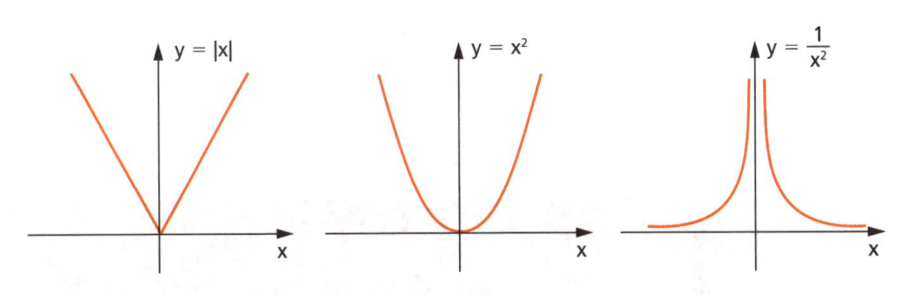

127. Definição

Uma função f: A → B é denominada **função ímpar** se, e somente se:

$$f(-x) = -f(x), \forall x \in A$$

isto é, dando valores simétricos à variável, obtemos valores simétricos para a função.

Exemplos:

1º) $f(x) = 2x$ é função ímpar, pois $2(-x) = -2x$, $\forall x \in \mathbb{R}$.

2º) $f(x) = x^3$ é função ímpar, pois $(-x)^3 = -x^3$, $\forall x \in \mathbb{R}$.

3º) $f(x) = \dfrac{1}{x}$ é função ímpar, pois $\dfrac{1}{(-x)} = -\dfrac{1}{x}$, $\forall x \in \mathbb{R}^*$.

Da definição decorre que o gráfico de uma função ímpar é simétrico em relação à origem do sistema cartesiano, pois:

$$(x, y) \in f \Rightarrow (-x, -y) \in f$$

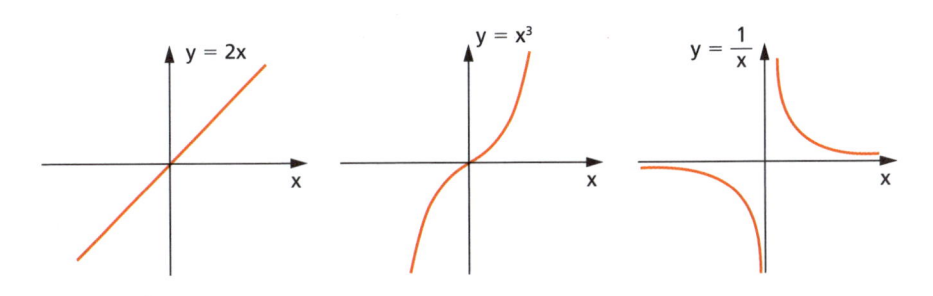

FUNÇÕES CIRCULARES

128. Os números x e −x têm, no ciclo, imagens simétricas em relação ao eixo dos cossenos. Em consequência, temos:

$$\text{sen}(-x) = -\text{sen } x, \forall x \in \mathbb{R}$$
$$\cos(-x) = \cos x, \forall x \in \mathbb{R}$$

portanto, de acordo com as definições dadas, a função seno é função ímpar e a função cosseno é função par.

EXERCÍCIOS

184. Verifique a paridade das funções:
   a) tg x
   b) cotg x
   c) sec x
   d) cossec x

185. Uma função, com domínio simétrico em relação à origem, é par se f(−x) = f(x) e é ímpar se f(−x) = −f(x), qualquer que seja x pertencente ao domínio.
   a) Prove que, se f é ímpar e 0 pertence ao seu domínio, então f(0) = 0.
   b) Prove que, se f é par e ímpar, então f(x) ≡ 0.

186. Seja a função f: $\mathbb{R} \to \mathbb{R}$ definida por f(x) = 3. Determine a paridade da função g: $\mathbb{R} \to \mathbb{R}$ definida por

$$g(x) = \underbrace{f(x) \cdot f(x) \cdot f(x) \cdot \ldots \cdot f(x)}_{n \text{ fatores}}$$

CAPÍTULO IX
Transformações

I. Fórmulas de adição

Vamos deduzir fórmulas para calcular as funções trigonométricas da soma (a + b) e da diferença (a − b) de dois números reais quaisquer *a* e *b*, conhecidas as funções circulares de *a* e de *b*.

129. Cosseno da soma

Sejam P, Q e R os pontos do ciclo associados aos números a, a + b e −b, respectivamente. Em relação ao sistema cartesiano uOv, as coordenadas desses pontos são:

P (cos a, sen a)

Q (cos (a + b), sen (a + b))

R (cos b, −sen b)

Os arcos $\widehat{AQ}$ e $\widehat{RP}$ têm a mesma medida, portanto as cordas $\overline{AQ}$ e $\overline{PR}$ têm medidas iguais. Aplicando, então, a fórmula da distância entre dois pontos, da Geometria Analítica, temos:

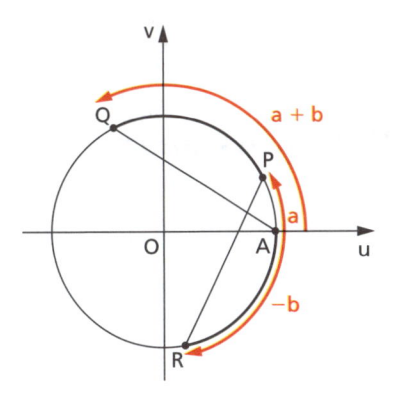

TRANSFORMAÇÕES

$$d_{AQ}^2 = (x_Q - x_A)^2 + (y_Q - y_A)^2 =$$
$$= [\cos(a+b) - 1]^2 + [\text{sen}(a+b) - 0]^2 =$$
$$= \cos^2(a+b) - 2 \cdot \cos(a+b) + 1 + \text{sen}^2(a+b) =$$
$$= 2 - 2 \cdot \cos(a+b)$$

$$d_{RP}^2 = (x_P - x_R)^2 + (y_P - y_R)^2 =$$
$$= (\cos a - \cos b)^2 + (\text{sen } a + \text{sen } b)^2 =$$
$$= \cos^2 a - 2 \cdot \cos a \cdot \cos b + \cos^2 b + \text{sen}^2 a + 2 \cdot \text{sen } a \cdot \text{sen } b + \text{sen}^2 b =$$
$$= 2 - 2 \cdot \cos a \cdot \cos b + 2 \cdot \text{sen } a \cdot \text{sen } b$$

$$d_{AQ} = d_{RP} \Rightarrow 2 - 2 \cdot \cos(a+b) = 2 - 2 \cdot \cos a \cdot \cos b + 2 \cdot \text{sen } a \cdot \text{sen } b$$

e, então, vem a fórmula:

$$\boxed{\cos(a+b) = \cos a \cdot \cos b - \text{sen } a \cdot \text{sen } b}$$

130. Cosseno da diferença

A partir da fórmula anterior podemos obter o cosseno da diferença:
$$\cos(a-b) = \cos[a + (-b)] = \cos a \cdot \cos(-b) - \text{sen } a \cdot \text{sen}(-b) =$$
$$= \cos a \cdot \cos b - \text{sen } a \cdot (-\text{sen } b)$$

então:

$$\boxed{\cos(a-b) = \cos a \cdot \cos b + \text{sen } a \cdot \text{sen } b}$$

131. Seno da soma

$$\text{sen}(a+b) = \cos\left[\frac{\pi}{2} - (a+b)\right] = \cos\left[\left(\frac{\pi}{2} - a\right) - b\right] =$$
$$= \cos\left(\frac{\pi}{2} - a\right) \cdot \cos b + \text{sen}\left(\frac{\pi}{2} - a\right) \cdot \text{sen } b$$

então:

$$\boxed{\text{sen}(a+b) = \text{sen } a \cdot \cos b + \text{sen } b \cdot \cos a}$$

132. Seno da diferença

A partir do seno da soma podemos obter o seno da diferença:
sen (a − b) = sen [a + (−b)] = sen a · cos (−b) + sen (−b) · cos a =
= sen a · cos b + (−sen b) · cos a

então:

$$\text{sen } (a - b) = \text{sen } a \cdot \cos b - \text{sen } b \cdot \cos a$$

133. Tangente da soma

A tangente da soma pode ser obtida com o seno e o cosseno da soma:

$$\text{tg } (a + b) = \frac{\text{sen } (a + b)}{\cos (a + b)} = \frac{\text{sen } a \cdot \cos b + \text{sen } b \cdot \cos a}{\cos a \cdot \cos b - \text{sen } a \cdot \text{sen } b} =$$

$$= \frac{\dfrac{\text{sen } a \cdot \cos b + \text{sen } b \cdot \cos a}{\cos a \cdot \cos b}}{\dfrac{\cos a \cdot \cos b - \text{sen } a \cdot \text{sen } b}{\cos a \cdot \cos b}} =$$

$$= \frac{\dfrac{\text{sen } a \cdot \cos b}{\cos a \cdot \cos b} + \dfrac{\text{sen } b \cdot \cos a}{\cos a \cdot \cos b}}{\dfrac{\cos a \cdot \cos b}{\cos a \cdot \cos b} - \dfrac{\text{sen } a \cdot \text{sen } b}{\cos a \cdot \cos b}}$$

então:

$$\text{tg } (a + b) = \frac{\text{tg } a + \text{tg } b}{1 - \text{tg } a \cdot \text{tg } b}$$

Esta fórmula só é aplicável se:

$a \neq \dfrac{\pi}{2} + k\pi$, $b \neq \dfrac{\pi}{2} + k\pi$ e $a + b \neq \dfrac{\pi}{2} + k\pi$

134. Tangente da diferença

Da fórmula anterior temos:

$$\text{tg } (a - b) = \text{tg } [a + (-b)] = \frac{\text{tg } a + \text{tg } (-b)}{1 - \text{tg } a \cdot \text{tg } (-b)} = \frac{\text{tg } a + (-\text{tg } b)}{1 - \text{tg } a \cdot (-\text{tg } b)}$$

então:

$$\operatorname{tg}(a - b) = \frac{\operatorname{tg} a - \operatorname{tg} b}{1 + \operatorname{tg} a \cdot \operatorname{tg} b}$$

Esta fórmula só é aplicável se:

$a \neq \frac{\pi}{2} + k\pi$, $b \neq \frac{\pi}{2} + k\pi$ e $a - b \neq \frac{\pi}{2} + k\pi$

135. Cotangente da soma

De modo análogo à tangente da soma, temos:

$$\operatorname{cotg}(a + b) = \frac{\cos(a + b)}{\operatorname{sen}(a + b)} = \frac{\cos a \cdot \cos b - \operatorname{sen} a \cdot \operatorname{sen} b}{\operatorname{sen} a \cdot \cos b + \operatorname{sen} b \cdot \cos a} =$$

$$= \frac{\dfrac{\cos a \cdot \cos b - \operatorname{sen} a \cdot \operatorname{sen} b}{\operatorname{sen} a \cdot \operatorname{sen} b}}{\dfrac{\operatorname{sen} a \cdot \cos b + \operatorname{sen} b \cdot \cos a}{\operatorname{sen} a \cdot \operatorname{sen} b}} =$$

$$= \frac{\dfrac{\cos a \cdot \cos b}{\operatorname{sen} a \cdot \operatorname{sen} b} - \dfrac{\operatorname{sen} a \cdot \operatorname{sen} b}{\operatorname{sen} a \cdot \operatorname{sen} b}}{\dfrac{\operatorname{sen} a \cdot \cos b}{\operatorname{sen} a \cdot \operatorname{sen} b} + \dfrac{\operatorname{sen} b \cdot \cos a}{\operatorname{sen} a \cdot \operatorname{sen} b}}$$

então:

$$\operatorname{cotg}(a + b) = \frac{\operatorname{cotg} a \cdot \operatorname{cotg} b - 1}{\operatorname{cotg} a + \operatorname{cotg} b}$$

Esta fórmula só é aplicável se:

$a \neq k\pi$, $b \neq k\pi$ e $a + b \neq k\pi$

136. Cotangente da diferença

Da cotangente da soma temos:

$$\operatorname{cotg}(a - b) = \operatorname{cotg}[a + (-b)] = \frac{\operatorname{cotg} a \cdot \operatorname{cotg}(-b) - 1}{\operatorname{cotg} a + \operatorname{cotg}(-b)} =$$

$$= \frac{\operatorname{cotg} a \cdot (-\operatorname{cotg} b) - 1}{\operatorname{cotg} a + (-\operatorname{cotg} b)} = \frac{-\operatorname{cotg} a \cdot \operatorname{cotg} b - 1}{\operatorname{cotg} a - \operatorname{cotg} b}$$

então:

$$\cotg(a - b) = \frac{\cotg a \cdot \cotg b + 1}{\cotg b - \cotg a}$$

Esta fórmula só é aplicável se:

$a \neq k\pi$, $b \neq k\pi$ e $a - b \neq k\pi$

EXERCÍCIOS

187. Calcule os valores de:
 a) $\cos 15°$
 b) $\sen 105°$
 c) $\tg 75°$
 d) $\sec 285°$

Solução

a) $\cos 15° = \cos(45° - 30°) = \cos 45° \cdot \cos 30° + \sen 45° \cdot \sen 30° =$

$$= \frac{\sqrt{2}}{2} \cdot \frac{\sqrt{3}}{2} + \frac{\sqrt{2}}{2} \cdot \frac{1}{2} = \frac{\sqrt{6} + \sqrt{2}}{4}$$

b) $\sen 105° = \sen(60° + 45°) = \sen 60° \cdot \cos 45° + \sen 45° \cdot \cos 60° =$

$$= \frac{\sqrt{3}}{2} \cdot \frac{\sqrt{2}}{2} + \frac{\sqrt{2}}{2} \cdot \frac{1}{2} = \frac{\sqrt{6} + \sqrt{2}}{4}$$

c) $\tg 75° = \tg(45° + 30°) = \dfrac{\tg 45° + \tg 30°}{1 - \tg 45° \cdot \tg 30°} =$

$$= \frac{1 + \dfrac{\sqrt{3}}{3}}{1 - 1 \cdot \dfrac{\sqrt{3}}{3}} = \frac{3 + \sqrt{3}}{3 - \sqrt{3}} = 2 + \sqrt{3}$$

d) $\sec 285° = \sec 75° = \dfrac{1}{\cos 75°} = \dfrac{1}{\cos(45° + 30°)} = \dfrac{4}{\sqrt{6} - \sqrt{2}} = \sqrt{6} + \sqrt{2}$

TRANSFORMAÇÕES

188. Calcule cotg 165°, sec 255° e cossec 15°.

189. Dados: tg A = 2 e tg B = 1, ache tg (A − B).

190. Calcule o valor da expressão sen 105° − cos 75°.

191. Dados: sen x = $\frac{3}{5}$ e cos y = $\frac{5}{13}$, calcule o cos (x + y), sabendo que $0 < x < \frac{\pi}{2}$ e $\frac{3\pi}{2} < y < 2\pi$.

Solução

1º) cos x = $+\sqrt{1 - \text{sen}^2 x} = +\sqrt{1 - \frac{9}{25}} = \frac{4}{5}$

2º) sen y = $-\sqrt{1 - \cos^2 y} = -\sqrt{1 - \frac{25}{169}} = -\frac{12}{13}$

3º) cos (x + y) = cos x · cos y − sen x · sen y =
$= \frac{4}{5} \times \frac{5}{13} - \frac{3}{5} \times \frac{-12}{13} = \frac{56}{65}$

192. Sabendo que tg a = $\frac{2}{3}$ e sen b = $\frac{4}{5}$ com $\frac{\pi}{2} < b < \pi$, calcule tg (a + b).

Solução

1º) cos b = $-\sqrt{1 - \text{sen}^2 b} = -\sqrt{1 - \frac{16}{25}} = -\frac{3}{5}$

2º) tg b = $\dfrac{\frac{4}{5}}{-\frac{3}{5}} = -\frac{4}{3}$

3º) tg (a + b) = $\dfrac{\text{tg } a + \text{tg } b}{1 - \text{tg } a \cdot \text{tg } b} = \dfrac{\frac{2}{3} - \frac{4}{3}}{1 - \frac{2}{3}\left(-\frac{4}{3}\right)} = \dfrac{-\frac{2}{3}}{\frac{17}{9}} = -\frac{6}{17}$

TRANSFORMAÇÕES

193. Sabendo que sen $x = \dfrac{15}{17}$, sen $y = -\dfrac{3}{5}$, $0 < x < \dfrac{\pi}{2}$ e $\pi < y < \dfrac{3\pi}{2}$, calcule sen $(x + y)$, cos $(x + y)$ e tg $(x + y)$.

194. Estude a variação das seguintes funções reais:
   a) $f(x) = \text{sen } 2x \cdot \cos x + \text{sen } x \cdot \cos 2x$

   b) $g(x) = \dfrac{\sqrt{2}}{2} \cdot \cos x + \dfrac{\sqrt{2}}{2} \cdot \text{sen } x$

   c) $h(x) = \dfrac{1 + \text{tg } x}{1 - \text{tg } x}$

Solução

a) $f(x) = \text{sen } (2x + x) = \text{sen } 3x$
   então:
   $D(f) = \mathbb{R}$
   $p = \dfrac{2\pi}{3}$
   $\text{Im}(f) = [-1, 1]$

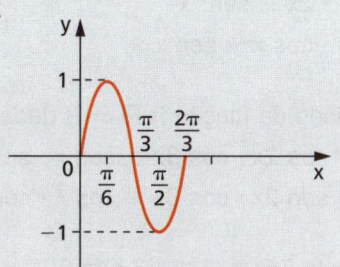

b) $g(x) = \cos x \cdot \cos \dfrac{\pi}{4} + \text{sen } x \cdot \text{sen } \dfrac{\pi}{4} = \cos \left(x - \dfrac{\pi}{4} \right)$
   então:
   $D(g) = \mathbb{R}$
   $p = 2\pi$
   $\text{Im}(g) = [-1, 1]$

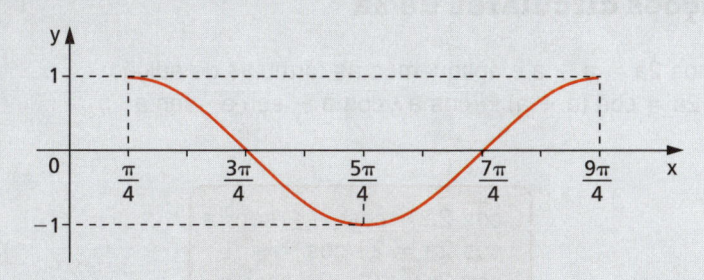

TRANSFORMAÇÕES

c) $h(x) = \dfrac{tg \dfrac{\pi}{4} + tg\, x}{1 - tg \dfrac{\pi}{4} \cdot tg\, x} = tg\left(x + \dfrac{\pi}{4}\right)$

então:

$D(h) = \left\{ x \in \mathbb{R} \mid x \neq \dfrac{\pi}{4} + k\pi \right\}$

$p = \pi$

$Im(h) = \mathbb{R}$

$x = -\dfrac{\pi}{4} \Rightarrow tg\left(-\dfrac{\pi}{4} + \dfrac{\pi}{4}\right) = tg\, 0 = 0$

---

195. Estude a variação das seguintes funções reais:

a) $f(x) = \cos^2 2x - \text{sen}^2 x$

b) $g(x) = \sqrt{3} \cdot \cos x - \text{sen}\, x$

c) $h(x) = \dfrac{\text{sen}\, x + \cos x}{\cos x - \text{sen}\, x}$

196. Qual é o período da função $f: \mathbb{R} \to \mathbb{R}$ dada por:

$f(x) = \text{sen}\, x \cdot \cos 2x \cdot \cos 3x - \text{sen}\, x \cdot \text{sen}\, 2x \cdot \text{sen}\, 3x +$
$+ \cos x \cdot \text{sen}\, 2x \cdot \cos 3x + \cos x \cdot \text{sen}\, 3x \cdot \cos 2x$

197. Sabendo que $tg\, 75° = 2 + \sqrt{3}$ e $tg\, 60° = \sqrt{3}$, calcule $tg\, 15°$.

II. Fórmulas de multiplicação

Vamos deduzir fórmulas para calcular as funções trigonométricas de 2a, 3a, 4a, etc., conhecidas as funções circulares de *a*.

137. Funções circulares de 2a

Façamos $2a = a + a$ e apliquemos as fórmulas de adição:

I) $\cos 2a = \cos(a + a) = \cos a \cdot \cos a - \text{sen}\, a \cdot \text{sen}\, a$

então:

$$\boxed{\begin{array}{l} \cos 2a = \cos^2 a - \text{sen}^2 a \\ \cos 2a = 2 \cdot \cos^2 a - 1 \\ \cos 2a = 1 - 2 \cdot \text{sen}^2 a \end{array}}$$

II) $\operatorname{sen} 2a = \operatorname{sen}(a + a) = \operatorname{sen} a \cdot \cos a + \operatorname{sen} a \cdot \cos a$

então:

$$\boxed{\operatorname{sen} 2a = 2 \cdot \operatorname{sen} a \cdot \cos a}$$

III) $\operatorname{tg} 2a = \operatorname{tg}(a + a) = \dfrac{\operatorname{tg} a + \operatorname{tg} a}{1 - \operatorname{tg} a \cdot \operatorname{tg} a}$

então:

$$\boxed{\operatorname{tg} 2a = \dfrac{2 \cdot \operatorname{tg} a}{1 - \operatorname{tg}^2 a}}$$

138. Funções circulares de 3a

Fazendo $3a = 2a + a$ e aplicando as fórmulas de adição, temos:

I) $\cos 3a = \cos(2a + a) = \cos 2a \cdot \cos a - \operatorname{sen} 2a \cdot \operatorname{sen} a =$

$= (2 \cdot \cos^2 a - 1) \cos a - (2 \cdot \operatorname{sen} a \cdot \cos a) \operatorname{sen} a =$

$= (2 \cdot \cos^2 a - 1) \cos a - 2 \operatorname{sen}^2 a \cdot \cos a =$

$= (2 \cdot \cos^2 a - 1) \cos a - 2 \cdot (1 - \cos^2 a) \cos a$

então:

$$\boxed{\cos 3a = 4 \cdot \cos^3 a - 3 \cdot \cos a}$$

II) $\operatorname{sen} 3a = \operatorname{sen}(2a + a) = \operatorname{sen} 2a \cdot \cos a + \operatorname{sen} a \cdot \cos 2a =$

$= (2 \cdot \operatorname{sen} a \cdot \cos a) \cdot \cos a + \operatorname{sen} a (1 - 2 \cdot \operatorname{sen}^2 a) =$

$= 2 \cdot \operatorname{sen} a \cdot (1 - \operatorname{sen}^2 a) + \operatorname{sen} a \cdot (1 - 2 \operatorname{sen}^2 a)$

então:

$$\boxed{\operatorname{sen} 3a = 3 \cdot \operatorname{sen} a - 4 \cdot \operatorname{sen}^3 a}$$

TRANSFORMAÇÕES

III) $\text{tg } 3a = \text{tg }(2a + a) = \dfrac{\text{tg } 2a + \text{tg } a}{1 - \text{tg } 2a \cdot \text{tg } a} = \dfrac{\dfrac{2 \text{ tg } a}{1 - \text{tg}^2 a} + \text{tg } a}{1 - \dfrac{2 \text{ tg } a}{1 - \text{tg}^2 a} \cdot \text{tg } a} =$

$= \dfrac{2 \cdot \text{tg } a + \text{tg } a \cdot (1 - \text{tg}^2 a)}{(1 - \text{tg}^2 a) - 2 \cdot \text{tg } a \cdot \text{tg } a}$

então:

$$\boxed{\text{tg } 3a = \dfrac{3 \cdot \text{tg } a - \text{tg}^3 a}{1 - 3 \cdot \text{tg}^2 a}}$$

EXERCÍCIOS

198. Sendo $\text{tg } x = \dfrac{3}{4}$ e $\pi < x < \dfrac{3\pi}{2}$, calcule sen $2x$.

Solução

$\text{sen } x = -\sqrt{\dfrac{\text{tg}^2 x}{1 + \text{tg}^2 x}} = -\sqrt{\dfrac{\dfrac{9}{16}}{1 + \dfrac{9}{16}}} = -\dfrac{3}{5}$

$\cos x = -\sqrt{\dfrac{1}{1 + \text{tg}^2 x}} = -\sqrt{\dfrac{1}{1 + \dfrac{9}{16}}} = -\dfrac{4}{5}$

$\text{sen } 2x = 2 \cdot \text{sen } x \cdot \cos x = 2 \cdot \left(-\dfrac{3}{5}\right) \cdot \left(-\dfrac{4}{5}\right) = \dfrac{24}{25}$

199. Calcule sen $2x$, sabendo que: $\text{tg } x + \text{cotg } x = 3$.

200. Sendo $\cotg x = \dfrac{12}{5}$ e $0 < x < \dfrac{\pi}{2}$, calcule $\cos 2x$.

> **Solução**
>
> $\cossec x = \sqrt{1 + \cotg^2 x} = \sqrt{1 + \dfrac{144}{25}} = \dfrac{13}{5} \Rightarrow \sen x = \dfrac{5}{13}$
>
> $\cos 2x = 1 - 2 \cdot \sen^2 x = 1 - 2 \cdot \dfrac{25}{169} = \dfrac{119}{169}$

201. Sendo $\sen \alpha = \dfrac{2}{3}$, com $0 < \alpha < \dfrac{\pi}{2}$:

a) calcule $\sen\left(\dfrac{\pi}{2} + 2\alpha\right)$;

b) calcule $\cos\left(\dfrac{\pi}{4} + \alpha\right)$.

202. Sendo $\sec x = \dfrac{25}{24}$ e $\dfrac{3\pi}{2} < x < 2\pi$, calcule $\tg 2x$.

> **Solução**
>
> $\tg x = -\sqrt{\sec^2 x - 1} = -\sqrt{\dfrac{625}{576} - 1} = -\dfrac{7}{24}$
>
> $\tg 2x = \dfrac{2 \cdot \tg x}{1 - \tg^2 x} = \dfrac{-\dfrac{14}{24}}{1 - \dfrac{49}{576}} = -\dfrac{336}{527}$

203. Se $\cos x = \dfrac{3}{5}$ e $\dfrac{3\pi}{2} < x < 2\pi$, calcule $\sen 3x$.

204. Se $\sen x = \dfrac{12}{13}$ e $\dfrac{\pi}{2} < x < \pi$, calcule $\cos 3x$.

205. Se $\sec x = \dfrac{4}{3}$ e $0 < x < \dfrac{\pi}{2}$, calcule $\tg 3x$.

206. Calcule $\sen^2 \dfrac{\pi}{12} - \cos^2 \dfrac{\pi}{12} + \tg \dfrac{\pi}{3} + \tg \dfrac{14\pi}{3}$.

TRANSFORMAÇÕES

207. Esboce o gráfico da função $y = 2 \cdot \text{sen}^2 x$ utilizando o gráfico de cos 2x.

> **Solução**
> A partir da identidade $\cos 2x = 1 - 2 \cdot \text{sen}^2 x$, temos:
> $$y = 2 \cdot \text{sen}^2 x \Rightarrow y = 1 - \cos 2x$$
>
> | x | 2x | cos 2x | y |
> |---|---|---|---|
> | 0 | 0 | 1 | 0 |
> | $\frac{\pi}{4}$ | $\frac{\pi}{2}$ | 0 | 1 |
> | $\frac{\pi}{2}$ | π | -1 | 2 |
> | $\frac{3\pi}{4}$ | $\frac{3\pi}{2}$ | 0 | 1 |
> | π | 2π | 1 | 0 |

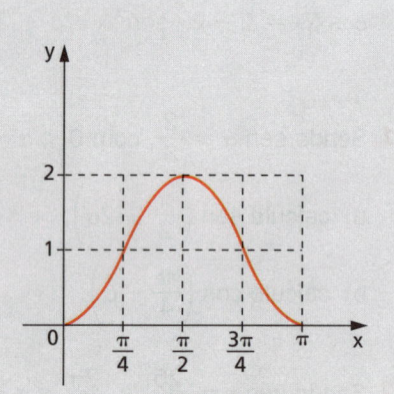

208. Estude a variação das seguintes funções reais:

a) $f(x) = \cos^4 x - \text{sen}^4 x$

c) $h(x) = \cos^4 x + \text{sen}^4 x$

b) $g(x) = 8 \cdot \text{sen}^2 x \cdot \cos^2 x$

209. Qual é o período das seguintes funções reais?

a) $f(x) = \text{sen } x \cdot \cos x$

b) $g(x) = \dfrac{1 - \text{tg}^2 2x}{1 + \text{tg}^2 2x}$

c) $h(x) = \cos^6 x + \text{sen}^6 x$

210. Sabendo que $\text{sen } a = \dfrac{3}{5}$ e $\cos a = \dfrac{4}{5}$, calcule sen 2a + cos 2a.

211. Se *a* e *b* são ângulos positivos inferiores a 180°, calcule sen 2a e cos 2b, sabendo que $\sec a = -\dfrac{3}{2}$ e $\cos b = \dfrac{1}{3}$.

212. A igualdade tg x = a cotg x + b cotg 2x é válida para todo x real tal que $x \neq \dfrac{k\pi}{2}$. Determine *a* e *b*.

III. Fórmulas de divisão

Vamos deduzir fórmulas para calcular as funções trigonométricas de $\frac{x}{2}$, conhecida uma das funções circulares de x.

139. É dado o cos x

Sabemos que $\cos 2a = 2\cos^2 a - 1$ e $\cos 2a = 1 - 2 \cdot \operatorname{sen}^2 a$, portanto, fazendo $2a = x$, teremos:

$$\cos x = 2\cos^2 \frac{x}{2} - 1 \Rightarrow \boxed{\cos \frac{x}{2} = \pm\sqrt{\frac{1 + \cos x}{2}}}$$

$$\cos x = 1 - 2 \cdot \operatorname{sen}^2 \frac{x}{2} \Rightarrow \boxed{\operatorname{sen} \frac{x}{2} = \pm\sqrt{\frac{1 - \cos x}{2}}}$$

$$\operatorname{tg} \frac{x}{2} = \frac{\operatorname{sen} \frac{x}{2}}{\cos \frac{x}{2}} \Rightarrow \boxed{\operatorname{tg} \frac{x}{2} = \pm\sqrt{\frac{1 - \cos x}{1 + \cos x}}}$$

Os sinais ($\pm$) só têm sentido quando se conhece cos x, sem conhecer x. Assim, sabendo que $\cos x = \cos x_0$, temos:

1ª) solução: $x = x_0 + 2k\pi \Rightarrow \frac{x}{2} = \frac{x_0}{2} + k\pi$ \quad (1)

2ª) solução: $x = -x_0 + 2k\pi \Rightarrow \frac{x}{2} = -\frac{x_0}{2} + k\pi$ \quad (2)

As expressões (1) e (2) nos indicam que, dado cos x, existem 4 possíveis arcos $\frac{x}{2}$, pois k pode assumir valores pares ou ímpares, os quais dão origem a dois valores para $\cos \frac{x}{2}$, $\operatorname{sen} \frac{x}{2}$ e $\operatorname{tg} \frac{x}{2}$. Provemos que existem dois valores simétricos para $\cos \frac{x}{2}$, por exemplo:

Em (1) k par: $\cos \frac{x}{2} = \cos\left(\frac{x_0}{2} + 2k_1\pi\right) = \cos \frac{x_0}{2}$

Em (1) k ímpar: $\cos \dfrac{x}{2} = \cos\left[\dfrac{x_0}{2} + (2k_1 + 1)\pi\right] = \cos\left(\dfrac{x_0}{2} + \pi\right) = -\cos\dfrac{x_0}{2}$

Em (2) k par: $\cos \dfrac{x}{2} = \cos\left(-\dfrac{x_0}{2} + 2k_1\pi\right) = \cos\left(-\dfrac{x_0}{2}\right) = \cos\dfrac{x_0}{2}$

Em (2) k ímpar: $\cos \dfrac{x}{2} = \cos\left[-\dfrac{x_0}{2} + (2k_1 + 1)\pi\right] = \cos\left(-\dfrac{x_0}{2} + \pi\right) =$
$= -\cos\dfrac{x_0}{2}$

140. É dado o sen x

Sabemos que $\cos x = \pm\sqrt{1 - \text{sen}^2 x}$, portanto, tendo sen x, calculamos cos x e entramos com as fórmulas do parágrafo anterior.

EXERCÍCIOS

213. Se $\text{sen } x = \dfrac{24}{25}$ e $\dfrac{\pi}{2} < x < \pi$, calcule as funções circulares de $\dfrac{x}{2}$.

Solução

$\cos x = -\sqrt{1 - \text{sen}^2 x} = -\sqrt{1 - \dfrac{576}{625}} = -\dfrac{7}{25}$

$\text{sen } \dfrac{x}{2} = +\sqrt{\dfrac{1 - \cos x}{2}} = +\sqrt{\dfrac{16}{25}} = \dfrac{4}{5}$

$\cos \dfrac{x}{2} = +\sqrt{\dfrac{1 + \cos x}{2}} = +\sqrt{\dfrac{9}{25}} = \dfrac{3}{5}$

$\text{tg } \dfrac{x}{2} = +\sqrt{\dfrac{1 - \cos x}{1 + \cos x}} = +\sqrt{\dfrac{16}{9}} = \dfrac{4}{3}$

Observemos que $\dfrac{\pi}{4} < \dfrac{x}{2} < \dfrac{\pi}{2}$.

214. Calcule as funções circulares de $\dfrac{\pi}{8}$.

Solução

Sabemos que $\cos \dfrac{\pi}{4} = \dfrac{\sqrt{2}}{2}$.

Portanto, temos:

$$\operatorname{sen} \dfrac{x}{8} = \sqrt{\dfrac{1 - \cos \dfrac{\pi}{4}}{2}} = \sqrt{\dfrac{1 - \dfrac{\sqrt{2}}{2}}{2}} = \dfrac{\sqrt{2 - \sqrt{2}}}{2}$$

$$\cos \dfrac{x}{8} = \sqrt{\dfrac{1 + \cos \dfrac{\pi}{4}}{2}} = \sqrt{\dfrac{1 + \dfrac{\sqrt{2}}{2}}{2}} = \dfrac{\sqrt{2 + \sqrt{2}}}{2}$$

$$\operatorname{tg} \dfrac{x}{8} = \sqrt{\dfrac{1 - \cos \dfrac{\pi}{4}}{1 + \cos \dfrac{\pi}{4}}} = \sqrt{\dfrac{1 - \dfrac{\sqrt{2}}{2}}{1 + \dfrac{\sqrt{2}}{2}}} = \sqrt{\dfrac{2 - \sqrt{2}}{2 + \sqrt{2}}} = \sqrt{2} - 1$$

215. Dados $\operatorname{sen} \theta = \dfrac{3}{5}$ e $\dfrac{\pi}{2} < \theta < \pi$, calcule

$A = 25 \operatorname{sen} \theta + \sqrt{10} \operatorname{sen} \dfrac{\theta}{2}$.

216. Se $0 < a_n < \dfrac{\pi}{2}$ e $\cos(a_n) = \dfrac{n}{n+1}$, calcule $\cos\left(\dfrac{a_n}{2}\right)$.

217. Se $\operatorname{tg} x = \dfrac{5}{12}$, calcule $\operatorname{sen} \dfrac{x}{2}$.

Solução

$$\cos x = \pm \sqrt{\dfrac{1}{1 + \operatorname{tg}^2 x}} = \pm \sqrt{\dfrac{1}{1 + \dfrac{25}{144}}} = \pm \dfrac{12}{13}$$

$$\operatorname{sen} \dfrac{x}{2} = \pm \sqrt{\dfrac{1 - \cos x}{2}} = \pm \sqrt{\dfrac{1 \pm \dfrac{12}{13}}{2}} = \pm \sqrt{\dfrac{13 \pm 12}{26}}$$

TRANSFORMAÇÕES

então há 4 possibilidades para $\operatorname{sen} \frac{x}{2}$:

$+\frac{\sqrt{26}}{26}, -\frac{\sqrt{26}}{26}, +\frac{5\sqrt{26}}{26}$ ou $-\frac{5\sqrt{26}}{26}$.

218. Sabendo que x é um arco do primeiro quadrante e $\cos x = \frac{1}{3}$, determine $\operatorname{sen} \frac{x}{2}$ e $\operatorname{tg} \frac{x}{2}$.

219. Sabendo que $\cos x = \frac{24}{25}$ e $0 < x < \frac{\pi}{2}$, calcule $\operatorname{sen} \frac{x}{4}$, $\cos \frac{x}{4}$ e $\operatorname{tg} \frac{x}{4}$.

220. Sendo $\sec x = 4$ e $\frac{3\pi}{2} < x < 2\pi$, calcule $\operatorname{tg}\left(\frac{\pi + x}{2}\right)$.

221. Estude a variação da função $f: \mathbb{R} \to \mathbb{R}$ dada por $f(x) = \sqrt{\frac{1 - \cos 2x}{2}}$.

Solução

De $\cos 2x = 1 - 2 \operatorname{sen}^2 x$ decorre que $\frac{1 - \cos 2x}{2} = \operatorname{sen}^2 x$, portanto,

$$f(x) = \sqrt{\operatorname{sen}^2 x} = |\operatorname{sen} x|$$

Já vimos que:
$D(f) = \mathbb{R}$
$p = \pi$
$\operatorname{Im}(f) = [0; 1]$

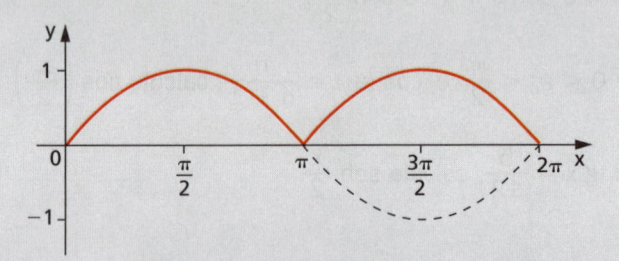

222. Estude a variação da função $f: \mathbb{R} - \left\{x \mid x \neq \frac{\pi}{2} + k\pi\right\} \to \mathbb{R}$ dada por

$$f(x) = (1 - \cos 2x)^{\frac{1}{2}} \cdot (1 + \cos 2x)^{-\frac{1}{2}}.$$

223. Qual é o período da função $f: \mathbb{R} \to \mathbb{R}$ dada por $f(x) = (1 + \cos 4x)^{\frac{1}{2}}$?

IV. É dada a tg $\dfrac{x}{2}$

Vamos deduzir fórmulas para calcular as funções trigonométricas de x, conhecida a tg $\dfrac{x}{2}$.

Das fórmulas de multiplicação, temos:

$$\operatorname{sen} 2a = 2 \cdot \operatorname{sen} a \cdot \cos a = 2 \cdot \operatorname{sen} a \cdot \dfrac{\cos^2 a}{\cos a} = 2 \cdot \dfrac{\operatorname{sen} a}{\cos a} \cdot \dfrac{1}{\sec^2 a} =$$

$$= \dfrac{2 \cdot \operatorname{tg} a}{1 + \operatorname{tg}^2 a}$$

$$\operatorname{tg} 2a = \dfrac{2 \cdot \operatorname{tg} a}{1 - \operatorname{tg}^2 a}$$

Fazendo $2a = x$ e $a = \dfrac{x}{2}$, temos:

$$\operatorname{sen} x = \dfrac{2 \cdot \operatorname{tg} \dfrac{x}{2}}{1 + \operatorname{tg}^2 \dfrac{x}{2}} \quad \text{e} \quad \operatorname{tg} x = \dfrac{2 \cdot \operatorname{tg} \dfrac{x}{2}}{1 - \operatorname{tg}^2 \dfrac{x}{2}}$$

Notando que $\cos x = \dfrac{\operatorname{sen} x}{\operatorname{tg} x}$, temos:

$$\cos x = \dfrac{1 - \operatorname{tg}^2 \dfrac{x}{2}}{1 + \operatorname{tg}^2 \dfrac{x}{2}}$$

A utilidade destas três últimas fórmulas é permitir a substituição de sen x, cos x e tg x por uma única função $\left(\operatorname{tg} \dfrac{x}{2}\right)$, através de expressões racionais. Esse tipo de substituição é frequentemente utilizado na resolução de equações trigonométricas.

EXERCÍCIOS

224. Se $\tg \frac{a}{2} = \frac{1}{2}$, calcule tg a.

225. Calcule sen a, sabendo que $\cotg \frac{a}{2} = \sqrt{3}$.

V. Transformação em produto

141. Em Álgebra Elementar, têm grande importância prática os recursos para transformar um polinômio em produto de outros polinômios (fatoração). Assim, por exemplo, temos:

$x^2 - 2x = x(x - 2)$ → colocação em evidência

$x^2 - 4 = (x + 2)(x - 2)$ → diferença de quadrados

$\left. \begin{array}{l} x^2 + 4x + 4 = (x + 2)^2 \\ x^2 - 4x + 4 = (x - 2)^2 \end{array} \right\}$ → trinômios quadrados perfeitos

$x^3 + 8 = (x + 2)(x^2 - 2x + 4)$ → soma de cubos

$x^3 - 8 = (x - 2)(x^2 + 2x + 4)$ → diferença de cubos

$\left. \begin{array}{l} x^3 + 3x^2 + 3x + 1 = (x + 1)^3 \\ x^3 - 3x^2 + 3x - 1 = (x - 1)^3 \end{array} \right\}$ → polinômios cubos perfeitos

Muitas vezes aplicaremos esses recursos à Trigonometria, recorrendo a transformações como:

$\sen^2 x - 2 \cdot \sen x = \sen x (\sen x - 2)$
$\sen^2 x - \cos^2 x = (\sen x + \cos x)(\sen x - \cos x)$

Além dos recursos algébricos, a Trigonometria dispõe de fórmulas que permitem completar uma fatoração. Assim, no exemplo acima, podemos fatorar:

$\sen x + \cos x$ e $\sen x - \cos x$.

Vamos deduzir agora as fórmulas para transformar somas e diferenças trigonométricas em produtos.

TRANSFORMAÇÕES

142. Sabemos que:

$$\cos(a+b) = \cos a \cdot \cos b - \text{sen } a \cdot \text{sen } b \quad (1)$$
$$\cos(a-b) = \cos a \cdot \cos b + \text{sen } a \cdot \text{sen } b \quad (2)$$
$$\text{sen}(a+b) = \text{sen } a \cdot \cos b + \text{sen } b \cdot \cos a \quad (3)$$
$$\text{sen}(a-b) = \text{sen } a \cdot \cos b - \text{sen } b \cdot \cos a \quad (4)$$

Logo:

(1) + (2): $\cos(a+b) + \cos(a-b) = 2 \cdot \cos a \cdot \cos b$

(1) − (2): $\cos(a+b) - \cos(a-b) = -2 \cdot \text{sen } a \cdot \text{sen } b$

(3) + (4): $\text{sen}(a+b) + \text{sen}(a-b) = 2 \cdot \text{sen } a \cdot \cos b$

(3) − (4): $\text{sen}(a+b) - \text{sen}(a-b) = 2 \cdot \text{sen } b \cdot \cos a$

Essas relações são denominadas **fórmulas de Werner**.

143. Fazendo nas fórmulas de Werner:

$$\begin{cases} a+b = p \\ a-b = q \end{cases}, \text{ portanto, } a = \frac{p+q}{2} \text{ e } b = \frac{p-q}{2}$$

obtemos as fórmulas de transformação em produto:

$$\cos p + \cos q = 2 \cdot \cos \frac{p+q}{2} \cdot \cos \frac{p-q}{2}$$

$$\cos p - \cos q = -2 \cdot \text{sen } \frac{p+q}{2} \cdot \text{sen } \frac{p-q}{2}$$

$$\text{sen } p + \text{sen } q = 2 \cdot \text{sen } \frac{p+q}{2} \cdot \cos \frac{p-q}{2}$$

$$\text{sen } p - \text{sen } q = 2 \cdot \text{sen } \frac{p-q}{2} \cdot \cos \frac{p+q}{2}$$

144. Temos ainda que:

$$\text{tg } p + \text{tg } q = \frac{\text{sen } p}{\cos p} + \frac{\text{sen } q}{\cos q} = \frac{\text{sen } p \cdot \cos q + \text{sen } q \cdot \cos p}{\cos p \cdot \cos q} \Rightarrow$$

$$\Rightarrow \boxed{\text{tg } p + \text{tg } q = \frac{\text{sen}(p+q)}{\cos p \cdot \cos q}}$$

TRANSFORMAÇÕES

$$\operatorname{tg} p - \operatorname{tg} q = \frac{\operatorname{sen} p}{\cos p} - \frac{\operatorname{sen} q}{\cos q} = \frac{\operatorname{sen} p \cdot \cos q - \operatorname{sen} q \cdot \cos p}{\cos p \cdot \cos q} \Rightarrow$$

$$\Rightarrow \boxed{\operatorname{tg} p - \operatorname{tg} q = \frac{\operatorname{sen}(p - q)}{\cos p \cdot \cos q}}$$

EXERCÍCIOS

226. Transforme em produto:
a) $y = \operatorname{sen} 5x + \operatorname{sen} 3x$
b) $y = \cos 3x + \cos x$
c) $y = \operatorname{sen} 7a + \operatorname{sen} 5a - \operatorname{sen} 3a - \operatorname{sen} a$
d) $y = \cos 9a + \cos 5a - \cos 3a - \cos a$
e) $y = \operatorname{sen} a + \operatorname{sen} b + \operatorname{sen} c - \operatorname{sen}(a + b + c)$

Solução

a) $y = 2 \cdot \operatorname{sen} \dfrac{5x + 3x}{2} \cdot \cos \dfrac{5x - 3x}{2} = 2 \cdot \operatorname{sen} 4x \cdot \cos x$

b) $y = 2 \cdot \cos \dfrac{3x + x}{2} \cdot \cos \dfrac{3x - x}{2} = 2 \cdot \cos 2x \cdot \cos x$

c) $y = (\operatorname{sen} 7a + \operatorname{sen} 5a) - (\operatorname{sen} 3a + \operatorname{sen} a) =$
$= 2 \cdot \operatorname{sen} 6a \cdot \cos a - 2 \cdot \operatorname{sen} 2a \cdot \cos a =$
$= 2 \cdot \cos a \cdot (\operatorname{sen} 6a - \operatorname{sen} 2a) =$
$= 2 \cdot \cos a \cdot (2 \cdot \operatorname{sen} 2a \cdot \cos 4a) =$
$= 4 \cdot \cos a \cdot \operatorname{sen} 2a \cdot \cos 4a$

d) $y = (\cos 9a + \cos 5a) - (\cos 3a + \cos a) =$
$= 2 \cdot \cos 7a \cdot \cos 2a - 2 \cdot \cos 2a \cdot \cos a =$
$= 2 \cdot \cos 2a \cdot (\cos 7a - \cos a) =$
$= -4 \cdot \cos 2a \cdot \operatorname{sen} 4a \cdot \operatorname{sen} 3a$

TRANSFORMAÇÕES

e) $y = (\text{sen } a + \text{sen } b) - [\text{sen}(a+b+c) - \text{sen } c] =$

$= 2 \cdot \text{sen} \dfrac{a+b}{2} \cdot \cos \dfrac{a-b}{2} - 2 \cdot \text{sen} \dfrac{a+b}{2} \cdot \cos \dfrac{a+b+2c}{2} =$

$= -2 \cdot \text{sen} \dfrac{a+b}{2} \cdot \left[\cos \dfrac{a+b+2c}{2} - \cos \dfrac{a-b}{2} \right] =$

$= -2 \cdot \text{sen} \dfrac{a+b}{2} \cdot \left(-2 \cdot \text{sen} \dfrac{\frac{a+b+2c+a-b}{2}}{2} \cdot \text{sen} \dfrac{\frac{a+b+2c-a+b}{2}}{2} \right) =$

$= 4 \cdot \text{sen} \dfrac{a+b}{2} \cdot \text{sen} \dfrac{a+c}{2} \cdot \text{sen} \dfrac{b+c}{2}$

227. Transforme em produto:

a) $y = 1 + \text{sen } 2x$

b) $y = 1 + \cos x$

c) $y = 1 + \cos a + \cos 2a$

d) $y = \text{sen } a + 2 \cdot \text{sen } 3a + \text{sen } 5a$

Solução

a) $y = \text{sen} \dfrac{\pi}{2} + \text{sen } 2x = 2 \cdot \text{sen}\left(\dfrac{\pi}{4} + x\right) \cdot \cos\left(\dfrac{\pi}{4} - x\right) = 2 \cdot \text{sen}^2\left(\dfrac{\pi}{4} + x\right)$

b) $y = \cos 0 + \cos x = 2 \cdot \cos \dfrac{x}{2} \cdot \cos\left(-\dfrac{x}{2}\right) = 2 \cdot \cos^2 \dfrac{x}{2}$

c) $y = (\cos 2a + \cos 0) + \cos a = 2 \cdot \cos^2 a + \cos a =$

$= 2 \cdot \cos a \left(\cos a + \dfrac{1}{2} \right) = 2 \cdot \cos a \left[\cos a + \cos \dfrac{\pi}{3} \right] =$

$= 4 \cdot \cos a \cdot \cos\left(\dfrac{a}{2} + \dfrac{\pi}{6}\right) \cdot \cos\left(\dfrac{a}{2} - \dfrac{\pi}{6}\right)$

d) $y = (\text{sen } 5a + \text{sen } a) + 2 \cdot \text{sen } 3a = 2 \cdot \text{sen } 3a \cdot \cos 2a + 2 \cdot \text{sen } 3a =$

$= 2 \cdot \text{sen } 3a \cdot [\cos 2a + 1] = 2 \cdot \text{sen } 3a \cdot [\cos 2a + \cos 0] =$

$= 2 \cdot \text{sen } 3a \cdot (2 \cdot \cos a \cdot \cos a) = 4 \cdot \text{sen } 3a \cdot \cos^2 a$

228. Transforme em produto:

a) $y = \text{sen } x + \cos x$

b) $y = \cos 2x - \text{sen } 2x$

c) $y = \cos^2 3x + \cos^2 x$

d) $y = \text{sen}^2 5x - \text{sen}^2 x$

e) $y = \dfrac{\text{sen } a + \text{sen } b}{\cos a + \cos b}$

TRANSFORMAÇÕES

Solução

a) $y = \text{sen } x + \cos x = \text{sen } x + \text{sen}\left(\dfrac{\pi}{2} - x\right) =$
$= 2 \cdot \text{sen }\dfrac{\pi}{4} \cdot \cos\left(x - \dfrac{\pi}{4}\right) = \sqrt{2} \cdot \cos\left(x - \dfrac{\pi}{4}\right)$

b) $y = \cos 2x - \cos\left(\dfrac{\pi}{2} - 2x\right) =$
$= -2 \cdot \text{sen }\dfrac{\pi}{4} \cdot \text{sen}\left(2x - \dfrac{\pi}{4}\right) = -\sqrt{2} \cdot \text{sen}\left(2x - \dfrac{\pi}{4}\right)$

c) $y = (\cos 3x + \cos x) \cdot (\cos 3x - \cos x) =$
$= (2 \cdot \cos 2x \cdot \cos x)(-2 \cdot \text{sen } 2x \cdot \text{sen } x) =$
$= -(2 \cdot \text{sen } 2x \cdot \cos 2x)(2 \cdot \text{sen } x \cdot \cos x) =$
$= -\text{sen } 4x \cdot \text{sen } 2x$

d) $y = (\text{sen } 5x + \text{sen } x)(\text{sen } 5x - \text{sen } x) =$
$= (2 \cdot \text{sen } 3x \cdot \cos 2x)(2 \cdot \text{sen } 2x \cdot \cos 3x) =$
$= (2 \cdot \text{sen } 3x \cdot \cos 3x)(2 \cdot \text{sen } 2x \cdot \cos 2x) =$
$= \text{sen } 6x \cdot \text{sen } 4x$

e) $y = \dfrac{2 \cdot \text{sen }\dfrac{a+b}{2} \cdot \cos \dfrac{a-b}{2}}{2 \cdot \cos \dfrac{a+b}{2} \cdot \cos \dfrac{a-b}{2}} = \text{tg }\dfrac{a+b}{2}$

229. Transforme em produto:

a) $y = \text{sen }(a + b + c) - \text{sen }(a - b + c)$

b) $y = \cos(a + 2b) + \cos a$

c) $y = \text{sen } a + \text{sen }(a + r) + \text{sen }(a + 2r) + \text{sen }(a + 3r)$

d) $y = \cos(a + 3b) + \cos(a + 2b) + \cos(a + b) + \cos a$

e) $y = \cos^2 p - \cos^2 q$

f) $y = \text{sen}^2 p - \text{sen}^2 q$

g) $y = \cos^2 p - \text{sen}^2 q$

h) $y = \dfrac{\text{sen } 2a + \text{sen } 2b}{\cos 2a - \cos 2b}$

i) $y = \dfrac{1 + \text{sen } a}{1 - \text{sen } a}$

TRANSFORMAÇÕES

230. Calcule o valor numérico da expressão: $y = \operatorname{sen} \dfrac{13\pi}{12} \cdot \cos \dfrac{11\pi}{12}$.

> **Solução**
>
> Fazendo $\dfrac{p+q}{2} = \dfrac{13\pi}{12}$ e $\dfrac{p-q}{2} = \dfrac{11\pi}{12}$, obtemos
>
> $p = \dfrac{24\pi}{12} = 2\pi$ e $q = \dfrac{2\pi}{12} = \dfrac{\pi}{6}$, portanto:
>
> $y = \dfrac{1}{2}\left(2 \cdot \operatorname{sen} \dfrac{13\pi}{12} \cdot \cos \dfrac{11\pi}{12}\right) = \dfrac{1}{2}\left(\operatorname{sen} 2\pi + \operatorname{sen} \dfrac{\pi}{6}\right) = \dfrac{1}{2}\left(0 + \dfrac{1}{2}\right) = \dfrac{1}{4}$

231. Calcule o valor numérico das expressões:

a) $y = \cos \dfrac{7\pi}{8} \cdot \cos \dfrac{\pi}{8}$

b) $y = \operatorname{sen} \dfrac{13\pi}{12} \cdot \operatorname{sen} \dfrac{7\pi}{12}$

c) $y = \operatorname{sen} \dfrac{5\pi}{24} \cdot \cos \dfrac{\pi}{24}$

232. Prove que $\cos 40° \cdot \cos 80° \cdot \cos 160° = -\dfrac{1}{8}$.

> **Solução**
>
> $\cos 40° \cdot \cos 80° \cdot \cos 160° = \dfrac{2 \cdot \cos 80° \cdot \cos 40°}{2} \cdot \cos 160° =$
>
> $= \dfrac{(\cos 120° + \cos 40°) \cdot \cos 160°}{2} =$
>
> $= \dfrac{\left(-\dfrac{1}{2}\right) \cdot \cos 160° + \dfrac{1}{2} \cdot 2 \cdot \cos 40° \cdot \cos 160°}{2} =$
>
> $= \dfrac{-\cos 160° + \cos 200° + \cos 120°}{4} = \dfrac{\cos 120°}{4} = -\dfrac{1}{8}$

233. Prove que $\operatorname{tg} 81° - \operatorname{tg} 63° - \operatorname{tg} 27° + \operatorname{tg} 9° = 4$.

234. Estude a variação da função f: $\mathbb{R} \to \mathbb{R}$ dada por $f(x) = \cos x - \sin x$.

Solução

$$f(x) = \cos x - \cos\left(\frac{\pi}{2} - x\right) = -2 \cdot \sin\frac{\pi}{4} \cdot \sin\left(x - \frac{\pi}{4}\right) =$$

$$= -\sqrt{2} \cdot \sin\left(x - \frac{\pi}{4}\right)$$

Portanto:
$D(f) = \mathbb{R}$
$p = 2\pi$
$\text{Im}(f) = [-\sqrt{2}, \sqrt{2}]$

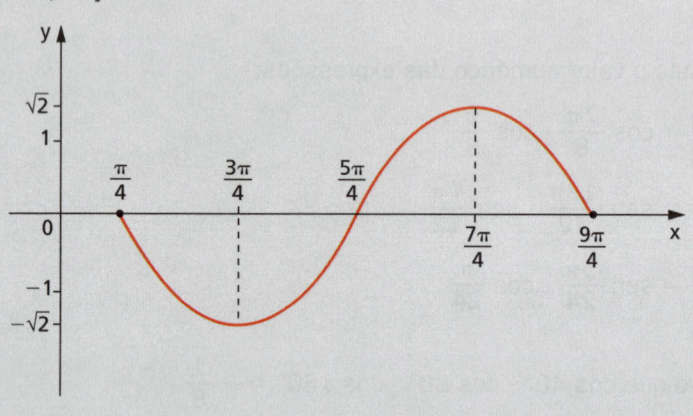

235. Estude a variação da função f: $\mathbb{R} \to \mathbb{R}$ dada por $f(x) = \sin 2x + \cos 2x$.

236. Qual é o período da função $f(x) = \dfrac{1 + \tan x}{1 - \tan x}$?

237. Sendo $\sin x - \sin y = 2 \cdot \sin\dfrac{x-y}{2} \cdot \cos\dfrac{x+y}{2}$ e lembrando que $|\sin z| \leq |z|$, $|\cos t| \leq 1$ e $|a \cdot b| = |a| \cdot |b|$, compare $|\sin x - \sin y|$ e $|x - y|$, com x e y números reais quaisquer.

238. Prove que, se $a + b + c = \dfrac{\pi}{2}$, então:

a) $\tan a \cdot \tan b + \tan b \cdot \tan c + \tan c \cdot \tan a = 1$
b) $\cos^2 a + \cos^2 b + \cos^2 c - 2 \cdot \sin a \cdot \sin b \cdot \sin c = 2$

239. Prove que, se (sen 2A, sen 2B, sen 2C) é uma progressão aritmética, então o mesmo ocorre com (tg (A + B), tg (C + A), tg (B + C)).

> **Solução**
> Por hipótese, temos:
> sen 2B − sen 2A = sen 2C − sen 2B
> 2 · sen (B − A) · cos (B + A) = 2 · sen (C − B) · cos (C + B)
> sen [(B + C) − (C + A)] · cos (B + A) = sen [(C + A) − (A + B)] · cos (C + B)
> [sen (B + C) · cos (C + A) − sen (C + A) · cos (B + C)] · cos (B + A) =
> = [sen (C + A) · cos (A + B) − sen (A + B) · cos (C + A)] · cos (C + B)
> sen (B + C) · cos (C + A) · cos (A + B) − sen (C + A) · cos (B + C) · cos (A + B) =
> = sen (C + A) · cos (A + B) · cos (B + C) · sen (A + B) · cos (C + A) · cos (C + B)
> Dividindo por cos (A + B) · cos (B + C) · cos (C + A), temos:
> $$\frac{\text{sen }(B+C)}{\cos(B+C)} - \frac{\text{sen }(C+A)}{\cos(C+A)} = \frac{\text{sen }(C+A)}{\cos(C+A)} - \frac{\text{sen }(A+B)}{\cos(A+B)}$$
> isto é:
> tg (B + C) − tg (C + A) = tg (C + A) − tg (A + B)

240. Prove que, se os ângulos de um triângulo ABC verificam a relação cos A + cos B = = sen C, então o triângulo é retângulo.

> **Solução**
> cos A + cos B = sen C ⇒
> $$\Rightarrow 2 \cdot \cos\frac{A+B}{2} \cdot \cos\frac{A-B}{2} = 2 \cdot \text{sen}\frac{C}{2} \cdot \cos\frac{C}{2} \Rightarrow$$
> $$\Rightarrow \text{sen}\frac{C}{2} \cdot \cos\frac{A-B}{2} = \text{sen}\frac{C}{2} \cdot \cos\frac{C}{2} \Rightarrow$$
> $$\Rightarrow \cos\frac{A-B}{2} = \cos\frac{C}{2} \Rightarrow \begin{cases} A - B = C \Rightarrow A = B + C = \frac{\pi}{2} \\ \text{ou} \\ A - B = -C \Rightarrow B = A + C = \frac{\pi}{2} \end{cases}$$

241. Prove que, se os ângulos de um triângulo ABC verificam a relação sen 4A + + sen 4B + sen 4C = 0, então o triângulo é retângulo.

242. Demonstre que todo triângulo cujos ângulos verificam a relação sen 3A + sen 3B + + sen 3C = 0 tem um ângulo de 60°.

TRANSFORMAÇÕES

243. Prove que os ângulos internos A, B e C de um triângulo não retângulo verificam a relação:

$$\text{tg } A + \text{tg } B + \text{tg } C = \text{tg } A \cdot \text{tg } B \cdot \text{tg } C$$

Solução

$A + B + C = 180° \Rightarrow A + B = 180° - C \Rightarrow \text{tg }(A + B) = \text{tg }(180° - C) \Rightarrow$

$\Rightarrow \dfrac{\text{tg } A + \text{tg } B}{1 - \text{tg } A \cdot \text{tg } B} = -\text{tg } C \Rightarrow \text{tg } A + \text{tg } B = \text{tg } C \,(\text{tg } A \cdot \text{tg } B - 1) \Rightarrow$

$\Rightarrow \text{tg } A + \text{tg } B + \text{tg } C = \text{tg } A \cdot \text{tg } B \cdot \text{tg } C$

244. Demonstre a identidade: $4 \cdot \text{sen}\,(x + 60°) \cdot \cos(x + 30°) = 3 \cdot \cos^2 x - \text{sen}^2 x$.

245. Dada a função definida no conjunto dos números reais por
$f(x) = A\,\text{sen } 2x + B \cos 2x$:
a) esboce o gráfico, para $A = 1$ e $B = 0$, no intervalo $0 \leqslant x \leqslant 2\pi$;
b) prove, para $A = 1$ e $B = 1$, que $f(x) = \sqrt{2}\,\text{sen}\left(2x + \dfrac{\pi}{4}\right)$.

246. Sendo u a medida em radianos de um ângulo e $v = \dfrac{\pi}{4} - u$, calcule
$S = \dfrac{\text{sen } u + \cos u}{\sqrt{2} \cdot \text{sen } u \cdot \cos u}$, em função de $x = \cos v$.

247. Determine o maior inteiro n tal que $n < 20 \cdot \cos^2 15°$.

248. Determine o conjunto imagem da função $f: \mathbb{R} \to \mathbb{R}$ tal que:
$f(x) = 2 \cdot \cos^2 x + \text{sen } 2x - 1$

TRANSFORMAÇÕES

LEITURA

Fourier, o Som e a Trigonometria

Hygino H. Domingues

Coube aos pitagóricos a iniciativa das primeiras investigações sobre as propriedades matemáticas subjacentes à teoria dos sons musicais. E a primeira descoberta feita por eles nesse campo foi a de que a altura do som emitido por uma corda musical, quando tingida, é inversamente proporcional ao seu comprimento. Grosso modo: quanto menor a corda, mais grave o som. Este é, provavelmente, o mais antigo exemplo na história de uma lei natural determinada empiricamente. Os pitagóricos descobriram também que os sons produzidos por duas cordas musicais igualmente esticadas são harmônicos, se os seus comprimentos estão entre si na razão de dois números inteiros.

Depois disso o assunto ficou praticamente adormecido até o século XVII. O surgimento do cálculo como ferramenta matemática e a invenção do relógio de pêndulo (Huygens, séc. XVII), permitindo a medida de pequenas frações de tempo, propiciaram sua retomada. Mas o passo decisivo dessa teoria só foi dado no início do século XIX, através do trabalho de Joseph Fourier (1768-1830).

Filho de um alfaiate, Fourier nasceu em Auxerre, na França. Órfão de pai aos 8 anos de idade, por intercessão do bispo de sua cidade conseguiu ingressar na Escola Militar local. Como sua condição social lhe obstava o acesso ao oficialato, o enorme potencial matemático que possuía acabou sendo aproveitado para uma posição socialmente bem mais modesta: professor da própria Escola. Aos 21 anos de idade teve seu primeiro trabalho aceito pela Academia de Ciências. Em 1795 era convidado para lecionar na recém-criada Escola Normal de Paris e, pouco depois, pelos seus méritos de pesquisador e mestre, passou a ocupar a cadeira de Análise da Escola Politécnica de Paris.

Jean Baptiste Joseph Fourier (1768-1830).

Em 1798 era um dos cientistas da Legião da Cultura que acompanharam Napoleão em sua campanha do Egito. Na sua volta, no início de 1802, foi nomeado prefeito de Grenoble, cargo que conseguiu manter até 1815. Neste ano, por se juntar às forças de Napoleão, em seu retorno do exílio na ilha de Elba, caiu em desgraça política junto aos Bourbons. Mas, apesar disso, em 1817 foi nomeado para a Academia de Ciências, da qual se tornou secretário perpétuo a partir de 1822.

A intensa atividade político-administrativa de Fourier parece não ter afetado sua carreira científica, cujo ponto alto é o célebre *Theorie analytique de la chaleur*, de 1822. Com esta obra nasce a Física Matemática, cujo objetivo é o estudo dos problemas físicos mediante a Análise Matemática, com o mínimo possível de hipóteses físicas.

No que se refere ao som, o resultado fundamental de Fourier é o teorema que assegura ser toda função periódica uma soma

$$a_1 \operatorname{sen} b_1 t + a_2 \operatorname{sen} b_2 t + a_3 \operatorname{sen} b_3 t + \ldots$$

em que as frequências das funções senoidais das parcelas são múltiplas da menor das frequências. Ocorre que, fisicamente falando, qualquer som musical corresponde a uma variação periódica da pressão do ar (resultante de sucessivas condensações e rarefações de moléculas de ar). Logo, os sons musicais se traduzem em gráficos periódicos, em função do tempo, como o da parte superior da figura. Por outro lado, as vibrações produzidas por um diapasão são dadas, em função do tempo, como senoides (parte inferior da figura). O teorema de Fourier garante então que todo som musical, por ter sua expressão matemática dada por $a_1 \operatorname{sen} b_1 t + a_2 \operatorname{sen} b_2 t + a_3 \operatorname{sen} b_3 t + \ldots$, se compõe de sons emitidos por diapasões.

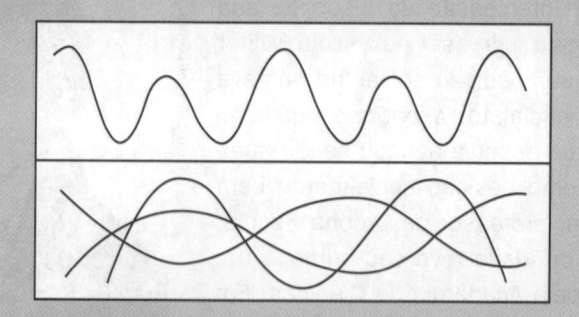

Hermann von Helmholtz (1821-1894), ao conseguir sons musicais complexos por meio de combinações de diapasões acionados eletricamente, justificou fisicamente o teorema de Fourier. Nos tempos atuais é isso exatamente o que é feito pelos sintetizadores eletrônicos.

CAPÍTULO X
Identidades

145. Definição

Sejam f e g duas funções de domínios D_1 e D_2, respectivamente. Dizemos que f é idêntica a g, e indicamos $f \equiv g$, se, e somente se, $f(x) = g(x)$ para todo x em que ambas as funções estão definidas. Colocando em símbolos:

$$f \equiv g \Leftrightarrow f(x) = g(x), \forall x \in D_1 \cap D_2$$

146. Exemplos

1º) $f: \mathbb{R} \to \mathbb{R}$ tal que $f(x) = (x + 1)^2 - (x - 1)^2$ e

$g: \mathbb{R} \to \mathbb{R}$ tal que $g(x) = 4x$ são idênticas, pois:

$f(x) = x^2 + 2x + 1 - x^2 + 2x - 1 = 4x = g(x), \forall x \in \mathbb{R}$.

2º) $f: \mathbb{R} \to \mathbb{R}$ tal que $f(x) = x + 1$ e

$g: \mathbb{R} - \{1\} \to \mathbb{R}$ tal que $g(x) = \dfrac{x^2 - 1}{x - 1}$ são idênticas, pois:

$g(x) = \dfrac{(x + 1)(x - 1)}{x - 1} = x + 1 = f(x), \forall x \in \mathbb{R} - \{1\}$

IDENTIDADES

3º) $f: \mathbb{R} \to \mathbb{R}$ tal que $f(x) = \text{sen}^2 x$ e

$g: \mathbb{R} \to \mathbb{R}$ tal que $g(x) = 1 - \cos^2 x$ são idênticas, pois:

$f(x) = \text{sen}^2 x = 1 - \cos^2 x = g(x), \forall x \in \mathbb{R}$.

4º) $f: \left\{ x \in \mathbb{R} \mid x \neq \dfrac{\pi}{2} + k\pi \right\} \to \mathbb{R}$ tal que $f(x) = \sec^2 x - \text{tg}^2 x$ e

$g: \mathbb{R} \to \mathbb{R}$ tal que $g(x) = 1$ são idênticas, pois:

$f(x) = \sec^2 x - \text{tg}^2 x = (1 + \text{tg}^2 x) - \text{tg}^2 x = 1 = g(x)$ para todo

$x \neq \dfrac{\pi}{2} + k\pi$

I. Demonstração de identidade

147. Para demonstrarmos uma identidade trigonométrica podemos aplicar qualquer uma das fórmulas (que são também identidades) estabelecidas na teoria, a saber: as relações fundamentais, as fórmulas de redução, as de adição, as de multiplicação, as de divisão e as de transformação em produto.

148. Existem basicamente três processos para provar uma identidade. Conforme a dificuldade da demonstração escolhemos o método mais adequado entre os seguintes:

1º) Partimos de um dos membros (geralmente o mais complicado) da identidade e o transformamos no outro.

2º) Transformamos o 1º membro (*f*) e, separadamente, o 2º membro (*g*), chegando com ambos na mesma expressão (*h*). A validade deste método é justificada pela propriedade:

$$\left. \begin{array}{l} f \equiv h \\ g \equiv h \end{array} \right\} \Rightarrow f \equiv g$$

3º) Construímos a função $h = f - g$ e provamos que $h \equiv 0$. A validade desse método é justificada pela propriedade:

$$f - g \equiv 0 \Leftrightarrow f \equiv g$$

EXERCÍCIOS

249. Prove que $(1 + \text{cotg}^2 \, x)(1 - \cos^2 x) = 1$ para todo x real, $x \neq k\pi$.

Solução

$$f(x) = (1 + \text{cotg}^2 \, x)(1 - \cos^2 x) = \left(1 + \frac{\cos^2 x}{\text{sen}^2 \, x}\right) \cdot \text{sen}^2 \, x =$$

$$= \frac{\text{sen}^2 \, x + \cos^2 x}{\text{sen}^2 \, x} \cdot \text{sen}^2 \, x = 1 = g(x)$$

250. Prove que $2 \cdot \sec x \cdot \text{tg} \, x = \dfrac{1}{\text{cossec} \, x - 1} + \dfrac{1}{\text{cossec} \, x + 1}$ para todo x real, $x \neq \dfrac{\pi}{2} + k\pi$.

Solução

$$g(x) = \frac{1}{\text{cossec} \, x - 1} + \frac{1}{\text{cossec} \, x + 1} = \frac{(\text{cossec} \, x + 1) + (\text{cossec} \, x - 1)}{(\text{cossec} \, x - 1)(\text{cossec} \, x + 1)} =$$

$$= \frac{2 \cdot \text{cossec} \, x}{\text{cossec}^2 \, x - 1} = \frac{2 \cdot \text{cossec} \, x}{\text{cotg}^2 \, x} = \frac{2}{\text{sen} \, x} \cdot \frac{\text{sen}^2 \, x}{\cos^2 x} =$$

$$= 2 \cdot \frac{1}{\cos x} \cdot \frac{\text{sen} \, x}{\cos x} = 2 \cdot \sec x \cdot \text{tg} \, x = f(x)$$

251. Prove que $(1 - \text{tg} \, x)^2 + (1 - \text{cotg} \, x)^2 = (\sec x - \text{cossec} \, x)^2$ para todo x real, $x \neq \dfrac{k\pi}{2}$.

Solução

$$f(x) = (1 - \text{tg} \, x)^2 + (1 - \text{cotg} \, x)^2 = \left(1 - \frac{\text{sen} \, x}{\cos x}\right)^2 + \left(1 - \frac{\cos x}{\text{sen} \, x}\right)^2 =$$

$$= \left(\frac{\cos x - \text{sen} \, x}{\cos x}\right)^2 + \left(\frac{\text{sen} \, x - \cos x}{\text{sen} \, x}\right)^2 = \frac{1 - 2 \cdot \text{sen} \, x \cdot \cos x}{\cos^2 x} +$$

$$+ \frac{1 - 2 \cdot \text{sen} \, x \cdot \cos x}{\text{sen}^2 \, x} = (1 - 2 \cdot \text{sen} \, x \cdot \cos x)\left(\frac{1}{\cos^2 x} + \frac{1}{\text{sen}^2 \, x}\right) =$$

$$= \frac{1 - 2 \cdot \text{sen} \, x \cdot \cos x}{\cos^2 x \cdot \text{sen}^2 \, x} = h(x)$$

IDENTIDADES

$$g(x) = (\sec x - \operatorname{cossec} x)^2 = \left(\frac{1}{\cos x} - \frac{1}{\operatorname{sen} x}\right)^2 =$$

$$= \left(\frac{\operatorname{sen} x - \cos x}{\cos x \cdot \operatorname{sen} x}\right)^2 = \frac{1 - 2 \cdot \operatorname{sen} x \cdot \cos x}{\cos^2 x \cdot \operatorname{sen}^2 x} = h(x)$$

252. Prove que $\dfrac{1 - \cos x}{\operatorname{sen} x \cdot \cos x} + \operatorname{sen} x = \dfrac{1 - \cos x}{\operatorname{tg} x} + \operatorname{tg} x$ para todo x real, $x \neq \dfrac{k\pi}{2}$.

Solução

$$f(x) - g(x) = \frac{1 - \cos x}{\operatorname{sen} x \cdot \cos x} + \operatorname{sen} x - \frac{1 - \cos x}{\operatorname{tg} x} - \operatorname{tg} x =$$

$$= \frac{1 - \cos x}{\operatorname{sen} x \cdot \cos x} + \operatorname{sen} x - \frac{\cos x (1 - \cos x)}{\operatorname{sen} x} - \frac{\operatorname{sen} x}{\cos x} =$$

$$= \frac{1 - \cos x + \operatorname{sen}^2 x \cdot \cos x - \cos^2 x \cdot (1 - \cos x) - \operatorname{sen}^2 x}{\operatorname{sen} x \cdot \cos x} =$$

$$= \frac{1 - \cos x + (1 - \cos^2 x) \cdot \cos x - \cos^2 x (1 - \cos x) - (1 - \cos^2 x)}{\operatorname{sen} x \cdot \cos x} =$$

$$= \frac{1 - \cos x + \cos x - \cos^3 x - \cos^2 x + \cos^3 x - 1 + \cos^2 x}{\operatorname{sen} x \cdot \cos x} = 0$$

Demonstre as identidades seguintes:

253. a) $\cos^4 x + \operatorname{sen}^4 x + 2 \cdot (\operatorname{sen} x \cdot \cos x)^2 = 1$

b) $\dfrac{\operatorname{sen} x}{\operatorname{cossec} x} + \dfrac{\cos x}{\sec x} = 1$

254. $\operatorname{tg} x + \operatorname{cotg} x = \sec x \cdot \operatorname{cossec} x$

255. $(\operatorname{tg} x + \operatorname{cotg} x)(\sec x - \cos x)(\operatorname{cossec} x - \operatorname{sen} x) = 1$

256. $\sec^2 x + \operatorname{cossec}^2 x = \sec^2 x \cdot \operatorname{cossec}^2 x$

257. $\dfrac{\operatorname{cotg}^2 x}{1 + \operatorname{cotg}^2 x} = \cos^2 x$

258. $\dfrac{\operatorname{sen}^3 x - \cos^3 x}{\operatorname{sen} x - \cos x} = 1 + \operatorname{sen} x \cdot \cos x$

259. $\operatorname{cossec}^2 x + \operatorname{tg}^2 x = \sec^2 x + \operatorname{cotg}^2 x$

260. $2(\operatorname{sen} x + \operatorname{tg} x)(\cos x + \operatorname{cotg} x) = (1 + \operatorname{sen} x + \cos x)^2$

261. $(1 + \operatorname{cotg} x)^2 + (1 - \operatorname{cotg} x)^2 = 2 \cdot \operatorname{cossec}^2 x$

262. $\dfrac{1 - 2 \cdot \cos^2 x + \cos^4 x}{1 - 2 \cdot \operatorname{sen}^2 x + \operatorname{sen}^4 x} = \operatorname{tg}^4 x$

263. $(\operatorname{cotg} x - \cos x)^2 + (1 - \operatorname{sen} x)^2 = (1 - \operatorname{cossec} x)^2$

264. $\dfrac{\cos x + \cos y}{\operatorname{sen} x - \operatorname{sen} y} = \dfrac{\operatorname{sen} x + \operatorname{sen} y}{\cos y - \cos x}$

265. $\dfrac{\cos x + \operatorname{cotg} x}{\operatorname{tg} x + \sec x} = \cos x \cdot \operatorname{cotg} x$

266. $\dfrac{\operatorname{sen}^2 x - \cos^2 y}{\cos^2 x \cdot \cos^2 y} + 1 = \operatorname{tg}^2 x \cdot \operatorname{tg}^2 y$

267. $\dfrac{1 - \cos x}{1 + \cos x} = (\operatorname{cossec} x - \operatorname{cotg} x)^2$

268. $\dfrac{\operatorname{cotg} x + \operatorname{cotg} y}{\operatorname{tg} x + \operatorname{tg} y} = \operatorname{cotg} x \cdot \operatorname{cotg} y$

269. $(\sec x \cdot \sec y + \operatorname{tg} x \cdot \operatorname{tg} y)^2 = 1 + (\sec x \cdot \operatorname{tg} y + \sec y \cdot \operatorname{tg} x)^2$

270. $\sec x - \operatorname{tg} x = \dfrac{1}{\sec x + \operatorname{tg} x}$

271. $\operatorname{cossec}^6 x - \operatorname{cotg}^6 x = 1 + 3 \cdot \operatorname{cotg}^2 x \cdot \operatorname{cossec}^2 x$

272. Demonstre as identidades:

a) $\operatorname{sen}(a + b) \cdot \operatorname{sen}(a - b) = \cos^2 b - \cos^2 a$

b) $\begin{vmatrix} 1 & 1 & 1 \\ \operatorname{sen} x & \operatorname{sen} y & \operatorname{sen} z \\ \cos x & \cos y & \cos z \end{vmatrix} = \operatorname{sen}(x - y) + \operatorname{sen}(y - z) + \operatorname{sen}(z - x)$

c) $\cos^2(a + b) + \cos^2 b - 2 \cdot \cos(a + b) \cdot \cos a \cdot \cos b = \operatorname{sen}^2 a$

Solução

a) 1º membro $= (\operatorname{sen} a \cdot \cos b + \operatorname{sen} b \cdot \cos a)(\operatorname{sen} a \cdot \cos b - \operatorname{sen} b \cdot \cos a) =$
$= \operatorname{sen}^2 a \cdot \cos^2 b - \operatorname{sen}^2 b \cdot \cos^2 a = (1 - \cos^2 a) \cdot \cos^2 b -$
$- (1 - \cos^2 b) \cdot \cos^2 a = \cos^2 b - \cos^2 a = $ 2º membro

IDENTIDADES

b) 1º membro = $\begin{vmatrix} \text{sen y} & \text{sen z} \\ \cos y & \cos z \end{vmatrix} - \begin{vmatrix} \text{sen x} & \text{sen z} \\ \cos x & \cos z \end{vmatrix} + \begin{vmatrix} \text{sen x} & \text{sen y} \\ \cos x & \cos y \end{vmatrix} =$

= sen (y − z) − sen (x − z) + sen (x − y) =
= sen (x − y) + sen (y − z) + sen (z − x) = 2º membro

c) 1º membro = (cos a · cos b − sen a · sen b)² + cos² b −
= − 2 · (cos a · cos b − sen a · sen b) · cos a · cos b =
= cos² a · cos² b − 2 · sen a · sen b · cos a · cos b +
+ sen² a · sen² b + cos² b − 2 · cos² a · cos² b +
+ 2 · sen a · sen b · cos a · cos b =
= sen² a · sen² b − cos² a · cos² b + cos² b =
= sen² a · (1 − cos² b) − (1 − sen² a) · cos² b + cos² b =
= sen² a − sen² a · cos² b − cos² b + sen² a · cos² b +
+ cos² b = sen² a = 2º membro

273. Demonstre a identidade:

$$\text{tg}(45° + x) \cdot \text{cotg}(45° - x) = \frac{1 + \text{sen } 2x}{1 - \text{sen } 2x}$$

274. Se *a* e *b* são ângulos agudos e positivos, demonstre que:

$$\text{sen}(a + b) < \text{sen } a + \text{sen } b$$

Solução

Seja X = sen (a + b) − sen a − sen b =
= sen a · cos b + sen b · cos a − sen a − sen b =
= sen a (cos b − 1) + sen b (cos a − 1)

Temos:

$0 < a < \frac{\pi}{2} \Rightarrow$ sen a > 0 e cos a < 1

$0 < b < \frac{\pi}{2} \Rightarrow$ sen b > 0 e cos b < 1

Então:

sen a · (cos b − 1) + sen b · (cos a − 1) ⇒ X < 0
  $\underbrace{}_{>0}$ $\underbrace{}_{<0}$ $\underbrace{}_{>0}$ $\underbrace{}_{<0}$

e X < 0 ⇒ sen (a + b) < sen a + sen b

IDENTIDADES

275. Prove que, se $\frac{\pi}{4} < a < \frac{\pi}{2}$ e $\frac{\pi}{4} < b < \frac{\pi}{2}$, então

sen $(a + b) <$ sen $a + \frac{4}{5} \cdot$ sen b.

276. Prove que $(\text{sen } A + \cos A)^4 = 4 \cos^4 \left(A - \frac{\pi}{4} \right)$.

277. Demonstre que, se A, B e C são ângulos internos de um triângulo, vale a relação:

a) sen $A +$ sen $B +$ sen $C = 4 \cdot \cos \frac{A}{2} \cdot \cos \frac{B}{2} \cdot \cos \frac{C}{2}$

b) $\cos A + \cos B + \cos C = 1 + 4 \cdot$ sen $\frac{A}{2} \cdot$ sen $\frac{B}{2} \cdot$ sen $\frac{C}{2}$

c) sen $2A +$ sen $2B +$ sen $2C = 4 \cdot$ sen $A \cdot$ sen $B \cdot$ sen C

d) $\cos^2 A + \cos^2 B + \cos^2 C = 1 - 2 \cdot \cos A \cdot \cos B \cdot \cos C$

Preliminares:

I) $A + B + C = \pi \Rightarrow (B + C) = \pi - A \Rightarrow \begin{cases} \text{sen } (B + C) = \text{sen } A \\ \cos (B + C) = -\cos A \end{cases}$

II) $A + B + C = \pi \Rightarrow \frac{B + C}{2} = \frac{\pi}{2} - \frac{A}{2} \Rightarrow \begin{cases} \text{sen } \frac{B + C}{2} = \cos \frac{A}{2} \\ \cos \frac{B + C}{2} = \text{sen } \frac{A}{2} \end{cases}$

Solução

a) 1º membro = sen $A +$ sen $B +$ sen $C =$

$= $ sen $A + 2 \cdot $ sen $\frac{B + C}{2} \cdot \cos \frac{B - C}{2} =$

$= 2 \cdot $ sen $\frac{A}{2} \cdot \cos \frac{A}{2} + 2 \cdot \cos \frac{A}{2} \cdot \cos \frac{B - C}{2} =$

$= 2 \cdot \cos \frac{A}{2} \cdot \left[\text{sen } \frac{A}{2} + \cos \frac{B - C}{2} \right] =$

$= 2 \cdot \cos \frac{A}{2} \cdot \left[\cos \frac{B + C}{2} + \cos \frac{B - C}{2} \right] =$

$= 2 \cdot \cos \frac{A}{2} \cdot \left[2 \cdot \cos \frac{B}{2} \cdot \cos \frac{C}{2} \right] =$

$= 4 \cdot \cos \frac{A}{2} \cdot \cos \frac{B}{2} \cdot \cos \frac{C}{2} = $ 2º membro

IDENTIDADES

b) 1º membro = cos A + cos B + cos C =

$$= \cos A + 2 \cdot \cos \frac{B+C}{2} \cdot \cos \frac{B-C}{2} =$$

$$= \left(1 - 2 \operatorname{sen}^2 \frac{A}{2}\right) + 2 \cdot \operatorname{sen} \frac{A}{2} \cdot \cos \frac{B-C}{2} =$$

$$= 1 - 2 \cdot \operatorname{sen} \frac{A}{2} \left[\operatorname{sen} \frac{A}{2} - \cos \frac{B-C}{2}\right] =$$

$$= 1 - 2 \cdot \operatorname{sen} \frac{A}{2} \left[\cos \frac{B+C}{2} - \cos \frac{B-C}{2}\right] =$$

$$= 1 - 2 \cdot \operatorname{sen} \frac{A}{2} \left[-2 \operatorname{sen} \frac{B}{2} \cdot \operatorname{sen} \frac{C}{2}\right] =$$

$$= 1 + 4 \cdot \operatorname{sen} \frac{A}{2} \cdot \operatorname{sen} \frac{B}{2} \cdot \operatorname{sen} \frac{C}{2} = 2º \text{ membro}$$

c) 1º membro = sen 2A + sen 2B + sen 2C =
= sen 2A + 2 sen (B + C) · cos (B − C) =
= 2 · sen A · cos A + 2 sen A · cos (B − C) =
= 2 · sen A [cos A + cos (B − C)] =
= 2 sen A [−cos (B + C) + cos (B − C)]=
= −2 · sen A [cos (B + C) − cos (B − C)] =
= −2 · sen A (−2 · sen B · sen C) =
= 4 · sen A · sen B · sen C = 2º membro

d) Sabendo que cos 2α = 2 cos² α − 1 e $\cos^2 \alpha = \frac{\cos 2\alpha + 1}{2}$

$$1º \text{ membro} = \cos^2 A + \frac{\cos 2B + 1}{2} + \frac{\cos 2C + 1}{2} =$$

$$= 1 + \cos^2 A + \frac{\cos 2B + \cos 2C}{2} =$$

= 1 + cos² A + cos (B + C) · cos (B − C) =
= 1 + cos² A − cos A · cos (B − C) =
= 1 − cos A [cos (B − C) − cos A] =
= 1 − cos A [cos (B − C) + cos (B + C)] =
= 1 − 2 · cos A · cos B · cos C = 2º membro

278. Demonstre que, se A, B, C são ângulos internos de um triângulo, vale a relação:

a) $\operatorname{sen} B + \operatorname{sen} C - \operatorname{sen} A = 4 \cdot \operatorname{sen} \frac{B}{2} \cdot \operatorname{sen} \frac{C}{2} \cdot \cos \frac{A}{2}$

IDENTIDADES

b) $\cos B + \cos C - \cos A = -1 + 4 \cdot \cos \dfrac{B}{2} \cdot \cos \dfrac{C}{2} \cdot \operatorname{sen} \dfrac{A}{2}$

c) $\cos 2A + \cos 2B + \cos 2C = -1 - 4 \cdot \cos A \cdot \cos B \cdot \cos C$

d) $\operatorname{sen}^2 A + \operatorname{sen}^2 B + \operatorname{sen}^2 C = 2 \cdot (1 + \cos A \cdot \cos B \cdot \cos C)$

e) $\dfrac{1}{\operatorname{tg} A \cdot \operatorname{tg} B} + \dfrac{1}{\operatorname{tg} B \cdot \operatorname{tg} C} + \dfrac{1}{\operatorname{tg} C \cdot \operatorname{tg} A} = 1 \left(A, B, C \neq \dfrac{\pi}{2} \right)$

279. Prove que:

a) $\operatorname{sen} 4a = 4 \cdot \operatorname{sen} a \cdot \cos^3 a - 4 \cdot \operatorname{sen}^3 a \cdot \cos a$

b) $\cos 4a = 8 \cdot \cos^4 a - 8 \cdot \cos^2 a + 1$

c) $\operatorname{tg} 4a = \dfrac{4 \cdot \operatorname{tg} a - 4 \cdot \operatorname{tg}^3 a}{\operatorname{tg}^4 a - 6 \cdot \operatorname{tg}^2 a + 1}$

280. Demonstre pelo princípio da indução finita que:

$$\cos a \cdot \cos 2a \cdot \cos 4a \cdot \ldots \cdot \cos 2^{n-1} \cdot a = \dfrac{\operatorname{sen} 2^n a}{2^n \cdot \operatorname{sen} a}$$

281. a) Para todo real $\alpha \neq \dfrac{k\pi}{2}$ ($k \in \mathbb{Z}$), prove que $\dfrac{1}{\operatorname{sen} \alpha} = \operatorname{cotg} \dfrac{\alpha}{2} - \operatorname{cotg} \alpha$.

b) Demonstre, utilizando o resultado anterior, que:

$$\dfrac{1}{\operatorname{sen} a} + \dfrac{1}{\operatorname{sen} 2a} + \dfrac{1}{\operatorname{sen} 4a} + \ldots + \dfrac{1}{\operatorname{sen} 2^n a} = \operatorname{cotg} \dfrac{a}{2} - \operatorname{cotg} 2^n a.$$

282. Determine o valor de k para que $(\cos x + \operatorname{sen} x)^2 + k \operatorname{sen} x \cos x - 1 = 0$ seja uma identidade.

II. Identidades no ciclo trigonométrico

Ao procurar resolver problemas de redução ao 1º quadrante estabelecemos igualdades notáveis. Por exemplo, mostramos que, se $\dfrac{\pi}{2} < x < \pi$, então $\operatorname{sen} x = \operatorname{sen} (\pi - x)$ e $\cos x = -\cos (\pi - x)$. Vamos agora estender essas igualdades para todo x real.

149. Teorema

Para todo x real valem as seguintes igualdades:

1ª) $\operatorname{sen} x = \operatorname{sen} (\pi - x)$ e $\cos x = -\cos (\pi - x)$

2ª) $\operatorname{sen} x = -\operatorname{sen} (x - \pi)$ e $\cos x = -\cos (x - \pi)$

IDENTIDADES

3ª) $\operatorname{sen} x = -\operatorname{sen}(2\pi - x)$ e $\cos x = \cos(2\pi - x)$

4ª) $\operatorname{sen} x = \cos\left(\dfrac{\pi}{2} - x\right)$ e $\cos x = \operatorname{sen}\left(\dfrac{\pi}{2} - x\right)$

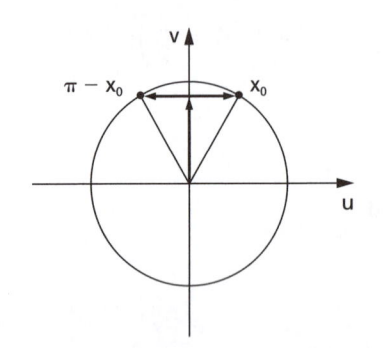

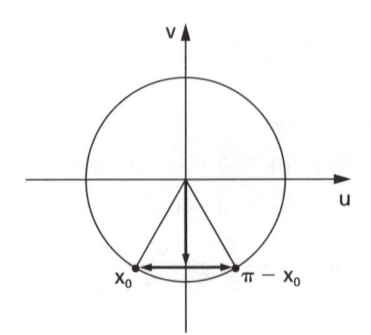

Demonstração:

1ª) Para todo $x \in \mathbb{R}$ temos $x = x_0 + 2k\pi$, em que $0 \leq x_0 < 2\pi$ e $k \in \mathbb{Z}$. Assim, $\pi - x = (\pi - x_0) - 2k\pi$, o que mostra que x e $\pi - x$ têm imagens no ciclo simétricas em relação ao eixo dos senos.

Em consequência, temos:

$\operatorname{sen}(\pi - x) = \operatorname{sen} x, \forall x \in \mathbb{R}$

$\cos(\pi - x) = -\cos x, \forall x \in \mathbb{R}$

2ª), 3ª) e 4ª) provam-se analogamente.

EXERCÍCIOS

283. Simplifique as seguintes expressões:

a) $\operatorname{sen}\left(\dfrac{\pi}{2} + x\right)$

b) $\cos\left(\dfrac{\pi}{2} + x\right)$

c) $\operatorname{sen}\left(\dfrac{3\pi}{2} - x\right)$

d) $\cos\left(\dfrac{3\pi}{2} - x\right)$

e) $\operatorname{sen}\left(\dfrac{3\pi}{2} + x\right)$

f) $\cos\left(\dfrac{3\pi}{2} + x\right)$

IDENTIDADES

Solução

a) $\operatorname{sen}\left(\dfrac{\pi}{2} + x\right) = \operatorname{sen}\left[\pi - \left(\dfrac{\pi}{2} + x\right)\right] = \operatorname{sen}\left(\dfrac{\pi}{2} - x\right) = \cos x$

b) $\cos\left(\dfrac{\pi}{2} + x\right) = -\cos\left[\pi - \left(\dfrac{\pi}{2} + x\right)\right] = -\cos\left(\dfrac{\pi}{2} - x\right) = -\operatorname{sen} x$

c) $\operatorname{sen}\left(\dfrac{3\pi}{2} - x\right) = -\operatorname{sen}\left[\left(\dfrac{3\pi}{2} - x\right) - \pi\right] = -\operatorname{sen}\left(\dfrac{\pi}{2} - x\right) = -\cos x$

d) $\cos\left(\dfrac{3\pi}{2} - x\right) = -\cos\left[\left(\dfrac{3\pi}{2} - x\right) - \pi\right] = -\cos\left(\dfrac{\pi}{2} - x\right) = -\operatorname{sen} x$

e) $\operatorname{sen}\left(\dfrac{3\pi}{2} + x\right) = -\operatorname{sen}\left[2\pi - \left(\dfrac{3\pi}{2} + x\right)\right] = -\operatorname{sen}\left(\dfrac{\pi}{2} - x\right) = -\cos x$

f) $\cos\left(\dfrac{3\pi}{2} + x\right) = \cos\left[2\pi - \left(\dfrac{3\pi}{2} + x\right)\right] = \cos\left(\dfrac{\pi}{2} - x\right) = \operatorname{sen} x$

284. Simplifique $y = \dfrac{\operatorname{sen}(2\pi - x) \cdot \cos(\pi - x)}{\operatorname{tg}\left(\dfrac{\pi}{2} + x\right) \cdot \operatorname{cotg}\left(\dfrac{3\pi}{2} - x\right)}$.

Solução

$y = \dfrac{(-\operatorname{sen} x)(-\cos x)}{(-\operatorname{cotg} x)(\operatorname{tg} x)} = -\operatorname{sen} x \cdot \cos x$

285. Simplifique as expressões:

a) $\dfrac{\operatorname{sen}(-x) \cdot \cos\left(\dfrac{\pi}{2} + x\right)}{\operatorname{tg}(2\pi - x) \cdot \cos(\pi - x)}$

b) $\dfrac{\operatorname{sen}(180° - x) \cdot \operatorname{tg}(90° + x)}{\operatorname{cotg}(270° + x) \cdot \cos(270° - x)}$

c) $\dfrac{\sec(\pi - x) \cdot \operatorname{tg}\left(x - \dfrac{\pi}{2}\right)}{\operatorname{cossec}(9\pi - x) \cdot \operatorname{cotg}(-x)}$

d) $\operatorname{sen}\left(\dfrac{3\pi}{2} - x\right) + \cos(4\pi - x) + \operatorname{tg}\left(\dfrac{3\pi}{2} - x\right)$

IDENTIDADES

286. Simplifique a expressão:

$$\operatorname{sen}\left(\frac{9\pi}{2}\right) - \cos\left(x + \frac{15\pi}{2}\right) \cdot \operatorname{sen}(7\pi - x).$$

287. Simplifique a expressão:

$$\operatorname{sen}\frac{7\pi}{2} + \frac{\operatorname{sen}(x + 11\pi)\operatorname{cotg}\left(x + \frac{11\pi}{2}\right)}{\cos(9\pi - x)}$$

288. Simplifique a expressão:

$$\frac{a^2\cos 180° - (a-b)^2\operatorname{sen} 270° + 2ab\cos 0°}{b^2\operatorname{sen} 90°}$$

289. Faça o gráfico da função $y = \operatorname{sen}\left(x - \frac{\pi}{2}\right) + 2$.

CAPÍTULO XI
Equações

I. Equações fundamentais

150. Sejam f(x) e g(x) duas funções trigonométricas da variável real x e sejam D_1 e D_2 os seus respectivos domínios. Resolver a equação trigonométrica f(x) = g(x) significa determinar o conjunto S, denominado **conjunto solução** ou **conjunto verdade**, dos números r para os quais f(r) = g(r) é uma sentença verdadeira. Observemos que uma condição necessária para que certo r seja uma solução da equação dada é que $r \in D_1$ e $r \in D_2$.

151. Quase todas as equações trigonométricas reduzem-se a uma das três equações seguintes:

 1ª) sen α = sen β

 2ª) cos α = cos β

 3ª) tg α = tg β

denominadas, por esse motivo, **equações fundamentais**. Assim, antes de tudo, é necessário saber resolver as equações fundamentais para poder resolver qualquer outra equação trigonométrica.

II. Resolução da equação sen α = sen β

152. Se sen α = sen β = OP_1, então as imagens de α e β no ciclo estão sobre a reta *r* que é perpendicular ao eixo dos senos no ponto P_1, isto é, estão em P ou P'.

Há, portanto, duas possibilidades:

1ª) α e β têm a mesma imagem, isto é, são **côngruos**

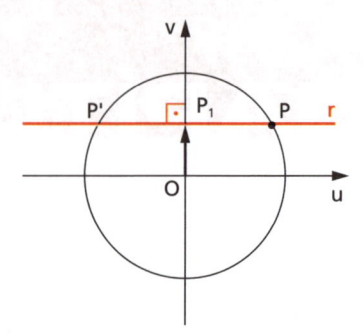

ou

2ª) α e β têm imagens simétricas em relação ao eixo dos senos, isto é, são **suplementares**.

153. Em resumo, temos:

$$\text{sen } \alpha = \text{sen } \beta \Rightarrow \begin{cases} \alpha = \beta + 2k\pi \\ \text{ou} \\ \alpha = \pi - \beta + 2k\pi \end{cases}$$

EXERCÍCIOS

290. Resolva as seguintes equações, para $x \in \mathbb{R}$:

a) $\text{sen } x = \text{sen } \dfrac{\pi}{5}$

b) $\text{cossec } x = \text{cossec } \dfrac{2\pi}{3}$

c) $\text{sen } x = 0$

d) $\text{sen } x = \dfrac{1}{2}$

e) $\text{sen } x = \dfrac{-\sqrt{2}}{2}$

f) $\text{sen } x = \dfrac{\sqrt{3}}{2}$

g) $\text{sen } x = 1$

h) $\text{sen } x = -1$

Solução

a) $\operatorname{sen} x = \operatorname{sen} \dfrac{\pi}{5} \Rightarrow \begin{cases} x = \dfrac{\pi}{5} + 2k\pi \\ \text{ou} \\ x = \pi - \dfrac{\pi}{5} + 2k\pi = \dfrac{4\pi}{5} + 2k\pi \end{cases}$

$S = \left\{ x \in \mathbb{R} \mid x = \dfrac{\pi}{5} + 2k\pi \quad \text{ou} \quad x = \dfrac{4\pi}{5} + 2k\pi \right\}$

b) $\operatorname{cossec} x = \operatorname{cossec} \dfrac{2\pi}{3} \Rightarrow \dfrac{1}{\operatorname{sen} x} = \dfrac{1}{\operatorname{sen} \dfrac{2\pi}{3}} \Rightarrow$

$\Rightarrow \operatorname{sen} x = \operatorname{sen} \dfrac{2\pi}{3} \Rightarrow \begin{cases} x = \dfrac{2\pi}{3} + 2k\pi \\ \text{ou} \\ x = \pi - \dfrac{2\pi}{3} + 2k\pi \end{cases}$

$S = \left\{ x \in \mathbb{R} \mid x = \dfrac{2\pi}{3} + 2k\pi \quad \text{ou} \quad x = \dfrac{\pi}{3} + 2k\pi \right\}$

c) $\operatorname{sen} x = 0 = \operatorname{sen} 0 \Rightarrow \begin{cases} x = 0 + 2k\pi \\ \text{ou} \\ x = \pi - 0 + 2k\pi \end{cases}$

$S = \{ x \in \mathbb{R} \mid x = k\pi \}$

d) $\operatorname{sen} x = \dfrac{1}{2} = \operatorname{sen} \dfrac{\pi}{6} \Rightarrow \begin{cases} x = \dfrac{\pi}{6} + 2k\pi \\ \text{ou} \\ x = \pi - \dfrac{\pi}{6} + 2k\pi \end{cases}$

$S = \left\{ x \in \mathbb{R} \mid x = \dfrac{\pi}{6} + 2k\pi \quad \text{ou} \quad x = \dfrac{5\pi}{6} + 2k\pi \right\}$

e) $\operatorname{sen} x = -\dfrac{\sqrt{2}}{2} = \operatorname{sen} \dfrac{5\pi}{4} \Rightarrow \begin{cases} x = \dfrac{5\pi}{4} + 2k\pi \\ \text{ou} \\ x = \pi - \dfrac{5\pi}{4} + 2k\pi \end{cases}$

$S = \left\{ x \in \mathbb{R} \mid x = \dfrac{5\pi}{4} + 2k\pi \quad \text{ou} \quad x = -\dfrac{\pi}{4} + 2k\pi \right\}$

EQUAÇÕES

f) $\operatorname{sen} x = \dfrac{\sqrt{3}}{2} = \operatorname{sen} \dfrac{\pi}{3} \Rightarrow \begin{cases} x = \dfrac{\pi}{3} + 2k\pi \\ \text{ou} \\ x = \pi - \dfrac{\pi}{3} + 2k\pi \end{cases}$

$S = \left\{ x \in \mathbb{R} \mid x = \dfrac{\pi}{3} + 2k\pi \text{ ou } x = \dfrac{2\pi}{3} + 2k\pi \right\}$

g) $\operatorname{sen} x = 1 = \operatorname{sen} \dfrac{\pi}{2}$, então:

$S = \left\{ x \in \mathbb{R} \mid x = \dfrac{\pi}{2} + 2k\pi \right\}$

h) $\operatorname{sen} x = -1 = \operatorname{sen} \dfrac{3\pi}{2}$, então:

$S = \left\{ x \in \mathbb{R} \mid x = \dfrac{3\pi}{2} + 2k\pi \right\}$

291. Resolva as equações abaixo, no domínio $\mathbb{R}$:

a) $\operatorname{sen}^2 x = \dfrac{1}{4}$

b) $\operatorname{sen}^2 x - \operatorname{sen} x = 0$

c) $2 \operatorname{sen}^2 x - 3 \operatorname{sen} x + 1 = 0$

d) $2 \cos^2 x = 1 - \operatorname{sen} x$

Solução

a) $\operatorname{sen} x = \pm \dfrac{1}{2}$ e, então:

$S = \left\{ x \in \mathbb{R} \mid x = \dfrac{\pi}{6} + 2k\pi \text{ ou } x = \dfrac{5\pi}{6} + 2k\pi \text{ ou } x = \dfrac{7\pi}{6} + 2k\pi \text{ ou } x = -\dfrac{\pi}{6} + 2k\pi \right\}$

b) $\operatorname{sen} x (\operatorname{sen} x - 1) = 0 \Rightarrow \operatorname{sen} x = 0$ ou $\operatorname{sen} x = 1$, então:

$S = \left\{ x \in \mathbb{R} \mid x = k\pi \text{ ou } x = \dfrac{\pi}{2} + 2k\pi \right\}$

c) $\operatorname{sen} x = \dfrac{3 \pm \sqrt{9-8}}{4} = \dfrac{3 \pm 1}{4} \Rightarrow \operatorname{sen} x = 1$ ou $\operatorname{sen} x = \dfrac{1}{2}$, então:

$$S = \left\{ x \in \mathbb{R} \mid x = \dfrac{\pi}{2} + 2k\pi \text{ ou } x = \dfrac{\pi}{6} + 2k\pi \text{ ou } x = \dfrac{5\pi}{6} + 2k\pi \right\}$$

d) $2 \cdot (1 - \operatorname{sen}^2 x) = 1 - \operatorname{sen} x \Rightarrow 2\operatorname{sen}^2 x - \operatorname{sen} x - 1 = 0$

resolvendo: $\operatorname{sen} x = \dfrac{1 \pm \sqrt{1+8}}{4} = \dfrac{1 \pm 3}{4} = 1$ ou $-\dfrac{1}{2}$

recaímos em equações fundamentais

$\operatorname{sen} x = 1 \Rightarrow x = \dfrac{\pi}{2} + 2k\pi$

$\operatorname{sen} x = -\dfrac{1}{2} \Rightarrow x = -\dfrac{\pi}{6} + 2k\pi$ ou $x = \dfrac{7\pi}{6} + 2k\pi$

$$S = \left\{ x \in \mathbb{R} \mid x = \dfrac{\pi}{2} + 2k\pi \text{ ou } x = -\dfrac{\pi}{6} + 2k\pi \text{ ou } x = \dfrac{7\pi}{6} + 2k\pi \right\}$$

292. Resolva as equações abaixo:

a) $\operatorname{sen} x = \operatorname{sen} \dfrac{\pi}{7}$

b) $\operatorname{sen} x = -\dfrac{\sqrt{3}}{2}$

c) $\operatorname{sen}^2 x = 1$

d) $2 \cdot \operatorname{sen} x - \operatorname{cossec} x = 1$

e) $\operatorname{sen} x + \cos 2x = 1$

f) $\operatorname{cossec} x = 2$

g) $2 \cdot \operatorname{sen}^2 x = 1$

h) $2 \cdot \operatorname{sen}^2 x + \operatorname{sen} x - 1 = 0$

i) $3 \cdot \operatorname{tg} x = 2 \cdot \cos x$

j) $\cos^2 x = 1 - \operatorname{sen} x$

293. Determine os valores de x que satisfazem a equação:

$$4 \operatorname{sen}^4 x - 11 \operatorname{sen}^2 x + 6 = 0$$

294. Resolva as seguintes equações:

a) $\operatorname{sen} 2x = \dfrac{1}{2}$

b) $\operatorname{sen} 3x = \dfrac{\sqrt{2}}{2}$

c) $\operatorname{sen}\left(x - \dfrac{\pi}{3}\right) = \dfrac{\sqrt{3}}{2}$

d) $\operatorname{sen} 2x = \operatorname{sen} x$

Solução

a) $\operatorname{sen} 2x = \dfrac{1}{2} = \operatorname{sen} \dfrac{\pi}{6} \Rightarrow \begin{cases} 2x = \dfrac{\pi}{6} + 2k\pi \\ \text{ou} \\ 2x = \pi - \dfrac{\pi}{6} + 2k\pi \end{cases}$

$S = \left\{ x \in \mathbb{R} \mid x = \dfrac{\pi}{12} + k\pi \quad \text{ou} \quad x = \dfrac{5\pi}{12} + k\pi \right\}$

b) $\operatorname{sen} 3x = \dfrac{\sqrt{2}}{2} = \operatorname{sen} \dfrac{\pi}{4} \Rightarrow \begin{cases} 3x = \dfrac{\pi}{4} + 2k\pi \\ \text{ou} \\ 3x = \pi - \dfrac{\pi}{4} + 2k\pi \end{cases}$

$S = \left\{ x \in \mathbb{R} \mid x = \dfrac{\pi}{12} + \dfrac{2k\pi}{3} \quad \text{ou} \quad x = \dfrac{\pi}{4} + \dfrac{2k\pi}{3} \right\}$

c) $\operatorname{sen}\left(x - \dfrac{\pi}{3}\right) = \dfrac{\sqrt{3}}{2} = \operatorname{sen} \dfrac{\pi}{3} \Rightarrow \begin{cases} x - \dfrac{\pi}{3} = \dfrac{\pi}{3} + 2k\pi \\ \text{ou} \\ x - \dfrac{\pi}{3} = \pi - \dfrac{\pi}{3} + 2k\pi \end{cases}$

$S = \left\{ x \in \mathbb{R} \mid x = \dfrac{2\pi}{3} + 2k\pi \quad \text{ou} \quad x = \pi + 2k\pi \right\}$

d) $\operatorname{sen} 2x = \operatorname{sen} x \Rightarrow \begin{cases} 2x = x + 2k\pi \\ \text{ou} \\ 2x = \pi - x + 2k\pi \end{cases}$

$S = \left\{ x \in \mathbb{R} \mid x = 2k\pi \quad \text{ou} \quad x = \dfrac{\pi}{3} + \dfrac{2k\pi}{3} \right\}$

295. Determine $x \in \mathbb{R}$ tal que:

a) $\operatorname{sen} 5x = \operatorname{sen} 3x$ b) $\operatorname{sen} 3x = \operatorname{sen} 2x$

296. Resolva, em $\mathbb{R}$, a equação:
$$2 \operatorname{sen} x \, |\operatorname{sen} x| + 3 \operatorname{sen} x = 2$$

297. Resolva o sistema $\begin{cases} \operatorname{sen}(x + y) = 0 \\ x - y = \pi \end{cases}$

III. Resolução da equação cos α = cos β

154. Se cos α = cos β = OP_2, então as imagens de α e β no ciclo estão sobre a reta *r* que é perpendicular ao eixo dos cossenos no ponto P_2, isto é, estão em P ou P'.

Há, portanto, duas possibilidades:

1ª) α e β têm a mesma imagem, isto é, são côngruos

ou

2ª) α e β têm imagens simétricas em relação ao eixo dos cossenos, isto é, são **replementares**.

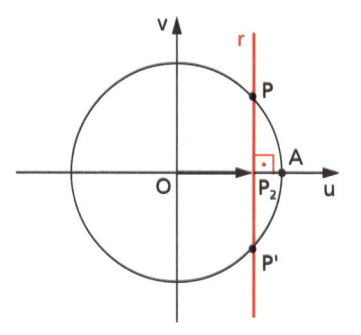

155. Em resumo, temos:

$$\cos \alpha = \cos \beta \Rightarrow \begin{cases} \alpha = \beta + 2k\pi \\ \text{ou} \\ \alpha = -\beta + 2k\pi \end{cases} \Rightarrow \alpha = \pm\beta + 2k\pi$$

EXERCÍCIOS

298. Resolva, em ℝ, as seguintes equações:

a) $\cos x = \cos \dfrac{\pi}{5}$

b) $\sec x = \text{sen} \dfrac{2\pi}{3}$

c) $\cos x = 0$

d) $\cos x = 1$

e) $\cos x = -1$

f) $\cos x = \dfrac{1}{2}$

g) $\cos x = \dfrac{\sqrt{2}}{2}$

h) $\cos x = -\dfrac{\sqrt{3}}{2}$

Solução

a) $\cos x = \cos \dfrac{\pi}{5} \Rightarrow x = \pm \dfrac{\pi}{5} + 2k\pi$

$S = \left\{ x \in \mathbb{R} \mid x = \pm \dfrac{\pi}{5} + 2k\pi \right\}$

b) $\sec x = \sec \dfrac{2\pi}{3} \Rightarrow \dfrac{1}{\cos x} = \dfrac{1}{\cos \dfrac{2\pi}{3}} \Rightarrow \cos x = \cos \dfrac{2\pi}{3}$

$S = \left\{ x \in \mathbb{R} \mid x = \pm \dfrac{2\pi}{3} + 2k\pi \right\}$

c) $\cos x = 0 = \cos \dfrac{\pi}{2}$

$S = \left\{ x \in \mathbb{R} \mid x = \dfrac{\pi}{2} + k\pi \right\}$

d) $\cos x = 1 = \cos 0$

$S = \{ x \in \mathbb{R} \mid x = 2k\pi \}$

e) $\cos x = -1 = \cos \pi$

$S = \{ x \in \mathbb{R} \mid x = \pi + 2k\pi \}$

f) $\cos x = \dfrac{1}{2} = \cos \dfrac{\pi}{3}$

$S = \left\{ x \in \mathbb{R} \mid x = \pm \dfrac{\pi}{3} + 2k\pi \right\}$

g) $\cos x = \dfrac{\sqrt{2}}{2} = \cos \dfrac{\pi}{4}$

$S = \left\{ x \in \mathbb{R} \mid x = \pm \dfrac{\pi}{4} + 2k\pi \right\}$

h) $\cos x = -\dfrac{\sqrt{3}}{2} = \cos \dfrac{5\pi}{6}$

$S = \left\{ x \in \mathbb{R} \mid x = \pm \dfrac{5\pi}{6} + 2k\pi \right\}$

299. Resolva as equações abaixo, no conjunto $\mathbb{R}$.
   a) $4 \cdot \cos^2 x = 3$
   c) $\text{sen}^2 x = 1 + \cos x$
   b) $\cos^2 x + \cos x = 0$
   d) $\cos 2x + 3 \cdot \cos x + 2 = 0$

Solução
a) $\cos^2 x = \dfrac{3}{4} \Rightarrow \cos x = \dfrac{\sqrt{3}}{2}$ ou $\cos x = -\dfrac{\sqrt{3}}{2}$, então
$S = \left\{ x \in \mathbb{R} \mid x = \pm \dfrac{\pi}{6} + 2k\pi \text{ ou } x = \pm \dfrac{5\pi}{6} + 2k\pi \right\}$

b) $\cos x \cdot (\cos x + 1) = 0 \Rightarrow \cos x = 0$ ou $\cos x = -1$, então
$S = \left\{ x \in \mathbb{R} \mid x = \dfrac{\pi}{2} + k\pi \text{ ou } x = \pi + 2k\pi \right\}$

c) $1 - \cos^2 x = 1 + \cos x \Rightarrow \cos^2 x + \cos x = 0$
e recaímos no anterior.

d) $(2 \cdot \cos^2 x - 1) + 3 \cdot \cos x + 2 = 0 \Rightarrow 2 \cdot \cos^2 x + 3 \cdot \cos x + 1 = 0$
$\cos x = \dfrac{-3 \pm \sqrt{9 - 8}}{4} = \dfrac{-3 \pm 1}{4} \Rightarrow \cos x = -1$ ou $\cos x = -\dfrac{1}{2}$
então $S = \left\{ x \in \mathbb{R} \mid x = \pi + 2k\pi \text{ ou } x = \pm \dfrac{2\pi}{3} + 2k\pi \right\}$

300. Resolva, em $\mathbb{R}$, as seguintes equações:
   a) $\cos x = -\dfrac{1}{2}$
   f) $4 \cos x + 3 \sec x = 8$
   b) $\cos x = -\dfrac{\sqrt{2}}{2}$
   g) $2 - 2 \cos x = \text{sen } x \cdot \text{tg } x$
   c) $\cos x = \dfrac{\sqrt{3}}{2}$
   h) $2 \text{ sen}^2 x + 6 \cos x = 5 + \cos 2x$
   d) $\sec x = 2$
   i) $1 + 3 \text{ tg}^2 x = 5 \sec x$
   e) $2 \cos^2 x = \cos x$
   j) $\left(4 - \dfrac{3}{\text{sen}^2 x} \right) \left(4 - \dfrac{1}{\cos^2 x} \right) = 0$

301. Resolva as seguintes equações, em $\mathbb{R}$:
   a) $\cos 2x = \dfrac{\sqrt{3}}{2}$
   c) $\cos \left(x + \dfrac{\pi}{6} \right) = 0$
   b) $\cos 2x = \cos x$
   d) $\cos \left(x - \dfrac{\pi}{4} \right) = 1$

Solução

a) $\cos 2x = \dfrac{\sqrt{3}}{2} = \cos \dfrac{\pi}{6} \Rightarrow 2x = \pm \dfrac{\pi}{6} + 2k\pi$, então:

$S = \left\{ x \in \mathbb{R} \mid x = \pm \dfrac{\pi}{12} + k\pi \right\}$

b) $\cos 2x = \cos x \Rightarrow \begin{cases} 2x = x + 2k\pi \\ \text{ou} \\ 2x = -x + 2k\pi \end{cases}$ então:

$S = \left\{ x \in \mathbb{R} \mid x = 2k\pi \text{ ou } x = \dfrac{2k\pi}{3} \right\}$

c) $\cos \left(x + \dfrac{\pi}{6} \right) = 0 = \cos \dfrac{\pi}{2} \Rightarrow x + \dfrac{\pi}{6} = \pm \dfrac{\pi}{2} + 2k\pi$, então:

$S = \left\{ x \in \mathbb{R} \mid x = \dfrac{\pi}{3} + 2k\pi \text{ ou } x = -\dfrac{2\pi}{3} + 2k\pi \right\}$

d) $\cos \left(x - \dfrac{\pi}{4} \right) = 1 = \cos 0 \Rightarrow x - \dfrac{\pi}{4} = 2k\pi$, então:

$S = \left\{ x \in \mathbb{R} \mid x = \dfrac{\pi}{4} + 2k\pi \right\}$

302. Resolva as seguintes equações, em $\mathbb{R}$:

a) $\cos 3x - \cos x = 0$ b) $\cos 5x = \cos \left(x - \dfrac{\pi}{3} \right)$

303. Dada a equação $(\operatorname{sen} x + \cos y)(\sec x + \operatorname{cossec} y) = 4$,

a) resolva-a se: $x = y$ b) resolva-a se: $\operatorname{sen} x = \cos y$

304. Resolva a equação $\operatorname{sen}^2 x + \operatorname{sen}^4 x + \operatorname{sen}^6 x = 3$.

305. Resolva a equação

$$\operatorname{sen}\left(x + \dfrac{\pi}{4} \right) - \operatorname{sen}\left(x - \dfrac{\pi}{4} \right) = \sqrt{2}$$

306. Para que valores de t o sistema $\begin{cases} x + y = \pi \\ \operatorname{sen} x + \operatorname{sen} y = \log_{10} t^2 \end{cases}$ admite solução?

IV. Resolução da equação tg α = tg β

156. Se tg α = tg β = AT, então as imagens de α e β estão sobre a reta r determinada por O e T, isto é, estão em P ou P'.

Há, portanto, duas possibilidades:

1ª) α e β têm a mesma imagem, isto é, são côngruos

ou

2ª) α e β têm imagens simétricas em relação ao centro do ciclo, isto é, são **explementares**.

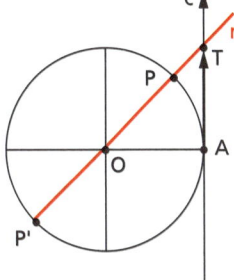

157. Em resumo, temos:

$$\text{tg } \alpha = \text{tg } \beta \Rightarrow \begin{cases} \alpha = \beta + 2k\pi \\ \text{ou} \\ \alpha = \pi + \beta + 2k\pi \end{cases} \Rightarrow \alpha = \beta + k\pi$$

EXERCÍCIOS

307. Resolva as equações seguintes:

a) tg x = 1
b) cotg x = √3
c) tg x = −√3
d) tg x = 0
e) tg 2x = √3
f) tg 2x = tg x
g) tg 3x = 1
h) tg 5x = tg 3x

Solução

a) tg $x = 1 = $ tg $\frac{\pi}{4}$, então:

$S = \left\{ x \in \mathbb{R} \mid x = \frac{\pi}{4} + k\pi \right\}$

b) $\cotg x = \sqrt{3} \Rightarrow \tg x = \dfrac{1}{\sqrt{3}} = \dfrac{\sqrt{3}}{3} = \tg \dfrac{\pi}{6}$, então:

$S = \left\{ x \in \mathbb{R} \mid x = \dfrac{\pi}{6} + k\pi \right\}$

c) $\tg x = -\sqrt{3} = \tg \dfrac{2\pi}{3}$, então:

$S = \left\{ x \in \mathbb{R} \mid x = \dfrac{2\pi}{3} + k\pi \right\}$

d) $\tg x = 0 = \tg 0$, então:

$S = \{ x \in \mathbb{R} \mid x = k\pi \}$

e) $\tg 2x = \sqrt{3} = \tg \dfrac{\pi}{3} \Rightarrow 2x = \dfrac{\pi}{3} + k\pi$, então:

$S = \left\{ x \in \mathbb{R} \mid x = \dfrac{\pi}{6} + \dfrac{k\pi}{2} \right\}$

f) $\tg 2x = \tg x \Rightarrow 2x = x + k\pi$, então:

$S = \{ x \in \mathbb{R} \mid x = k\pi \}$

g) $\tg 3x = 1 = \tg \dfrac{\pi}{4} \Rightarrow 3x = \dfrac{\pi}{4} + k\pi$, então:

$S = \left\{ x \in \mathbb{R} \mid x = \dfrac{\pi}{12} + \dfrac{k\pi}{3} \right\}$

h) $\tg 5x = \tg 3x \Rightarrow 5x = 3x + k\pi \Rightarrow x = \dfrac{k\pi}{2}$

Notemos que, se k for ímpar, então não existe tg 5x e tg 3x, portanto:

$S = \left\{ x \in \mathbb{R} \mid x = \dfrac{k\pi}{2}, k \text{ par} \right\}$

308. Resolva as equações abaixo:

a) $\sen x - \sqrt{3} \cdot \cos x = 0$
b) $\sen^2 x = \cos^2 x$
c) $\tg x + \cotg x = 2$
d) $\sec^2 x = 1 + \tg x$

Solução

a) $\operatorname{sen} x = \sqrt{3} \cdot \cos x \Rightarrow \dfrac{\operatorname{sen} x}{\cos x} = \sqrt{3} \Rightarrow \operatorname{tg} x = \sqrt{3}$

$S = \left\{ x \in \mathbb{R} \mid x = \dfrac{\pi}{3} + k\pi \right\}$

b) $\operatorname{sen}^2 x = \cos^2 x \Rightarrow \dfrac{\operatorname{sen}^2 x}{\cos^2 x} = 1 \Rightarrow \operatorname{tg}^2 x = 1$,

então: $\operatorname{tg} x = 1$ ou $\operatorname{tg} x = -1$

$S = \left\{ x \in \mathbb{R} \mid x = \dfrac{\pi}{4} + k\pi \text{ ou } x = \dfrac{3\pi}{4} + k\pi \right\}$

c) $\operatorname{tg} x + \dfrac{1}{\operatorname{tg} x} = 2 \Rightarrow \operatorname{tg}^2 x - 2 \cdot \operatorname{tg} x + 1 = 0$

$\operatorname{tg} x = \dfrac{2 \pm \sqrt{4-4}}{2} = 1$, então:

$S = \left\{ x \in \mathbb{R} \mid x = \dfrac{\pi}{4} + k\pi \right\}$

d) $\sec^2 x = 1 + \operatorname{tg} x \Rightarrow 1 + \operatorname{tg}^2 x = 1 + \operatorname{tg} x \Rightarrow \operatorname{tg}^2 x - \operatorname{tg} x = 0 \Rightarrow$
$\Rightarrow \operatorname{tg} x \cdot (\operatorname{tg} x - 1) = 0$,
então: $\operatorname{tg} x = 0$ ou $\operatorname{tg} x = 1$

$S = \left\{ x \in \mathbb{R} \mid x = k\pi \text{ ou } x = \dfrac{\pi}{4} + k\pi \right\}$

309. Resolva as equações abaixo:

a) $\operatorname{tg} x = \operatorname{tg} \dfrac{\pi}{5}$

b) $\operatorname{cotg} x = \operatorname{cotg} \dfrac{5\pi}{6}$

c) $3 \cdot \operatorname{tg} x = \sqrt{3}$

d) $\operatorname{cotg} x = 0$

e) $\operatorname{cotg} x = -1$

f) $\operatorname{tg} 3x - \operatorname{tg} 2x = 0$

g) $\operatorname{tg} 2x = \operatorname{tg}\left(x + \dfrac{\pi}{4}\right)$

h) $\operatorname{tg} 4x = 1$

i) $\operatorname{cotg} 2x = \operatorname{cotg}\left(x + \dfrac{\pi}{4}\right)$

j) $\operatorname{tg}^2 2x = 3$

310. Resolva as equações abaixo:

a) $\sec^2 x = 2 \cdot \text{tg } x$

b) $\dfrac{1}{\text{sen}^2 x} = 1 - \dfrac{\cos x}{\text{sen } x}$

c) $\text{sen } 2x \cdot \cos\left(x + \dfrac{\pi}{4}\right) = \cos 2x \cdot \text{sen}\left(x + \dfrac{\pi}{4}\right)$

d) $(1 - \text{tg } x)(1 + \text{sen } 2x) = 1 + \text{tg } x$

311. Resolva a equação $\cot\text{g } x - \text{sen } 2x = 0$.

312. Para quais valores de *p* a equação $\text{tg } px = \cot\text{g } px$ tem $x = \dfrac{\pi}{2}$ para raiz.

313. Se *a* é a menor raiz positiva da equação $(\text{tg } x - 1)(4 \text{ sen}^2 x - 3) = 0$, calcule o valor de $\text{sen}^4 a - \cos^2 a$.

314. Determine as raízes da equação $x^2 - (2 \text{ tg } a) x - 1 = 0$.

V. Equações clássicas

Apresentaremos neste item algumas equações tradicionais em Trigonometria, sugerindo métodos para fazê-las recair nas equações fundamentais.

158. a · sen x + b · cos x = c (a, b, c ∈ ℝ*)

Método 1

Fazemos a mudança de variável sen x = u e cos x = v e resolvemos o sistema:

$$\begin{cases} au + bv = c \\ u^2 + v^2 = 1 \end{cases}$$

Tendo calculado *u* e *v*, determinamos os possíveis valores de *x*.

Método 2

Fazendo $\dfrac{b}{a} = \text{tg } \theta$, temos:

$a \cdot \text{sen } x + b \cdot \cos x = c \Rightarrow \text{sen } x + \dfrac{b}{a} \cdot \cos x = \dfrac{c}{a} \Rightarrow$

$\Rightarrow \text{sen } x + \text{tg } \theta \cdot \cos x = \dfrac{c}{a} \Rightarrow \text{sen } x + \dfrac{\text{sen } \theta}{\cos \theta} \cdot \cos x = \dfrac{c}{a} \Rightarrow$

$\Rightarrow \text{sen } x \cdot \cos \theta + \text{sen } \theta \cdot \cos x = \dfrac{c}{a} \cdot \cos \theta \Rightarrow \text{sen } (x + \theta) = \dfrac{c}{a} \cdot \cos \theta$

e, assim, calculamos $x + \theta$.

Método 3

Fazendo $\text{tg } \dfrac{x}{2} = t$, temos $\text{sen } x = \dfrac{2t}{1 + t^2}$ e $\cos x = \dfrac{1 - t^2}{1 + t^2}$, então:

$a \cdot \text{sen } x + b \cdot \cos x = c \Rightarrow a \cdot \dfrac{2t}{1 + t^2} + b \cdot \dfrac{1 - t^2}{1 + t^2} = c \Rightarrow$

$\Rightarrow 2at + b - bt^2 = c + ct^2 \Rightarrow (c + b)t^2 - 2at + (c - b) = 0$

e recaímos em uma equação do 2º grau em t. Observemos que este método falha se $\pi + 2k\pi$ for solução da equação, caso em que a substituição $\text{tg } \dfrac{\pi}{2} = t$ não tem sentido.

EXERCÍCIOS

315. Resolva a equação $\sqrt{3} \cdot \cos x + \text{sen } x = 1$, em $\mathbb{R}$:

Solução
Método 1
Fazendo $\text{sen } x = u$ e $\cos x = v$, temos:

$\begin{cases} u + v \cdot \sqrt{3} = 1 & (1) \\ u^2 + v^2 = 1 & (2) \end{cases}$

EQUAÇÕES

De (1) vem $u = 1 - v \cdot \sqrt{3}$ que, substituída em (2), acarreta:

$(1 - v \cdot \sqrt{3})^2 + v^2 = 1 \Rightarrow 4v^2 - 2\sqrt{3} \cdot v = 0$

então $\begin{cases} v = 0 \\ \text{ou} \\ v = \dfrac{\sqrt{3}}{2} \end{cases}$ portanto $\begin{cases} u = 1 - 0 \cdot \sqrt{3} = 1 \\ \text{ou} \\ u = 1 - \dfrac{\sqrt{3}}{2} \cdot \sqrt{3} = -\dfrac{1}{2} \end{cases}$

Existem, assim, duas possibilidades:

$\cos x = 0$, $\operatorname{sen} x = 1$ e $x = \dfrac{\pi}{2} + 2k\pi$

ou

$\cos x = \dfrac{\sqrt{3}}{2}$, $\operatorname{sen} x = -\dfrac{1}{2}$ e $x = -\dfrac{\pi}{6} + 2k\pi$

Método 2

$\operatorname{sen} x + \sqrt{3} \cdot \cos x = 1 \Rightarrow \operatorname{sen} x + \operatorname{tg} \dfrac{\pi}{3} \cdot \cos x = 1 \Rightarrow$

$\Rightarrow \operatorname{sen} x + \dfrac{\operatorname{sen} \dfrac{\pi}{3}}{\cos \dfrac{\pi}{3}} \cdot \cos x = 1 \Rightarrow$

$\Rightarrow \operatorname{sen} x \cdot \cos \dfrac{\pi}{3} + \operatorname{sen} \dfrac{\pi}{3} \cdot \cos x = \cos \dfrac{\pi}{3} \Rightarrow$

$\Rightarrow \operatorname{sen}\left(x + \dfrac{\pi}{3}\right) = \dfrac{1}{2} \Rightarrow \begin{cases} x + \dfrac{\pi}{3} = \dfrac{\pi}{6} + 2k\pi \\ \text{ou} \\ x + \dfrac{\pi}{3} = \dfrac{5\pi}{6} + 2k\pi \end{cases} \Rightarrow \begin{cases} x = -\dfrac{\pi}{6} + 2k\pi \\ \text{ou} \\ x = \dfrac{\pi}{2} + 2k\pi \end{cases}$

Método 3

$\operatorname{sen} x + \sqrt{3} \cdot \cos x = 1 \Rightarrow \dfrac{2t}{1+t^2} + \sqrt{3} \cdot \dfrac{1-t^2}{1+t^2} = 1 \Rightarrow$

$\Rightarrow 2t + \sqrt{3} - \sqrt{3} \cdot t^2 = 1 + t^2 \Rightarrow (1 + \sqrt{3})t^2 - 2t + (1 - \sqrt{3}) = 0$

Então:

$t = \dfrac{2 \pm \sqrt{4 - 4(1 + \sqrt{3})(1 - \sqrt{3})}}{2(1 + \sqrt{3})} = \dfrac{2 \pm 2\sqrt{3}}{2(1 + \sqrt{3})} = 1 \text{ ou } -2 + \sqrt{3}$

Existem, assim, duas possibilidades:

$t = \text{tg}\dfrac{x}{2} = 1, \dfrac{x}{2} = \dfrac{\pi}{4} + k\pi$ e $x = \dfrac{\pi}{2} + 2k\pi$

ou

$t = \text{tg}\dfrac{x}{2} = -2 + \sqrt{3}, \dfrac{x}{2} = -\dfrac{\pi}{12} + k\pi$ e $x = -\dfrac{\pi}{6} + 2k\pi$

$S = \left\{x \in \mathbb{R} \mid x = \dfrac{\pi}{2} + 2k\pi \text{ ou } x = -\dfrac{\pi}{6} + 2k\pi\right\}$

316. Resolva as seguintes equações, em $\mathbb{R}$:

a) $\text{sen } x + \cos x = -1$

b) $\sqrt{3} \cdot \text{sen } x - \cos x = -\sqrt{3}$

317. Determine x tal que $x \in \mathbb{R}$ e $\text{sen } x + \cos x = 1$.

Solução

Fazendo $\text{sen } x = u$ e $\cos x = v$, temos:

$\begin{cases} u + v = 1 \quad (1) \\ u^2 + v^2 = 1 \quad (2) \end{cases}$

(1) em (2): $u^2 + (1 - u)^2 = 1 \Rightarrow 2u^2 - 2u = 0$

Existem, então, duas possibilidades:

$u = 0$ e $v = 1 - u = 1$ ou $u = 1$ e $v = 1 - u = 0$

portanto $S = \left\{x \in \mathbb{R} \mid x = \dfrac{\pi}{2} + 2k\pi \text{ ou } x = 2k\pi\right\}$.

318. Obtenha as soluções das equações abaixo.

a) $\text{sen } 4x + \cos 4x = 1$

b) $|\text{sen } x| + |\cos x| = 1$

319. Resolva no conjunto dos números reais a equação $\text{sen } 2x = 1 - \cos 2x$.

320. Discuta a equação em x: $m \cdot \operatorname{sen} x + \cos x = m$.

> **Solução**
>
> Fazendo $\operatorname{sen} x = \dfrac{2t}{1 + t^2}$ e $\cos x = \dfrac{1 - t^2}{1 + t^2}$, temos:
>
> $m \cdot \dfrac{2t}{1 + t^2} + \dfrac{1 - t^2}{1 + t^2} = m \Rightarrow 2mt + 1 - t^2 = m + mt^2 \Rightarrow$
>
> $\Rightarrow (m + 1) \cdot t^2 - 2mt + (m - 1) = 0$
>
> Esta última equação tem solução real se, e somente se, apresentar $\Delta \geq 0$.
>
> Então:
>
> $\Delta = 4m^2 - 4(m + 1)(m - 1) = 4 \geq 0$, o que ocorre para todo m real.

321. Discuta, segundo m, as equações seguintes:
   a) $m \cdot \cos x - (m + 1) \cdot \operatorname{sen} x = m$
   b) $\operatorname{sen} x + \cos x = m$

159. $\sum \operatorname{sen} f_i(x) = 0$ ou $\sum \cos f_i(x) = 0$

O método de resolução consiste em transformar a soma em produto e estudar as possibilidades de anulamento de cada fator.

EXERCÍCIOS

322. Resolva as equações, em $\mathbb{R}$:
   a) $\operatorname{sen} 7x + \operatorname{sen} 5x = 0$ c) $\operatorname{sen} 4x - \cos x = 0$
   b) $\cos 6x + \cos 2x = 0$ d) $\cos 3x + \operatorname{sen} 2x = 0$

> **Solução**
>
> a) $\operatorname{sen} 7x + \operatorname{sen} 5x = 0 \Rightarrow 2 \cdot \operatorname{sen} 6x \cdot \cos x = 0$
>
> 1ª possibilidade: $\operatorname{sen} 6x = 0 \Rightarrow 6x = k\pi \Rightarrow x = \dfrac{k\pi}{6}$

2ª possibilidade: $\cos x = 0 \Rightarrow x = \dfrac{\pi}{2} + k\pi$

$S = \left\{ x \in \mathbb{R} \mid x = \dfrac{k\pi}{6} \text{ ou } x = \dfrac{\pi}{2} + k\pi \right\}$

b) $\cos 6x + \cos 2x = 0 \Rightarrow 2 \cdot \cos 4x \cdot \cos 2x = 0$

1ª possibilidade: $\cos 4x = 0 \Rightarrow 4x = \dfrac{\pi}{2} + k\pi \Rightarrow x = \dfrac{\pi}{8} + \dfrac{k\pi}{4}$

2ª possibilidade: $\cos 2x = 0 \Rightarrow 2x = \dfrac{\pi}{2} + k\pi \Rightarrow x = \dfrac{\pi}{4} + \dfrac{k\pi}{2}$

$S = \left\{ x \in \mathbb{R} \mid x = \dfrac{\pi}{8} + \dfrac{k\pi}{4} \text{ ou } x = \dfrac{\pi}{4} + \dfrac{k\pi}{2} \right\}$

c) $\operatorname{sen} 4x - \operatorname{sen}\left(\dfrac{\pi}{2} - x\right) = 0 \Rightarrow 2 \cdot \operatorname{sen}\left(\dfrac{5x}{2} - \dfrac{\pi}{4}\right) \cdot \cos\left(\dfrac{3x}{2} - \dfrac{\pi}{4}\right) = 0$

1ª possibilidade: $\operatorname{sen}\left(\dfrac{5x}{2} - \dfrac{\pi}{4}\right) = 0 \Rightarrow \dfrac{5x}{2} - \dfrac{\pi}{4} = k\pi \Rightarrow$

$\Rightarrow x = \dfrac{\pi}{10} + \dfrac{2k\pi}{5}$

2ª possibilidade: $\cos\left(\dfrac{3x}{2} + \dfrac{\pi}{4}\right) = 0 \Rightarrow \dfrac{3x}{2} + \dfrac{\pi}{4} = \dfrac{\pi}{2} + k\pi \Rightarrow$

$\Rightarrow x = \dfrac{\pi}{6} + \dfrac{2k\pi}{3}$

$S = \left\{ x \in \mathbb{R} \mid x = \dfrac{\pi}{10} + \dfrac{2k\pi}{5} \text{ ou } x = \dfrac{\pi}{6} + \dfrac{2k\pi}{3} \right\}$

d) $\cos 3x + \cos\left(\dfrac{\pi}{2} - 2x\right) = 0 \Rightarrow 2 \cdot \cos\left(\dfrac{x}{2} + \dfrac{\pi}{4}\right) \cdot \cos\left(\dfrac{5x}{2} - \dfrac{\pi}{4}\right) = 0$

1ª possibilidade: $\cos\left(\dfrac{x}{2} + \dfrac{\pi}{4}\right) = 0 \Rightarrow \dfrac{x}{2} + \dfrac{\pi}{4} = \dfrac{\pi}{2} + k\pi \Rightarrow$

$\Rightarrow x = \dfrac{\pi}{2} + 2k\pi$

2ª possibilidade: $\cos\left(\dfrac{5x}{2} - \dfrac{\pi}{4}\right) = 0 \Rightarrow \dfrac{5x}{2} - \dfrac{\pi}{4} = \dfrac{\pi}{2} + k\pi \Rightarrow$

$\Rightarrow x = \dfrac{3\pi}{10} + \dfrac{2k\pi}{5}$

$S = \left\{ x \in \mathbb{R} \mid x = \dfrac{\pi}{2} + 2k\pi \text{ ou } x = \dfrac{3\pi}{10} + \dfrac{2k\pi}{5} \right\}$

EQUAÇÕES

323. Resolva as equações, em $\mathbb{R}$:
  a) $\operatorname{sen} mx + \operatorname{sen} nx = 0$ $(m, n \in \mathbb{N}^*)$
  b) $\cos ax + \cos bx = 0$ $(a, b \in \mathbb{R}^*)$
  c) $\operatorname{sen} 2x = \cos\left(x + \dfrac{\pi}{4}\right)$

324. Resolva as seguintes equações, em $\mathbb{R}$:
  a) $\operatorname{sen} x + \operatorname{sen} 3x + \operatorname{sen} 4x + \operatorname{sen} 6x = 0$ b) $\cos 3x + \cos 7x = \cos 5x$

Solução
a) $(\operatorname{sen} 6x + \operatorname{sen} 4x) + (\operatorname{sen} 3x + \operatorname{sen} x) = 0 \Rightarrow$
$\Rightarrow 2 \cdot \operatorname{sen} 5x \cdot \cos x + 2 \cdot \operatorname{sen} 2x \cdot \cos x = 0 \Rightarrow$
$\Rightarrow \cos x \cdot (\operatorname{sen} 5x + \operatorname{sen} 2x) = 0 \Rightarrow$
$\Rightarrow 2 \cdot \cos x \cdot \operatorname{sen} \dfrac{7x}{2} \cdot \cos \dfrac{3x}{2} = 0$

1ª possibilidade: $\cos x = 0 \Rightarrow x = \dfrac{\pi}{2} + k\pi$

2ª possibilidade: $\operatorname{sen} \dfrac{7x}{2} = 0 \Rightarrow x = \dfrac{2k\pi}{7}$

3ª possibilidade: $\cos \dfrac{3x}{2} = 0 \Rightarrow x = \dfrac{\pi}{3} + \dfrac{2k\pi}{3}$

$S = \left\{x \in \mathbb{R} \mid x = \dfrac{\pi}{2} + k\pi \text{ ou } x = \dfrac{2k\pi}{7} \text{ ou } x = \dfrac{\pi}{3} + \dfrac{2k\pi}{3}\right\}$

b) $(\cos 7x + \cos 3x) - \cos 5x = 0 \Rightarrow 2 \cdot \cos 5x \cdot \cos 2x - \cos 5x = 0 \Rightarrow$
$\Rightarrow 2 \cdot \cos 5x \left(\cos 2x - \dfrac{1}{2}\right) = 0$

1ª possibilidade: $\cos 5x = 0 \Rightarrow x = \dfrac{\pi}{10} + \dfrac{k\pi}{5}$

2ª possibilidade: $\cos 2x = \dfrac{1}{2} \Rightarrow x = \pm\dfrac{\pi}{6} + k\pi$

$S = \left\{x \in \mathbb{R} \mid x = \dfrac{\pi}{10} + \dfrac{k\pi}{5} \text{ ou } x = \pm\dfrac{\pi}{6} + k\pi\right\}$

325. Resolva as equações:
  a) $\operatorname{sen} 5x + \operatorname{sen} x = 2 \cdot \operatorname{sen} 3x$
  b) $\cos x + \cos(2x + a) + \cos(3x + 2a) = 0$
  c) $\operatorname{sen} 7x + \cos 3x = \cos 5x - \operatorname{sen} x$

326. Determine x tal que $x \in \mathbb{R}$ e $\cos^2(x + a) + \cos^2(x - a) = 1$.

327. Determine x tal que $\operatorname{sen} 3x + \cos 2x - \operatorname{sen} x = 1$.

328. Determine o ângulo x, medido em radianos, que satisfaz a igualdade:

$$\operatorname{sen}\left(x + \frac{\pi}{4}\right) + \operatorname{sen}\left(x - \frac{\pi}{4}\right) = \frac{\sqrt{2}}{2}$$

329. Dado o sistema

$$\begin{cases} \operatorname{sen}(x + y) + \operatorname{sen}(x - y) = 2 \\ \operatorname{sen} x + \cos y = 2 \end{cases}$$

a) mostre que o par (x_0, y_0), com $x_0 = 2\pi$ e $y_0 = \frac{\pi}{2}$, não é solução do sistema;

b) resolva o sistema, determinando todas as soluções (x, y).

330. Resolva, em $\mathbb{R}$, $\operatorname{sen} x \cdot \cos x + \operatorname{sen} x + \cos x + 1 = 0$.

160. $\operatorname{sen}^4 x + \cos^4 x = a \ (a \in \mathbb{R})$

Para resolver esta equação basta aplicar a identidade

$$\operatorname{sen}^4 x + \cos^4 x \equiv 1 - \frac{\operatorname{sen}^2 2x}{2}, \text{ pois:}$$

$$\operatorname{sen}^4 x + \cos^4 x = (\operatorname{sen}^2 x + \cos^2 x)^2 - 2 \cdot \operatorname{sen}^2 x \cdot \cos^2 x =$$

$$= 1^2 - 2 \cdot \left(\frac{\operatorname{sen} 2x}{2}\right)^2 = 1 - \frac{\operatorname{sen}^2 2x}{2}$$

Temos, então:

$$\operatorname{sen}^4 x + \cos^4 x = a \Rightarrow 1 - \frac{\operatorname{sen}^2 2x}{2} = a \Rightarrow \operatorname{sen}^2 2x = 2(1 - a).$$

Notemos que só existe solução se $0 \leq 2(1 - a) \leq 1$, isto é, se

$$\frac{1}{2} \leq a \leq 1$$

161. $\text{sen}^6 x + \cos^6 x = a \ (a \in \mathbb{R})$

Resolver esta equação aplicando a identidade:

$$\text{sen}^6 x + \cos^6 x \equiv 1 - \frac{3 \, \text{sen}^2 2x}{4}, \text{ pois:}$$

$\text{sen}^6 x + \cos^6 x = (\text{sen}^2 x + \cos^2 x)(\text{sen}^4 x - \text{sen}^2 x \cdot \cos^2 x + \cos^4 x) =$

$= (\text{sen}^4 x + \cos^4 x) - \text{sen}^2 x \cdot \cos^2 x = \left(1 - \frac{\text{sen}^2 2x}{2}\right) - \frac{\text{sen}^2 2x}{4} =$

$= 1 - \frac{3 \cdot \text{sen}^2 2x}{4}$

Temos, então:

$\text{sen}^6 x + \cos^6 x = a \Rightarrow 1 - \frac{3 \cdot \text{sen}^2 2x}{4} = a \Rightarrow \text{sen}^2 2x = \frac{4 - 4a}{3}$

Notemos que só existe solução se $0 \leq \frac{4 - 4a}{3} \leq 1$, isto é, se

$\frac{1}{4} \leq a \leq 1$

EXERCÍCIOS

331. Resolva a equação $\text{sen}^4 x + \cos^4 x = \frac{3}{4}$, em $\mathbb{R}$.

Solução

Decorre da teoria que:

$\text{sen}^2 2x = 2\left(1 - \frac{3}{4}\right) = \frac{1}{2}$

portanto $\text{sen } 2x = \pm \frac{\sqrt{2}}{2}$ e então:

$2x = \frac{\pi}{4} + \frac{k\pi}{2} \Rightarrow x = \frac{\pi}{8} + \frac{k\pi}{4}$

$S = \left\{ x \in \mathbb{R} \mid x = \frac{\pi}{8} + \frac{k\pi}{4} \right\}$

332. Resolva a equação $\operatorname{sen}^6 x + \cos^6 x = \dfrac{7}{16}$.

> **Solução**
>
> Decorre da teoria que:
>
> $\operatorname{sen}^2 2x = \dfrac{4}{3} \cdot (1 - a) = \dfrac{4}{3} \cdot \left(1 - \dfrac{7}{16}\right) = \dfrac{3}{4}$
>
> portanto $\operatorname{sen} 2x = \pm \dfrac{\sqrt{3}}{2}$ e então:
>
> $2x = \pm \dfrac{\pi}{3} + k\pi \Rightarrow x = \pm \dfrac{\pi}{6} + \dfrac{k\pi}{2}$
>
> $S = \left\{ x \in \mathbb{R} \mid x = \pm \dfrac{\pi}{6} + \dfrac{k\pi}{2} \right\}$

333. Resolva as seguintes equações para $x \in \mathbb{R}$:

a) $\operatorname{sen}^4 x + \cos^4 x = \dfrac{5}{8}$

b) $\operatorname{sen}^6 x + \cos^6 x = \dfrac{5}{8}$

c) $\operatorname{sen}^4 x + \cos^4 x = \dfrac{1}{2}$

d) $\operatorname{sen}^6 \dfrac{x}{2} + \cos^6 \dfrac{x}{2} = \dfrac{7}{16}$

e) $\operatorname{sen}^3 x + \cos^3 x = 1$

CAPÍTULO XII
Inequações

I. Inequações fundamentais

162. Sejam f e g duas funções trigonométricas da variável real x. Resolver a inequação f(x) < g(x) significa obter o conjunto S, denominado conjunto solução ou conjunto verdade, dos números r para os quais f(r) < g(r) é uma sentença verdadeira.

Quase todas as inequações trigonométricas podem ser reduzidas a inequações de um dos seguintes seis tipos:

1ª) sen x > m
2ª) sen x < m
3ª) cos x > m
4ª) cos x < m
5ª) tg x > m
6ª) tg x < m

em que m é um número real dado. Por esse motivo, essas seis são denominadas **inequações fundamentais**. Assim, é necessário saber resolver as inequações fundamentais para poder resolver outras inequações trigonométricas.

II. Resolução de sen x > m

163. Marcamos sobre o eixo dos senos o ponto P_1 tal que $OP_1 = m$. Traçamos por P_1 a reta *r* perpendicular ao eixo. As imagens dos reais *x* tais que sen x > m estão na interseção do ciclo com o semiplano situado acima de *r*.

Finalmente, descrevemos os intervalos aos quais *x* pode pertencer, tomando o cuidado de partir de A e percorrer o ciclo no sentido anti-horário até completar uma volta.

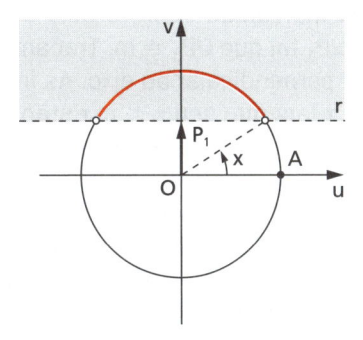

164. Exemplo de inequação sen x > m

Resolver a inequação $\text{sen } x \geq -\frac{\sqrt{2}}{2}$, em $\mathbb{R}$.

Procedendo conforme foi indicado, temos:

$$0 + 2k\pi \leq x < \frac{5\pi}{4} + 2k\pi$$

ou

$$\frac{7\pi}{4} + 2k\pi < x < 2\pi + 2k\pi$$

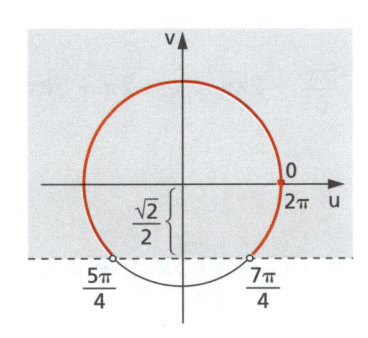

$$S = \left\{ x \in \mathbb{R} \mid 0 + 2k\pi \leq x < \frac{5\pi}{4} + 2k\pi \text{ ou } \frac{7\pi}{4} + 2k\pi < x < 2\pi + 2k\pi \right\}$$

Notemos que escrever $\frac{7\pi}{4} + 2k\pi < x < \frac{5\pi}{4} + 2k\pi$ estaria errado pois, como $\frac{7\pi}{4} > \frac{5\pi}{4}$, não existe *x* algum neste intervalo.

III. Resolução de sen x < m

165. Marcamos sobre o eixo dos senos o ponto P_1 tal que $OP_1 = m$. Traçamos por P_1 a reta *r* perpendicular ao eixo. As imagens dos reais *x* tais que sen x < m estão na interseção do ciclo com o semiplano situado abaixo de *r*.

Finalmente, partindo de A e percorrendo o ciclo no sentido anti-horário até completar uma volta, descrevemos os intervalos que convêm ao problema.

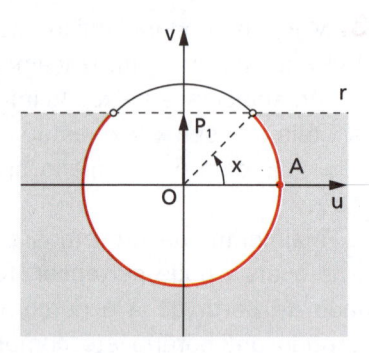

166. Exemplo de inequação sen x < m

Resolver a inequação sen $x < \dfrac{1}{2}$, em $\mathbb{R}$.

Procedendo conforme foi indicado, temos:

$$0 + 2k\pi \leqslant x < \frac{\pi}{6} + 2k\pi$$

ou

$$\frac{5\pi}{6} + 2k\pi < x < 2\pi + 2k\pi$$

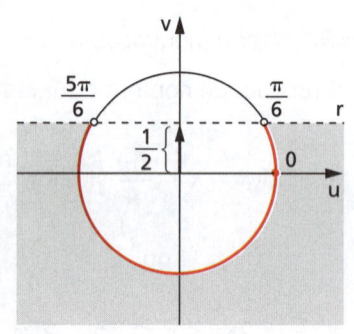

$$S = \left\{ x \in \mathbb{R} \mid 0 + 2k\pi \leqslant x < \frac{\pi}{6} + 2k\pi \text{ ou } \frac{5\pi}{6} + 2k\pi < x < 2\pi + 2k\pi \right\}$$

EXERCÍCIOS

334. Resolva a inequação $0 \leqslant \text{sen } x < \dfrac{\sqrt{3}}{2}$, para $x \in \mathbb{R}$.

Solução

A imagem de x deve ficar na interseção do ciclo com a faixa do plano compreendida entre r e s. Temos, então:

$$0 + 2k\pi \leq x < \frac{\pi}{3} + 2k\pi$$

ou

$$\frac{2\pi}{3} + 2k\pi < x \leq \pi + 2k\pi$$

$$S = \left\{ x \in \mathbb{R} \mid 0 + 2k\pi \leq x < \frac{\pi}{3} + 2k\pi \text{ ou } \frac{2\pi}{3} + 2k\pi < x \leq \pi + 2k\pi \right\}$$

335. Resolva a inequação sen x $\geq$ 0, sendo x $\in \mathbb{R}$.

336. Resolva a inequação sen x $\leq -\frac{\sqrt{3}}{2}$, em $\mathbb{R}$.

337. Resolva a inequação $-\frac{1}{2} \leq$ sen x $< \frac{\sqrt{2}}{2}$, para x $\in \mathbb{R}$.

338. Resolva a inequação $|\text{sen } x| \geq \frac{\sqrt{3}}{2}$, em $\mathbb{R}$.

Solução

$$|\text{sen } x| \geq \frac{+\sqrt{3}}{2} \Rightarrow \begin{cases} \text{sen } x \leq -\frac{\sqrt{3}}{2} \\ \text{ou} \\ \text{sen } x \geq \frac{\sqrt{3}}{2} \end{cases}$$

A imagem de x deve ficar na interseção do ciclo com o semiplano situado abaixo de r ou com o semiplano situado acima de s.

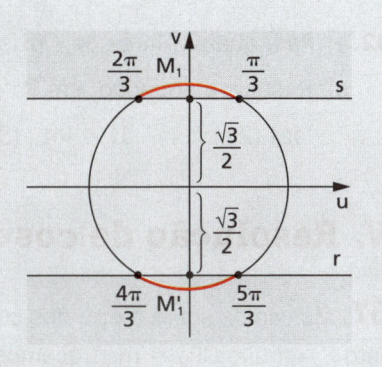

Assim, temos:

$$\frac{\pi}{3} + 2k\pi \leq x \leq \frac{2\pi}{3} + 2k\pi \text{ ou } \frac{4\pi}{3} + 2k\pi \leq x \leq \frac{5\pi}{3} + 2k\pi$$

$$S = \left\{ x \in \mathbb{R} \mid \frac{\pi}{3} + 2k\pi \leq x \leq \frac{2\pi}{3} + 2k\pi \text{ ou } \frac{4\pi}{3} + 2k\pi \leq x \leq \frac{5\pi}{3} + 2k\pi \right\}$$

INEQUAÇÕES

339. Resolva a inequação $|\text{sen } x| \leq \dfrac{1}{2}$, em $\mathbb{R}$.

340. Resolva a inequação $|\text{sen } x| > \dfrac{\sqrt{2}}{2}$, para $x \in \mathbb{R}$.

341. Resolva a inequação $2 \text{ sen}^2 x < \text{sen } x$, para $x \in \mathbb{R}$.

Solução

$2 \text{ sen}^2 x < \text{sen } x \Leftrightarrow$

$\Leftrightarrow 2 \text{ sen}^2 x - \text{sen } x < 0 \Leftrightarrow$

$\Leftrightarrow 0 < \text{sen } x < \dfrac{1}{2}$

Examinando o ciclo trigonométrico, obtemos:

$2k\pi < x < \dfrac{\pi}{6} + 2k\pi$

ou

$\dfrac{5\pi}{6} + 2k\pi < x < \pi + 2k\pi$

$S = \left\{ x \in \mathbb{R} \mid 2k\pi < x < \dfrac{\pi}{6} + 2k\pi \text{ ou } \dfrac{5\pi}{6} + 2k\pi < x < \pi + 2k\pi \right\}$

342. a) Para quais valores de x existe $\log_2 (2 \text{ sen } x - 1)$?

b) Resolva a equação, em $\mathbb{R}$:

$\log_2 (2 \text{ sen } x - 1) = \log_4 (3 \text{ sen}^2 x - 4 \text{ sen } x + 2)$

IV. Resolução de cos x > m

167. Marcamos sobre o eixo dos cossenos o ponto P_2 tal que $OP_2 = m$. Traçamos por P_2 a reta r perpendicular ao eixo. As imagens dos reais x tais que $\cos x > m$ estão na interseção do ciclo com o semiplano situado à direita de r.

Para completar, descrevemos os intervalos que convêm ao problema.

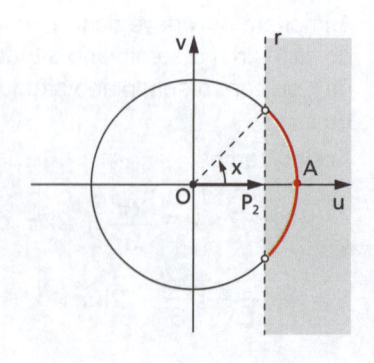

168. Exemplo de inequação cos x > m

Resolver a inequação $\cos x > \dfrac{\sqrt{3}}{2}$, para $x \in \mathbb{R}$.

Procedendo conforme foi indicado, temos:

$2k\pi \leq x < \dfrac{\pi}{6} + 2k\pi$

ou

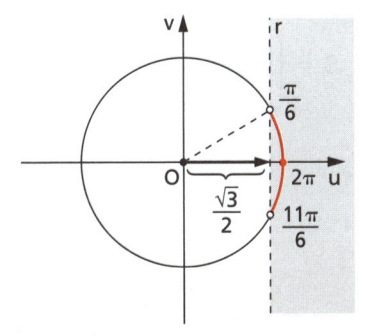

$\dfrac{11\pi}{6} + 2k\pi < x < 2\pi + 2k\pi$

$S = \left\{ x \in \mathbb{R} \mid 2k\pi \leq x < \dfrac{\pi}{6} + 2k\pi \text{ ou } \dfrac{11\pi}{6} + 2k\pi < x < 2\pi + 2k\pi \right\}$

V. Resolução de cos x < m

169. Marcamos sobre o eixo dos cossenos o ponto P_2 tal que $OP_2 = m$. Traçamos por P_2 a reta r perpendicular ao eixo. As imagens dos reais x tais que $\cos x < m$ estão na interseção do ciclo com o semiplano situado à esquerda de r.

Completamos o problema descrevendo os intervalos que convêm.

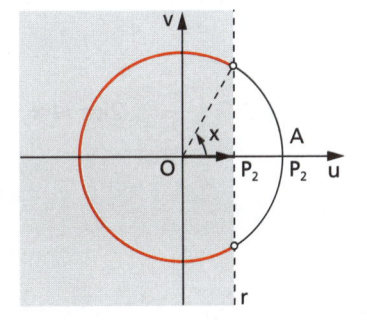

170. Exemplo de inequação cos x < m

Resolver a inequação $\cos x < -\dfrac{1}{2}$.

INEQUAÇÕES

Procedendo conforme foi indicado, temos:

$$\frac{2\pi}{3} + 2k\pi < x < \frac{4\pi}{3} + 2k\pi.$$

$$S = \left\{ x \in \mathbb{R} \mid \frac{2\pi}{3} + 2k\pi < x < \frac{4\pi}{3} + 2k\pi \right\}$$

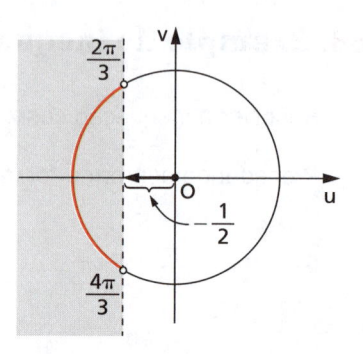

EXERCÍCIOS

343. Resolva a inequação $-\frac{3}{2} \leq \cos x \leq 0$, para $x \in \mathbb{R}$.

Solução

A imagem de x deve ficar na interseção do ciclo com a faixa do plano compreendida entre r e s. Temos, então:

$$S = \left\{ x \in \mathbb{R} \mid \frac{\pi}{2} + 2k\pi \leq x \leq \frac{3\pi}{2} + 2k\pi \right\}$$

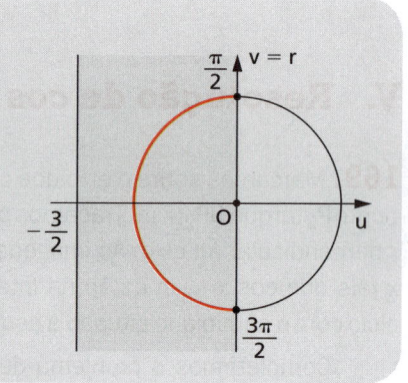

344. Resolva a inequação $\cos x \geq -\frac{1}{2}$, em $\mathbb{R}$.

345. Resolva a inequação $\cos x < \frac{\sqrt{2}}{2}$, para $x \in \mathbb{R}$.

346. Resolva a inequação $-\frac{\sqrt{3}}{2} \leq \cos x \leq \frac{1}{2}$, para $x \in \mathbb{R}$.

347. Resolva a inequação $|\cos x| < \dfrac{\sqrt{3}}{2}$, em $\mathbb{R}$.

348. Resolva a inequação $|\cos x| > \dfrac{5}{3}$, em $\mathbb{R}$.

349. Resolva a inequação $\cos 2x + \cos x \leq -1$, para $x \in \mathbb{R}$.

> **Solução**
> $\cos 2x + \cos x \leq -1 \Leftrightarrow (2\cos^2 x - 1) + \cos x \leq -1 \Leftrightarrow$
> $\Leftrightarrow 2\cos^2 x + \cos x \leq 0 \Leftrightarrow -\dfrac{1}{2} \leq \cos x \leq 0$
> Examinando o ciclo trigonométrico, obtemos:
> $S = \left\{ x \in \mathbb{R} \mid \dfrac{\pi}{2} + 2k\pi \leq x \leq \dfrac{2\pi}{3} + 2k\pi \text{ ou } \dfrac{4\pi}{3} + 2k\pi \leq x \leq \dfrac{3\pi}{2} + 2k\pi \right\}$

350. Resolva a inequação $4\cos^2 x < 3$, em $\mathbb{R}$.

351. Resolva a inequação $\cos 2x \geq \cos x$, para $x \in \mathbb{R}$.

352. Resolva a inequação $\operatorname{sen} x + \cos x \geq \dfrac{\sqrt{2}}{2}$, para $x \in \mathbb{R}$.

> **Solução**
> $\operatorname{sen} x + \cos x \geq \dfrac{\sqrt{2}}{2} \Leftrightarrow \operatorname{sen} x + \operatorname{sen}\left(\dfrac{\pi}{2} - x\right) \geq \dfrac{\sqrt{2}}{2} \Leftrightarrow$
> $\Leftrightarrow 2 \cdot \operatorname{sen} \dfrac{\pi}{4} \cdot \cos\left(x - \dfrac{\pi}{4}\right) \geq \dfrac{\sqrt{2}}{2} \Leftrightarrow \cos\left(x - \dfrac{\pi}{4}\right) \geq \dfrac{1}{2}$
> Fazendo $x - \dfrac{\pi}{4} = y$, temos a inequação $\cos y \geq \dfrac{1}{2}$. Examinando o ciclo, vem:
> $2k\pi \leq y < \dfrac{\pi}{3} + 2k\pi$
>
> ou
>
> $\dfrac{5\pi}{3} + 2k\pi \leq y < 2\pi + 2k\pi$

INEQUAÇÕES

como $x = y + \dfrac{\pi}{4}$, vem:

$$S = \left\{ x \in \mathbb{R} \mid \dfrac{\pi}{4} + 2k\pi \leq x \leq \dfrac{7\pi}{12} + 2k\pi \text{ ou } \dfrac{23\pi}{12} + 2k\pi \leq x < \dfrac{9\pi}{4} + 2k\pi \right\}$$

353. Resolva a inequação $\operatorname{sen} x + \cos x < 1$, em $\mathbb{R}$.

354. Determine o domínio da função real f dada por $f(x) = \sqrt{\dfrac{\cos 2x}{\cos x}}$, em $\mathbb{R}$.

Solução

I) Devemos ter $\dfrac{\cos 2x}{\cos x} \geq 0$.

II) Fazendo $\cos x = y$, temos:

$$\dfrac{\cos 2x}{\cos x} \geq 0 \Leftrightarrow \dfrac{2y^2 - 1}{y} \geq 0$$

III) Fazendo o quadro de sinais:

	$-\dfrac{\sqrt{2}}{2}$	0	$\dfrac{\sqrt{2}}{2}$	
$2y^2 - 1$	$+$	$-$	$-$	$+$
y	$-$	$-$	$+$	$+$
$\dfrac{2y^2-1}{y}$	$-$	$+$	$-$	$+$

concluímos que o quociente é positivo para:

$$-\dfrac{\sqrt{2}}{2} \leq y < 0 \text{ ou } y \geq \dfrac{\sqrt{2}}{2}$$

IV) Examinando o ciclo trigonométrico, temos:

$$-\frac{\sqrt{2}}{2} \leq \cos x < 0 \Leftrightarrow \begin{cases} \frac{\pi}{2} + 2k\pi < x \leq \frac{3\pi}{4} + 2k\pi \\ \text{ou} \\ \frac{5\pi}{4} + 2k\pi \leq x < \frac{3\pi}{2} + 2k\pi \end{cases}$$

$$\cos x \geq \frac{\sqrt{2}}{2} \Leftrightarrow \begin{cases} 2k\pi \leq x \leq \frac{\pi}{4} + 2k\pi \\ \text{ou} \\ \frac{7\pi}{4} + 2k\pi \leq x \leq 2\pi + 2k\pi \end{cases}$$

$$S = \left\{ x \in \mathbb{R} \mid \frac{\pi}{2} + 2k\pi < x \leq \frac{3\pi}{4} + 2k\pi \text{ ou} \right.$$

$$\frac{5\pi}{4} + 2k\pi \leq x < \frac{3\pi}{2} + 2k\pi \text{ ou}$$

$$\left. 2k\pi \leq x \leq \frac{\pi}{4} + 2k\pi \text{ ou } \frac{7\pi}{4} + 2k\pi \leq x \leq 2\pi + 2k\pi \right\}$$

355. Resolva o sistema abaixo:

$$\begin{cases} \operatorname{sen} x > \frac{1}{2} \\ \cos x \geq \frac{1}{2} \end{cases}$$

VI. Resolução de tg x > m

171. Marcamos sobre o eixo das tangentes o ponto T tal que AT = m. Traçamos a reta r = $\overleftrightarrow{OT}$. As imagens dos reais x tais que tg x > m estão na interseção do ciclo com o ângulo rÔV.

Para completar, descrevemos os intervalos que convêm ao problema.

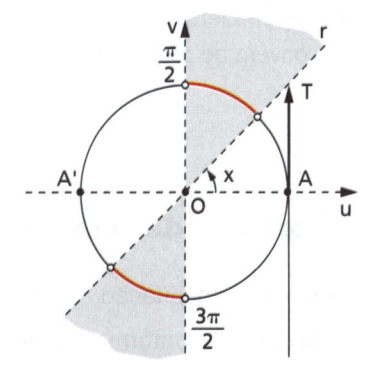

INEQUAÇÕES

172. Exemplo de inequação tg x > m

Resolver a inequação tg x > 1, em ℝ.

Procedendo conforme foi indicado, temos:

$$\frac{\pi}{4} + 2k\pi < x < \frac{\pi}{2} + 2k\pi$$

ou

$$\frac{5\pi}{4} + 2k\pi < x < \frac{3\pi}{2} + 2k\pi$$

que podem ser resumidos em:

$$\frac{\pi}{4} + k\pi < x < \frac{\pi}{2} + k\pi$$

$$S = \left\{ x \in \mathbb{R} \mid \frac{\pi}{4} + k\pi < x < \frac{\pi}{2} + k\pi \right\}$$

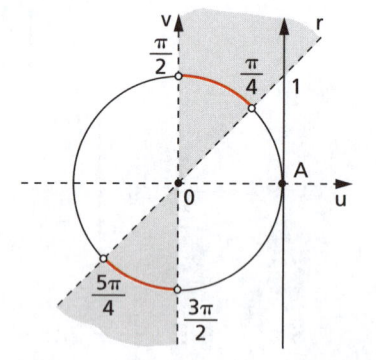

VII. Resolução de tg x < m

173. Marcamos sobre o eixo das tangentes o ponto T tal que AT = m. Traçamos a reta r = $\overleftrightarrow{OT}$. As imagens dos reais x tais que tg x < m estão na interseção do ciclo com o ângulo vÔr.

Para completar, descrevemos os intervalos que convêm ao problema.

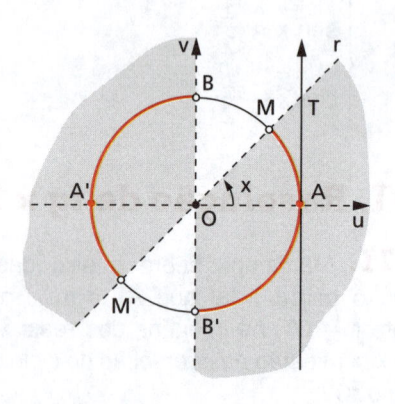

174. Exemplo de inequação tg x < m

Resolver a inequação tg x < √3, em ℝ.

Procedendo conforme foi indicado, temos:

$0 + 2k\pi \leq x < \dfrac{\pi}{3} + 2k\pi$

ou

$\dfrac{\pi}{2} + 2k\pi < x < \dfrac{4\pi}{3} + 2k\pi$

ou

$\dfrac{3\pi}{2} + 2k\pi < x < 2\pi + 2k\pi$

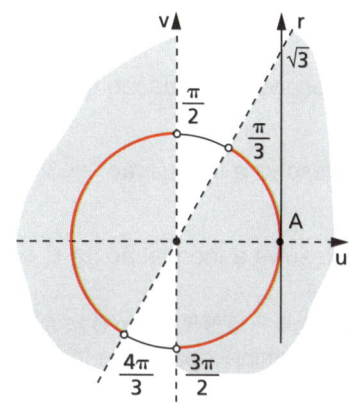

$S = \left\{ x \in \mathbb{R} \mid 2k\pi \leq x < \dfrac{\pi}{3} + 2k\pi \text{ ou } \dfrac{\pi}{2} + 2k\pi < x < \dfrac{4\pi}{3} + 2k\pi \text{ ou } \dfrac{3\pi}{2} + 2k\pi < x < 2\pi + 2k\pi \right\}$

EXERCÍCIOS

356. Resolva a inequação $|\operatorname{tg} x| \leq 1$, para $x \in \mathbb{R}$.

Solução

$|\operatorname{tg} x| \leq 1 \Leftrightarrow -1 \leq \operatorname{tg} x \leq 1$

A imagem de x deve ficar na interseção do ciclo com ângulo $r\hat{O}s$. Temos, então:

$0 + 2k\pi \leq x \leq \dfrac{\pi}{4} + 2k\pi$

ou

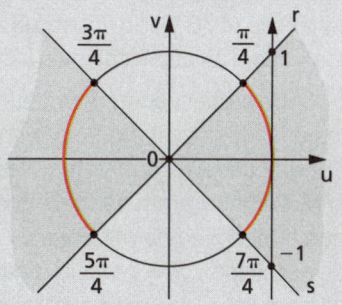

$\dfrac{3\pi}{4} + 2k\pi \leq x \leq \dfrac{5\pi}{4} + 2k\pi \text{ ou } \dfrac{7\pi}{4} + 2k\pi \leq x < 2\pi + 2k\pi$

$S = \left\{ x \in \mathbb{R} \mid 2k\pi \leq x \leq \dfrac{\pi}{4} + 2k\pi \text{ ou } \dfrac{3\pi}{4} + 2k\pi \leq x \leq \dfrac{5\pi}{4} + 2k\pi \text{ ou } \dfrac{7\pi}{4} + 2k\pi \leq x < 2\pi + 2k\pi \right\}$

357. Resolva a inequação tg x > $\sqrt{3}$, em $\mathbb{R}$.

358. Resolva a inequação tg x ≤ 0, para x ∈ $\mathbb{R}$.

359. Resolva a inequação $-\sqrt{3}$ < tg x ≤ $\dfrac{\sqrt{3}}{3}$, para x ∈ $\mathbb{R}$.

360. Resolva a inequação |tg x| ≥ $\sqrt{3}$, em $\mathbb{R}$.

361. Seja y = $a^{\log \text{tg} x}$ com 0 < a < 1, em que log u indica o logaritmo neperiano de u. Determine x para que log y ≥ 0.

LEITURA

Euler e a incorporação da trigonometria à análise

Hygino H. Domingues

Dentre as contribuições da Índia à matemática, merece lugar de relevo a introdução da ideia de seno. O responsável por essa inovação foi o matemático Aryabhata (476-?), ao substituir as cordas gregas (ver págs. 36 a 38) por semicordas — para as quais calculou tábuas de 0° a 90°, em intervalos de 3°45' cada um.

Os árabes, posteriormente, não se limitaram a apenas divulgar a obra de gregos e hindus: também deram contribuições significativas próprias à matemática, em particular à trigonometria. Neste campo, em que adotaram a noção de seno dos hindus, introduziram os conceitos de tangente, cotangente, secante e cossecante, mas também como medidas de segmentos convenientes em relação a unidades pré-escolhidas. E o primeiro texto sistemático de trigonometria, desvinculado da astronomia, é de um autor árabe: Nasir Eddin (1201-1274).

No Renascimento talvez o ponto alto da trigonometria seja o início de sua abordagem analítica, em que pontificou Viète. Mesmo com sua notação pouco funcional, Viète estabeleceu relações trigonométricas importantes, como as fórmulas para sen (nθ) e cos (nθ) em função de sen θ e cos θ.

Um grande avanço no sentido de levar a trigonometria para os domínios da análise foi dado por Newton, no século XVII, ao expressar as funções

circulares na forma de séries inteiras (por exemplo:
$\operatorname{sen} x = x - \frac{x_3}{3!} + \frac{x_5}{5!} - ...$).

Porém, não seria exagero nenhum afirmar que o verdadeiro fundador da trigonometria moderna foi Leonhard Euler (1707-1783), o maior matemático do século XVIII.

Euler era filho de um pastor luterano de uma localidade da Suíça próxima da cidade de Basileia. Pela vontade do pai seguiria também o sacerdócio; mas, na Universidade da Basileia, para onde fora com essa finalidade, conheceu Jean Bernoulli e seus filhos Nicolau e Daniel, o que acabou pesando fortemente em sua opção pela matemática. Pouco depois de formado foi convidado a integrar a Academia de S. Petersburgo, na Rússia, onde já estavam Nicolau e Daniel (que o haviam recomendado). Depois de alguns vaivéns, em 1730 ingressou naquela instituição como físico. E, três anos depois, com a volta de Daniel à Suíça, foi-lhe confiado o posto máximo de matemática da Academia. Nessa posição ficou até 1741 quando aceitou se transferir para a Academia de Berlim, a convite de Frederico, o Grande. Depois de 25 anos na Alemanha retorna enfim a S. Petersburgo, onde terminaria seus dias.

Leonhard Euler (1707-1783).

Euler, com seus cerca de 700 trabalhos, entre livros e artigos, é sem dúvida o mais prolífico e versátil matemático de todos os tempos. Os originais que deixou com a Academia de S. Petersburgo ao morrer eram tantos que sua publicação só foi concluída 47 anos depois. E diga-se que Euler perdeu a visão em 1766, o que o obrigou, a partir de então, a ditar suas ideias a algum filho ou a secretários.

Euler foi também um grande criador de notações. Dentre os símbolos mais importantes devidos a ele estão: e para base do sistema para logaritmos naturais (talvez extraído da inicial da palavra "exponencial"); *i* para a unidade imaginária ($i = \sqrt{-1}$); π para a razão entre a circunferência e seu diâmetro (na verdade, neste caso, foi apenas o divulgador dessa notação, posto já ter sido ela usada anteriormente); *lx* para o logaritmo de *x*; Σ para somatórios e f(x) para uma função de *x*.

Quanto à trigonometria, seu papel renovador surge já nos conceitos básicos. O seno, por exemplo, não é mais um segmento de reta a ser expresso em relação a alguma unidade, mas a abscissa de um ponto do círculo unitário de centro na origem e, portanto, é um número puro. Caracteriza-se dessa forma (vale o mesmo para as demais linhas trigonométricas) a ideia de relação funcional entre arcos e números reais.

Euler dedicou duas memórias à trigonometria esférica, nas quais partiu do fato de que, sobre a superfície de uma esfera, as geodésicas (arcos de menor comprimento ligando dois pontos) são arcos de círculos máximos. Assim, um triângulo esférico é determinado por três círculos máximos, como na figura. Entre outros resultados obteve, por máximos e mínimos, a lei dos senos da trigonometria esférica (já conhecida):

$$\frac{\operatorname{sen} \hat{A}}{\operatorname{sen} a} = \frac{\operatorname{sen} \hat{B}}{\operatorname{sen} b} = \frac{\operatorname{sen} \hat{C}}{\operatorname{sen} c}$$

- O ângulo $\hat{A}$ do triângulo esférico ABC é o ângulo formado pelas tangentes $\overrightarrow{MA}$ e $\overrightarrow{NA}$ aos arcos $\overset{\frown}{AB}$ e $\overset{\frown}{AC}$, em A, respectivamente.
- Analogamente se definem os ângulos B e C.
- Prova-se que vale a relação
  $180° < \operatorname{med}(\hat{A}) + \operatorname{med}(\hat{B}) + \operatorname{med}(\hat{C}) < 540°$

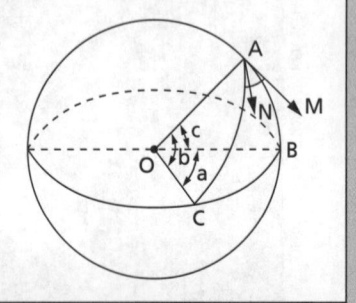

A famosa **identidade de Euler**, ligando a trigonometria à função exponencial ($e^{ix} = \cos x + i \operatorname{sen} x$) na verdade já aparecera antes sob a forma logarítmica (Roger Cotes — 1714). Dela decorre a notável igualdade:

$$e^{i\pi} + 1 = 0$$

Para julgar um gênio, só outro gênio. E Laplace dizia a seus alunos: "Leiam, leiam Euler, ele é o nosso mestre em tudo".

CAPÍTULO XIII
Funções circulares inversas

I. Introdução

175. Definição

Uma função f de A em B é **sobrejetora** se, e somente se, para todo y pertencente a B existe um elemento x pertencente a A tal que

$$f(x) = y$$

Em símbolos:

> $f: A \to B$
> f é sobrejetora $\Leftrightarrow \forall y, y \in B, \exists x, x \in A \mid f(x) = y$

Notemos que $f : A \to B$ é sobrejetora se, e somente se, $\text{Im}(f) = B$.

> $f: A \to B$
> f é sobrejetora $\Leftrightarrow \text{Im}(f) = B$

Em lugar de dizermos "f é uma função sobrejetora de A em B", poderemos dizer "f é uma **sobrejeção** de A em B".

FUNÇÕES CIRCULARES INVERSAS

176. Definição

Uma função f de A em B é **injetora** se, e somente se, quaisquer que sejam x_1 e x_2 de A, se $x_1 \neq x_2$ então $f(x_1) \neq f(x_2)$.

Em símbolos:

> $f: A \to B$
> f é injetora $\Leftrightarrow (\forall x_1, x_1 \in A, \forall x_2, x_2 \in A)(x_1 \neq x_2 \Rightarrow f(x_1) \neq f(x_2))$

Notemos que a definição proposta é equivalente a: uma função f de A em B é injetora se, e somente se, quaisquer que sejam x_1 e x_2 de A, se $f(x_1) = f(x_2)$ então $x_1 = x_2$.

> $f: A \to B$
> f é injetora $\Leftrightarrow (\forall x_1, x_1 \in A, \forall x_2, x_2 \in A)(f(x_1) = f(x_2) \Rightarrow x_1 = x_2)$

Em lugar de dizermos "f é uma função injetora de A em B", poderemos dizer "f é uma **injeção** de A em B".

177. Definição

Uma função f de A em B é **bijetora** se, e somente se, f é sobrejetora e injetora.
Em símbolos:

> $f: A \to B$
> f é bijetora $\Leftrightarrow$ f é sobrejetora e injetora

A definição acima é equivalente a: uma função f de A em B é bijetora se, e somente se, para qualquer elemento y pertencente a B existe um único elemento x pertencente a A tal que $f(x) = y$.

> $f: A \to B$
> f é bijetora $\Leftrightarrow \forall y, y \in B, \exists x, x \in A \mid f(x) = y$

Em lugar de dizermos "f é uma função bijetora de A em B", poderemos dizer "f é uma **bijeção** de A em B".

FUNÇÕES CIRCULARES INVERSAS

178. Através da representação cartesiana de uma função f podemos verificar se f é injetora ou sobrejetora ou bijetora. Para isso, basta analisarmos o número de pontos de interseção das retas paralelas ao eixo dos x, conduzidas por cada ponto (0, y) em que y ∈ B (contradomínio de f).

1º) Se cada uma dessas retas cortar o gráfico em um só ponto ou não cortar o gráfico, então a função é injetora.

Exemplos:

a) f: $\mathbb{R} \to \mathbb{R}$
   f(x) = x

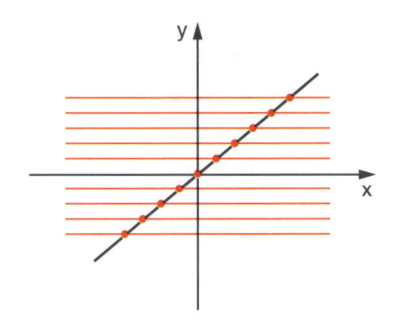

b) f: $\mathbb{R}_+ \to \mathbb{R}$
   f(x) = x^2

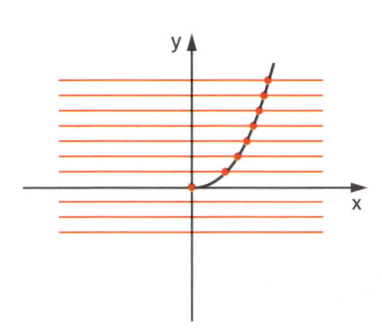

2º) Se cada uma das retas cortar o gráfico em um ou mais pontos, então a função é sobrejetora.

Exemplos:

a) f: $\mathbb{R} \to \mathbb{R}$
   f(x) = x − 1

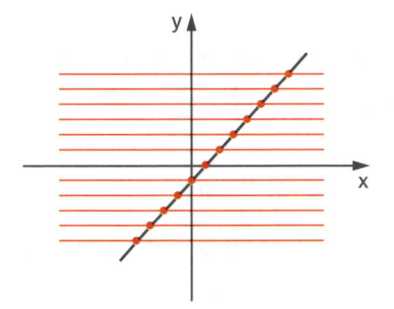

b) f: $\mathbb{R} \to \mathbb{R}_+$
   f(x) = x^2

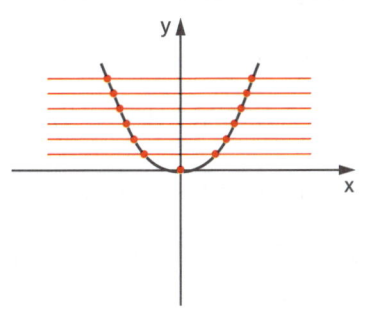

3º) Se cada uma dessas retas cortar o gráfico em um só ponto, então a função é bijetora.

Exemplos:

a) $f: \mathbb{R} \to \mathbb{R}$
$f(x) = 2x$

b) $f: \mathbb{R} \to \mathbb{R}$
$f(x) = x \cdot |x|$

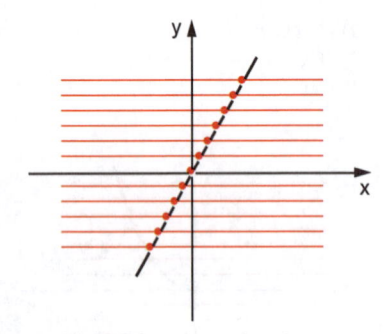

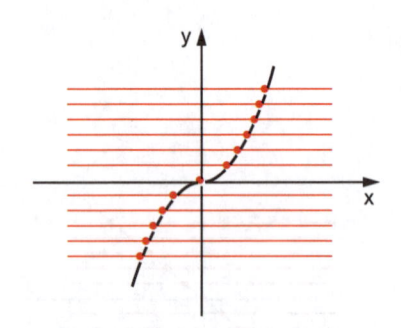

179. Resumo

Dada a função f de A em B, consideram-se as retas horizontais por $(0, y)$ com $y \in B$:

I) se nenhuma reta corta o gráfico mais de uma vez, então f é **injetora**.
II) se toda reta corta o gráfico, então f é **sobrejetora**.
III) se toda reta corta o gráfico em um só ponto, então f é **bijetora**.

II. Função arco-seno

A função seno, isto é, $f: \mathbb{R} \to \mathbb{R}$ tal que $f(x) = \text{sen } x$ é evidentemente não sobrejetora (pois $\nexists\, x \in \mathbb{R}$ tal que $\text{sen } x = 2$) e não injetora $\left(\text{pois } \dfrac{\pi}{6} \neq \dfrac{5\pi}{6} \text{ e sen } \dfrac{\pi}{6} = \text{sen } \dfrac{5\pi}{6}\right)$.

Se considerarmos a função seno restrita ao intervalo $\left[-\dfrac{\pi}{2}, \dfrac{\pi}{2}\right]$ e com contradomínio $[-1, 1]$, isto é, $g: \left[-\dfrac{\pi}{2}, \dfrac{\pi}{2}\right] \to [-1, 1]$ tal que $g(x) = \text{sen } x$, notamos que:

FUNÇÕES CIRCULARES INVERSAS

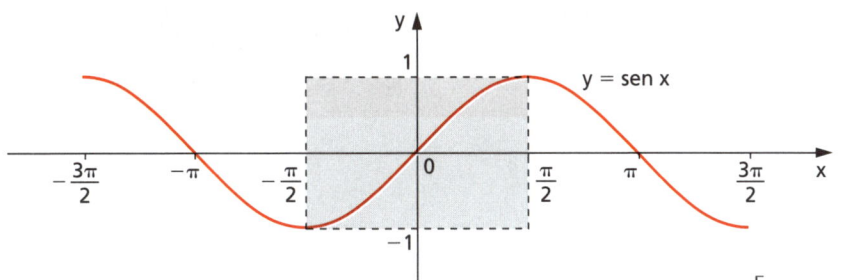

1º) g é sobrejetora, pois para todo $y \in [-1, 1]$ existe $x \in \left[-\dfrac{\pi}{2}, \dfrac{\pi}{2}\right]$ tal que sen $x = y$;

2º) g é injetora, pois no intervalo $\left[-\dfrac{\pi}{2}, \dfrac{\pi}{2}\right]$ a função seno é crescente. Então:

$$x_1 \neq x_2 \Rightarrow \text{sen } x_1 \neq \text{sen } x_2$$

Assim sendo, a função g admite inversa e g^{-1} é denominada função **arco-seno**. Notemos que g^{-1} tem domínio $[-1, 1]$, contradomínio $\left[-\dfrac{\pi}{2}, \dfrac{\pi}{2}\right]$ e associa a cada $x \in [-1, 1]$ um $y \in \left[-\dfrac{\pi}{2}, \dfrac{\pi}{2}\right]$ tal que y é um arco cujo seno é x (indica-se $y = \text{arc sen } x$). Temos, portanto, que:

$$y = \text{arc sen } x \Leftrightarrow \text{sen } y = x \text{ e } -\dfrac{\pi}{2} \leq y \leq \dfrac{\pi}{2}$$

180. Os gráficos de duas funções inversas entre si são simétricos em relação à reta que contém as bissetrizes do 1º e 3º quadrantes. Então a partir do gráfico de g obtemos os gráficos de g^{-1}:

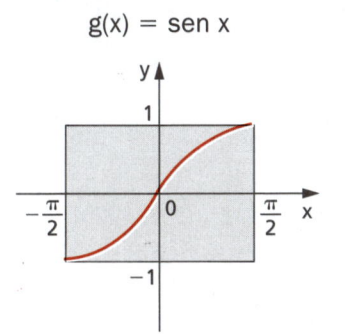

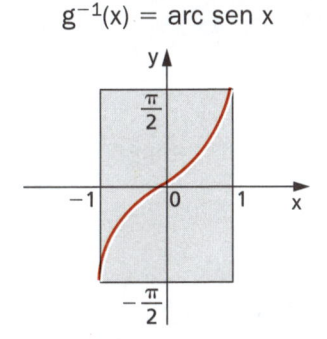

$g(x) = \text{sen } x$ $g^{-1}(x) = \text{arc sen } x$

FUNÇÕES CIRCULARES INVERSAS

EXERCÍCIOS

362. Determine α tal que $\alpha = \text{arc sen } \dfrac{1}{2}$.

Solução
Temos:
$$\alpha = \text{arc sen } \frac{1}{2} \Leftrightarrow \text{sen } \alpha = \frac{1}{2} \text{ e } -\frac{\pi}{2} \leq \alpha \leq \frac{\pi}{2}$$
isto é, arc sen $\dfrac{1}{2}$ é um α tal que sen $\alpha = \dfrac{1}{2}$ de modo que esteja no intervalo $\left[-\dfrac{\pi}{2}, \dfrac{\pi}{2}\right]$, isto é, $\alpha = \dfrac{\pi}{6}$.

363. Determine os seguintes números: arc sen 0, arc sen $\dfrac{\sqrt{3}}{2}$, arc sen $\left(-\dfrac{1}{2}\right)$, arc sen 1 e arc sen (-1).

364. Calcule $\cos\left(\text{arc sen } \dfrac{1}{3}\right)$.

Solução
Fazendo arc sen $\dfrac{1}{3} = \alpha$, temos:
$\text{sen } \alpha = \dfrac{1}{3}$ e $-\dfrac{\pi}{2} \leq \alpha \leq \dfrac{\pi}{2}$
então:
$\cos \alpha = +\sqrt{1 - \text{sen}^2 \alpha} = \sqrt{1 - \dfrac{1}{9}} = \sqrt{\dfrac{8}{9}} = \dfrac{2\sqrt{2}}{3}$

365. Calcule $\text{tg}\left(\text{arc sen } \dfrac{3}{4}\right)$.

FUNÇÕES CIRCULARES INVERSAS

366. Calcule $\cos\left(\text{arc sen } \dfrac{3}{5} + \text{arc sen } \dfrac{5}{13}\right)$.

Solução

Fazendo $\text{arc sen } \dfrac{3}{5} = \alpha$, temos:

$\text{sen } \alpha = \dfrac{3}{5}$ e $-\dfrac{\pi}{2} \leq \alpha \leq \dfrac{\pi}{2}$

então $\cos \alpha = +\sqrt{1 - \left(\dfrac{3}{5}\right)^2} = \dfrac{4}{5}$.

Fazendo $\text{arc sen } \dfrac{5}{13} = \beta$, temos:

$\text{sen } \beta = \dfrac{5}{13}$ e $-\dfrac{\pi}{2} \leq \beta \leq \dfrac{\pi}{2}$

então $\cos \beta = +\sqrt{1 - \left(\dfrac{5}{13}\right)^2} = \dfrac{12}{13}$.

Finalmente, temos:

$\cos (\alpha + \beta) = \cos \alpha \cdot \cos \beta - \text{sen } \alpha \cdot \text{sen } \beta =$

$= \dfrac{4}{5} \cdot \dfrac{12}{13} - \dfrac{3}{5} \cdot \dfrac{5}{13} = \dfrac{48 - 15}{65} = \dfrac{33}{65}$.

367. Calcule:

a) $\text{tg}\left(\text{arc sen}\left(-\dfrac{2}{3}\right) + \text{arc sen } \dfrac{1}{4}\right)$

b) $\text{sen}\left(2 \cdot \text{arc sen}\left(-\dfrac{3}{5}\right)\right)$

c) $\cos\left(3 \cdot \text{arc sen } \dfrac{12}{13}\right)$

368. Admitindo a variação de arc sen x no intervalo fechado $\left[-\dfrac{\pi}{2}, \dfrac{\pi}{2}\right]$, resolva a equação arc sen $x = 2$ arc sen $\dfrac{1}{2}$.

III. Função arco-cosseno

A função cosseno, isto é, f: $\mathbb{R} \to \mathbb{R}$ tal que f(x) = cos x é não sobrejetora (pois $\nexists$ x $\in \mathbb{R}$ tal que cos x = 3) e não injetora (pois $0 \neq 2\pi$ e cos 0 = cos 2π).

Se considerarmos a função cosseno restrita ao intervalo $[0, \pi]$ e com contradomínio $[-1, 1]$, isto é, g: $[0, \pi] \to [-1, 1]$ tal que g(x) = cos x, notamos que:

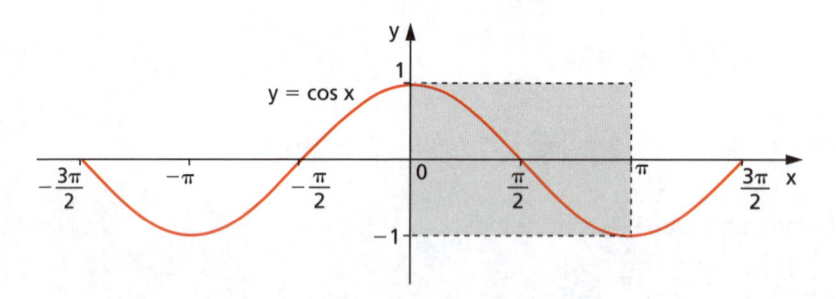

1º) g é sobrejetora: $\forall$ y $\in [-1, 1]$, $\exists$ x $\in [0, \pi]$ | cos x = y;

2º) g é injetora: $\forall$ $x_1, x_2 \in [0, \pi]$, $x_1 \neq x_2 \Rightarrow \cos x_1 \neq \cos x_2$, pois g é decrescente.

Assim, g admite inversa e g^{-1} é denominada **função arco-cosseno**. Notemos que g^{-1} tem domínio $[-1, 1]$, contradomínio $[0, \pi]$ e associa a cada x $\in [-1, 1]$ um y $\in [0, \pi]$ tal que y é um arco cujo cosseno é x (indica-se y = arc cos x). Temos, portanto:

$$y = \text{arc cos } x \Leftrightarrow \cos y = x \text{ e } 0 \leq y \leq \pi$$

181. Como os gráficos de g e g^{-1} são simétricos em relação à reta y = x, podemos construir o gráfico de g^{-1} a partir do de g.

g(x) = cos x

g^{-1}(x) = arc cos x

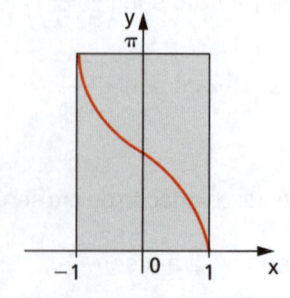

EXERCÍCIOS

369. Determine α tal que $\alpha = \arccos \dfrac{\sqrt{3}}{2}$.

Solução

Temos:

$\alpha = \arccos \dfrac{\sqrt{3}}{2} \Leftrightarrow \cos \alpha = \dfrac{\sqrt{3}}{2}$ e $0 \leq \alpha \leq \pi$

então $\alpha = \dfrac{\pi}{6}$.

370. Determine os seguintes números: $\arccos 1$, $\arccos \dfrac{1}{2}$, $\arccos \dfrac{\sqrt{2}}{2}$, $\arccos 0$, $\arccos(-1)$.

371. Calcule $\operatorname{tg}\left(\arccos \dfrac{2}{5}\right)$.

Solução

Fazendo $\arccos \dfrac{2}{5} = \alpha$, temos:

$\cos \alpha = \dfrac{2}{5}$ e $0 \leq \alpha \leq \pi$

então $\operatorname{sen} \alpha = +\sqrt{1 - \cos^2 \alpha} = +\sqrt{1 - \dfrac{4}{25}} = \dfrac{\sqrt{21}}{5}$

e $\operatorname{tg} \alpha = \dfrac{\operatorname{sen} \alpha}{\cos \alpha} = \dfrac{\sqrt{21}}{2}$.

372. Calcule $\operatorname{sen}\left(\arccos\left(-\dfrac{3}{5}\right)\right)$.

373. Calcule $\operatorname{cotg}\left(\arccos \dfrac{2}{7}\right)$.

FUNÇÕES CIRCULARES INVERSAS

374. Sendo A do primeiro quadrante e arc sen x = A, ache arc cos x.

375. Calcule $\operatorname{sen}\left(\operatorname{arc} \cos \dfrac{5}{13} + \operatorname{arc\,sen} \dfrac{7}{25}\right)$.

Solução

Fazendo $\operatorname{arc} \cos \dfrac{5}{13} = \alpha$, temos:

$\cos \alpha = \dfrac{5}{13}$ e $0 \leqslant \alpha \leqslant \pi$

então $\operatorname{sen} \alpha = +\sqrt{1 - \left(\dfrac{5}{13}\right)^2} = \dfrac{12}{13}$.

Fazendo $\operatorname{arc\,sen} \dfrac{7}{25} = \beta$, temos:

$\operatorname{sen} \beta = \dfrac{7}{25}$ e $-\dfrac{\pi}{2} \leqslant \beta \leqslant \dfrac{\pi}{2}$

então $\cos \beta = +\sqrt{1 - \left(\dfrac{7}{25}\right)^2} = \dfrac{24}{25}$.

Finalmente, temos:

$\operatorname{sen}(\alpha + \beta) = \operatorname{sen} \alpha \cdot \cos \beta + \operatorname{sen} \beta \cdot \cos \alpha =$

$= \dfrac{12}{13} \cdot \dfrac{24}{25} + \dfrac{7}{25} \cdot \dfrac{5}{13} = \dfrac{288 + 35}{325} = \dfrac{323}{325}$.

376. Calcule:

a) $\operatorname{sen}\left(\operatorname{arc} \cos \dfrac{3}{5} - \operatorname{arc} \cos \dfrac{5}{13}\right)$ c) $\operatorname{tg}\left(2 \cdot \operatorname{arc} \cos \left(-\dfrac{3}{5}\right)\right)$

b) $\cos\left(\operatorname{arc\,sen} \dfrac{7}{25} - \operatorname{arc} \cos \dfrac{12}{13}\right)$ d) $\cos\left(\dfrac{1}{2} \cdot \operatorname{arc} \cos \dfrac{7}{25}\right)$

377. Seja a função f(x) = cos (2 arc cos x), −1 ⩽ x ⩽ 1.

a) Determine os valores de x tais que f(x) = 0.

b) Esboce o gráfico de $g(x) = \dfrac{1}{f(x)}$.

378. Quais são os quadrantes onde estão os arcos cujo cosseno é $\sqrt{2}$?

IV. Função arco-tangente

A função tangente, isto é, f: $\left\{x \mid x \neq \frac{\pi}{2} + k\pi\right\} \to \mathbb{R}$ tal que f(x) = tg x é sobrejetora $\left(\text{pois } \forall\, y \in \mathbb{R},\, \exists\, x \in \mathbb{R} \text{ e } x \neq \frac{\pi}{2} + k\pi \text{ tal que tg } x = y\right)$ e não injetora (pois $0 \neq \pi$ e tg 0 = tg π).

Se considerarmos a função tangente restrita ao intervalo aberto $\left]-\frac{\pi}{2}, \frac{\pi}{2}\right[$ e com contradomínio $\mathbb{R}$, isto é,

$$g: \left]-\frac{\pi}{2}, \frac{\pi}{2}\right[\to \mathbb{R}$$

tal que g(x) = tg x, notamos que:

1º) g também é sobrejetora;

2º) g é injetora, pois no intervalo $\left]-\frac{\pi}{2}, \frac{\pi}{2}\right[$ a função tangente é crescente, então:

$$x_1, x_2 \in \left]-\frac{\pi}{2}, \frac{\pi}{2}\right[,\, x_1 \neq x_2 \Rightarrow \text{tg } x_1 \neq \text{tg } x_2$$

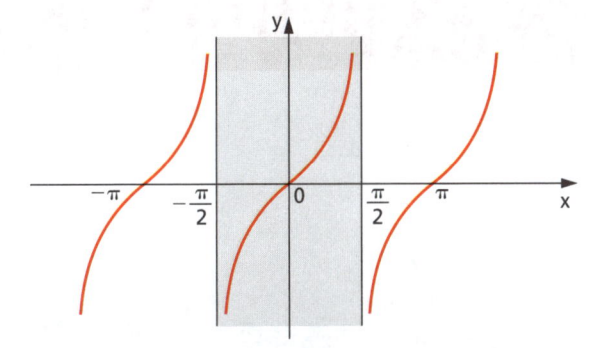

Deste modo a função g admite inversa e g^{-1} é denominada função **arco-tangente**. Notemos que g^{-1} tem domínio $\mathbb{R}$, contradomínio $\left]-\frac{\pi}{2}, \frac{\pi}{2}\right[$ e associa a cada $x \in \mathbb{R}$ um $y \in \left]-\frac{\pi}{2}, \frac{\pi}{2}\right[$ tal que y é um arco cuja tangente é x (indica-se y = arc tg x). Temos, portanto:

$$y = \text{arc tg } x \Leftrightarrow \text{tg } y = x \text{ e } -\frac{\pi}{2} < y < \frac{\pi}{2}$$

FUNÇÕES CIRCULARES INVERSAS

182. Como de hábito vamos construir o gráfico de g^{-1} a partir de g.

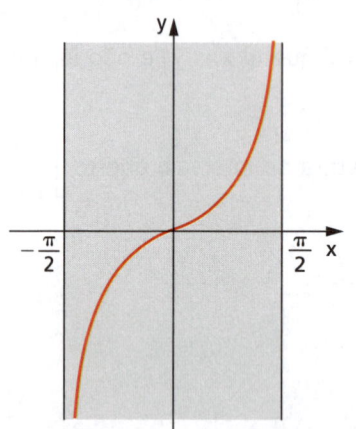

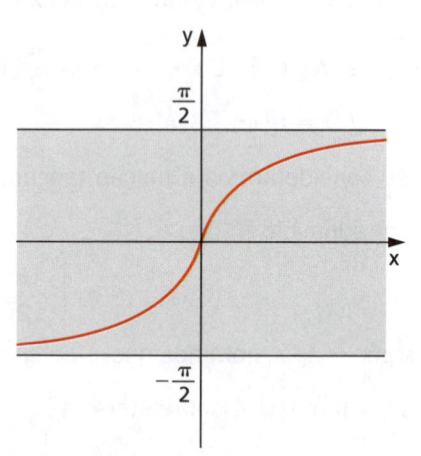

$$g(x) = \text{tg } x \qquad\qquad g^{-1}(x) = \text{arc tg } x$$

EXERCÍCIOS

379. Determine α tal que $\alpha = \text{arc tg } 1$.

Solução

Temos:

$\alpha = \text{arc tg } 1 \Leftrightarrow \text{tg } \alpha = 1$ e $-\dfrac{\pi}{2} < \alpha < \dfrac{\pi}{2}$

isto é, $\alpha = \dfrac{\pi}{4}$.

380. Determine os seguintes números: arc tg 0, arc tg $\sqrt{3}$, arc tg (-1) e arc tg $\left(-\dfrac{\sqrt{3}}{3}\right)$.

381. Calcule sen $\left(\text{arc tg } \sqrt{2}\right)$.

Solução

Fazendo arc tg $\sqrt{2} = \alpha$, temos:

tg $\alpha = \sqrt{2}$ e $-\dfrac{\pi}{2} < \alpha < \dfrac{\pi}{2}$

então:

$\text{sen}^2\, \alpha = \dfrac{\text{tg}^2\, \alpha}{1 + \text{tg}^2\, \alpha} = \dfrac{2}{1+2} = \dfrac{2}{3} \Rightarrow \text{sen}\, \alpha = +\sqrt{\dfrac{2}{3}} = \dfrac{\sqrt{6}}{3}$

382. Calcule $\cos\left(\text{arc tg}\left(-\dfrac{4}{3}\right)\right)$.

383. Calcule tg $\left(\text{arc sen}\,\dfrac{3}{5} - \text{arc tg}\,\dfrac{5}{12}\right)$.

Solução

Fazendo arc sen $\dfrac{3}{5} = \alpha$, temos:

sen $\alpha = \dfrac{3}{5}$ e $-\dfrac{\pi}{2} \leq \alpha \leq \dfrac{\pi}{2}$, então:

$\cos \alpha = +\sqrt{1 - \dfrac{9}{25}} = \dfrac{4}{5}$ e tg $\alpha = \dfrac{\text{sen}\, \alpha}{\cos \alpha} = \dfrac{\frac{3}{5}}{\frac{4}{5}} = \dfrac{3}{4}$

Fazendo arc tg $\dfrac{5}{12} = \beta$, temos tg $\beta = \dfrac{5}{12}$.

Finalmente, temos:

$\text{tg}\,(\alpha - \beta) = \dfrac{\text{tg}\, \alpha - \text{tg}\, \beta}{1 + \text{tg}\, \alpha \cdot \text{tg}\, \beta} = \dfrac{\frac{3}{4} - \frac{5}{12}}{1 + \frac{3}{4} \cdot \frac{5}{12}} = \dfrac{\frac{16}{48}}{\frac{63}{48}} = \dfrac{16}{63}$

384. Calcule:

a) sen (arc tg 2 + arc tg 3)

b) $\cos\left(\text{arc tg}\, 2 - \text{arc tg}\, \dfrac{1}{2}\right)$

c) $\text{tg}\left(2 \cdot \text{arc tg}\, \dfrac{1}{5}\right)$

d) $\cos\left(3 \cdot \text{arc tg}\, \dfrac{24}{7}\right)$

FUNÇÕES CIRCULARES INVERSAS

385. Demonstre a igualdade:

$$\text{arc sen } \frac{\sqrt{5}}{5} + \text{arc cos } \frac{3}{\sqrt{10}} = \text{arc tg } 1$$

Solução

I) Façamos $\alpha = \text{arc sen } \frac{\sqrt{5}}{5}$, $\beta = \text{arc cos } \frac{3}{\sqrt{10}}$, $\gamma = \text{arc tg } 1$, então:

$$\left.\begin{array}{l} \text{sen } \alpha = \dfrac{\sqrt{5}}{5} \text{ e } -\dfrac{\pi}{2} \leq \alpha \leq \dfrac{\pi}{2} \Rightarrow 0 < \alpha < \dfrac{\pi}{4} \\ \cos \beta = \dfrac{3}{\sqrt{10}} \text{ e } 0 \leq \beta \leq \pi \Rightarrow 0 < \beta < \dfrac{\pi}{4} \end{array}\right\} \Rightarrow 0 < \alpha + \beta < \dfrac{\pi}{2}$$

$$\text{tg } \gamma = 1 \text{ e } -\frac{\pi}{2} < \gamma < \frac{\pi}{2} \Rightarrow \gamma = \frac{\pi}{4}$$

II) Temos:

$$\text{tg } \alpha = \frac{\text{sen } \alpha}{\cos \alpha} = \frac{\text{sen } \alpha}{\sqrt{1 - \text{sen}^2 \alpha}} = \frac{\dfrac{\sqrt{5}}{5}}{\dfrac{\sqrt{20}}{5}} = \frac{1}{2}$$

$$\text{tg } \beta = \frac{\text{sen } \beta}{\cos \beta} = \frac{\sqrt{1 - \cos^2 \beta}}{\cos \beta} = \frac{\dfrac{1}{\sqrt{10}}}{\dfrac{3}{\sqrt{10}}} = \frac{1}{3}$$

$$\text{tg } (\alpha + \beta) = \frac{\text{tg } \alpha + \text{tg } \beta}{1 - \text{tg } \alpha \cdot \text{tg } \beta} = \frac{\dfrac{1}{2} + \dfrac{1}{3}}{1 - \dfrac{1}{2} \cdot \dfrac{1}{3}} = \frac{\dfrac{5}{6}}{\dfrac{5}{6}} = 1 = \text{tg } \gamma$$

III) Conclusão:

$$\left.\begin{array}{l} 0 < \alpha + \beta < \dfrac{\pi}{2} \\ 0 < \gamma < \dfrac{\pi}{2} \\ \text{tg } (\alpha + \beta) = \text{tg } \gamma \end{array}\right\} \Rightarrow \alpha + \beta = \gamma$$

FUNÇÕES CIRCULARES INVERSAS

386. Prove as seguintes igualdades:

a) $\text{arc tg } \dfrac{1}{2} + \text{arc tg } \dfrac{1}{3} = \dfrac{\pi}{4}$

b) $\text{arc sen } \dfrac{1}{\sqrt{5}} + \text{arc cos } \dfrac{3}{\sqrt{10}} = \dfrac{\pi}{4}$

c) $\text{arc cos } \dfrac{3}{5} + \text{arc cos } \dfrac{12}{13} = \text{arc cos } \dfrac{16}{65}$

d) $\text{arc sen } \dfrac{24}{25} - \text{arc sen } \dfrac{3}{5} = \text{arc tg } \dfrac{3}{4}$

e) $2 \cdot \text{arc tg } \dfrac{1}{3} + \text{arc tg } \dfrac{1}{7} = \dfrac{\pi}{4}$

Solução

e) Fazendo $\text{arc tg } \dfrac{1}{3} = \alpha$, temos:

$\text{tg } \alpha = \dfrac{1}{3}$ e $-\dfrac{\pi}{2} < \alpha < \dfrac{\pi}{2} \Rightarrow 0 < \alpha < \dfrac{\pi}{4} \Rightarrow$

$\Rightarrow 0 < 2\alpha < \dfrac{\pi}{2}$ (1)

Fazendo $\text{arc tg } \dfrac{1}{7} = \beta$, temos:

$\text{tg } \beta = \dfrac{1}{7}$ e $-\dfrac{\pi}{2} < \beta < \dfrac{\pi}{2} \Rightarrow 0 < \beta < \dfrac{\pi}{2}$ (2)

Tendo em vista (1) e (2), para provar que $2\alpha + \beta = \dfrac{\pi}{4}$ basta provar que $\text{tg}(2\alpha + \beta) = 1$, pois $0 < 2\alpha + \beta < \pi$. Temos:

$\text{tg } 2\alpha = \dfrac{2 \text{ tg } \alpha}{1 - \text{tg}^2 \alpha} = \dfrac{\dfrac{2}{3}}{1 - \dfrac{1}{9}} = \dfrac{\dfrac{2}{3}}{\dfrac{8}{9}} = \dfrac{6}{8} = \dfrac{3}{4}$

$\text{tg }(2\alpha + \beta) = \dfrac{\text{tg } 2\alpha + \text{tg } \beta}{1 - \text{tg } 2\alpha \cdot \text{tg } \beta} = \dfrac{\dfrac{3}{4} + \dfrac{1}{7}}{1 - \dfrac{3}{4} \cdot \dfrac{1}{7}} = \dfrac{\dfrac{25}{28}}{\dfrac{25}{28}} = 1$

FUNÇÕES CIRCULARES INVERSAS

387. Prove as igualdades:

a) $2 \cdot \text{arc tg } \dfrac{2}{3} + \text{arc cos } \dfrac{12}{13} = \dfrac{\pi}{2}$

b) $3 \cdot \text{arc sen } \dfrac{1}{4} + \text{arc cos } \dfrac{11}{16} = \dfrac{\pi}{2}$

388. Resolva a equação:

$\text{arc tg}\left(\dfrac{1 + e^x}{2}\right) + \text{arc tg}\left(\dfrac{1 - e^x}{2}\right) = \dfrac{\pi}{4}$

389. Calcule x na igualdade:

arc tg (7x − 1) = arc sec (2x + 1)

390. Sejam $\alpha = \text{arc sen}\left(\dfrac{4}{5}\right)$ um arco no 2º quadrante e $\beta = \text{arc tg}\left(-\dfrac{4}{3}\right)$ um arco no 4º quadrante. Calcule $25 \cdot \cos(\alpha + \beta)$.

4ª PARTE
Apêndices

APÊNDICE A
Resolução de equações e inequações em intervalos determinados

183. Quando desejamos obter as soluções de uma equação ou inequação pertencente a um certo intervalo I, seguimos a sequência de operações abaixo:

1º) resolvemos normalmente a equação ou inequação, não tomando conhecimento do intervalo I, até obtermos a solução geral;

2º) obtida a solução geral, quando necessariamente aparece a variável k inteira, atribuímos a k todos os valores inteiros que acarretem $x \in I$.

O conjunto solução será formado pelos valores de x calculados com os valores escolhidos para k.

I. Resolução de equações

EXERCÍCIOS

391. Determine $x \in [0, 2\pi]$ tal que $2 \cdot \operatorname{sen} x = 1$.

RESOLUÇÃO DE EQUAÇÕES E INEQUAÇÕES EM INTERVALOS DETERMINADOS

Solução

A solução geral da equação $\operatorname{sen} x = \dfrac{1}{2}$ é

$x = \dfrac{\pi}{6} + 2k\pi$ ou $x = \dfrac{5\pi}{6} + 2k\pi$

Se queremos $0 \leq x \leq 2\pi$, devemos atribuir a k o valor 0. Então:

$S = \left\{ \dfrac{\pi}{6}, \dfrac{5\pi}{6} \right\}$

392. Quais são os arcos do intervalo fechado $0 \longmapsto 2\pi$ tais que o seno do seu dobro é $\dfrac{\sqrt{3}}{2}$?

Solução

Chamemos de x os arcos procurados. Então:

$\operatorname{sen} 2x = \dfrac{\sqrt{3}}{2} \Rightarrow \operatorname{sen} 2x = \operatorname{sen} \dfrac{\pi}{3} \Rightarrow \begin{cases} 2x = \dfrac{\pi}{3} + 2k\pi \\ \text{ou} \\ 2x = \dfrac{2\pi}{3} + 2k\pi \end{cases} \Rightarrow$

$\Rightarrow \begin{cases} x = \dfrac{\pi}{6} + k\pi \quad (1) \\ \text{ou} \qquad\qquad \text{(chamada solução geral)} \\ x = \dfrac{\pi}{3} + k\pi \quad (2) \end{cases}$

A solução geral é o conjunto de todos os arcos que satisfazem a equação dada, ao passo que queremos só os arcos-solução do intervalo $0 \longmapsto 2\pi$. Então vamos atribuir valores a k:

em (1) $\begin{cases} k = 0 \Rightarrow x = \dfrac{\pi}{6} \\ k = 1 \Rightarrow x = \dfrac{7\pi}{6} \end{cases}$ em (2) $\begin{cases} k = 0 \Rightarrow x = \dfrac{\pi}{3} \\ k = 1 \Rightarrow x = \dfrac{4\pi}{3} \end{cases}$

Observamos que qualquer outro valor atribuído a k em (1) ou (2) acarretaria $x \notin 0 \longmapsto 2\pi$.

$S = \left\{ \dfrac{\pi}{6}, \dfrac{\pi}{3}, \dfrac{7\pi}{6}, \dfrac{4\pi}{3} \right\}$

RESOLUÇÃO DE EQUAÇÕES E INEQUAÇÕES EM INTERVALOS DETERMINADOS

393. Determine x tal que $0 < x < \pi$ e $\operatorname{sen} 3x = \dfrac{1}{2}$.

394. Quais são os arcos do intervalo fechado $0 \longmapsto 2\pi$ tais que o seu seno é igual ao seno do seu dobro?

Solução

Chamemos de x os arcos procurados; então:

$$\operatorname{sen} 2x = \operatorname{sen} x \Rightarrow \begin{cases} 2x = x + 2k\pi \\ \text{ou} \\ 2x = \pi - x + 2k\pi \end{cases} \Rightarrow \begin{cases} x = 2k\pi & (1) \\ \text{ou} \\ x = \dfrac{\pi}{3} + \dfrac{2k\pi}{3} & (2) \end{cases}$$

Em (1) $\begin{cases} k = 0 \Rightarrow x = 0 \\ k = 1 \Rightarrow x = 2\pi \end{cases}$

Em (2) $\begin{cases} k = 0 \Rightarrow x = \dfrac{\pi}{3} \\ k = 1 \Rightarrow x = \pi \\ k = 2 \Rightarrow x = \dfrac{5\pi}{3} \end{cases}$

$S = \left\{ 0, \dfrac{\pi}{3}, \pi, \dfrac{5\pi}{3}, 2\pi \right\}$

395. Obtenha as soluções da equação $\operatorname{sen} 3x = \operatorname{sen} 2x$ que pertencem ao intervalo $[0, \pi]$.

396. Determine x tal que $0 < x < 2\pi$ e $\cos 2x = \dfrac{1}{2}$.

Solução

Temos $\cos 2x = \cos \dfrac{\pi}{3} \Rightarrow \begin{cases} 2x = \dfrac{\pi}{3} + 2k\pi \\ \text{ou} \\ 2x = -\dfrac{\pi}{3} + 2k\pi \end{cases} \Rightarrow \begin{cases} x = \dfrac{\pi}{6} + k\pi & (1) \\ \text{ou} \\ x = -\dfrac{\pi}{6} + k\pi & (2) \end{cases}$

RESOLUÇÃO DE EQUAÇÕES E INEQUAÇÕES EM INTERVALOS DETERMINADOS

De (1) $\begin{cases} k = 0 \Rightarrow x = \dfrac{\pi}{6} \\ k = 1 \Rightarrow x = \dfrac{7\pi}{6} \end{cases}$ de (2) $\begin{cases} k = 1 \Rightarrow x = \dfrac{5\pi}{6} \\ k = 2 \Rightarrow x = \dfrac{11\pi}{6} \end{cases}$

então $S = \left\{\dfrac{\pi}{6}, \dfrac{5\pi}{6}, \dfrac{7\pi}{6}, \dfrac{11\pi}{6}\right\}$.

397. Obtenha x tal que $\cos 3x = \cos 2x$ e $0 \leq x \leq \pi$.

398. Ache as soluções de $4 \cdot \text{sen}^3 x - \text{sen } x = 0$ para $0 \leq x \leq 2\pi$.

399. Determine x tal que $0 \leq x \leq \pi$ e $\text{tg } 6x = \text{tg } 2x$.

Solução

$\text{tg } 6x = \text{tg } 2x \Rightarrow 6x = 2x + k\pi \Rightarrow x = \dfrac{k\pi}{4}$

Fazendo $k = 0, 1, 2, 3$ e 4, obtemos respectivamente $x = 0, \dfrac{\pi}{4}, \dfrac{\pi}{2}, \dfrac{3\pi}{4}$ e π.

Excluindo os valores $\dfrac{\pi}{4}$ e $\dfrac{3\pi}{4}$ para os quais não existem as tangentes de $6x$ e $2x$, vem:

$S = \left\{0, \dfrac{\pi}{2}, \pi\right\}$

400. Calcule x no intervalo $0 \leq x \leq 2\pi$ tal que $\text{tg } x + \text{cotg } x = 2$.

401. Sendo $0 \leq x \leq \pi$, resolva $\sqrt{\text{sen}^2 x} - \sqrt{\cos^2 x} = 0$.

402. Resolva a equação $\text{sen } x + \text{sen } y = 1$, sabendo que $x + y = \dfrac{\pi}{3}$.

403. Resolva, em $0 \leq x \leq 2\pi$, as seguintes equações:

a) $\cos 2x = \dfrac{\sqrt{3}}{2}$ b) $\cos 2x = \cos x$ c) $\cos\left(x + \dfrac{\pi}{6}\right) = 0$

404. Resolva, para $x \in (0, 2\pi]$, as equações abaixo:

a) $\cos 3x = \cos x$ b) $\cos 5x = \cos\left(x + \dfrac{\pi}{3}\right)$

RESOLUÇÃO DE EQUAÇÕES E INEQUAÇÕES EM INTERVALOS DETERMINADOS

405. Resolva a equação $\cos^2 x - 2\sec^2 x = 1$, com $0 \leq x \leq \pi$.

406. Qual é o número de soluções da equação trigonométrica
$\cos^9 x + \cos^8 x + \cos^7 x + \ldots + \cos x + 1 = 0$ no intervalo $0 \leq x \leq 2\pi$?

407. Resolva, para $0 \leq x \leq 2\pi$, as seguintes equações:

a) $\operatorname{tg} 2x = \sqrt{3}$

b) $\operatorname{tg} 2x = \operatorname{tg} x$

c) $\operatorname{tg} 3x = 1$

d) $\operatorname{tg} 3x - \operatorname{tg} 2x = 0$

e) $\operatorname{tg} 2x = \operatorname{tg}\left(x + \dfrac{\pi}{4}\right)$

f) $\operatorname{tg} 4x = 1$

g) $\operatorname{cotg} 2x = \operatorname{cotg}\left(x + \dfrac{\pi}{4}\right)$

h) $\operatorname{tg}^2 2x = 3$

408. Resolva as equações abaixo, para $x \in [0, 2\pi]$:

a) $\sec^2 x = 2 \cdot \operatorname{tg} x$

b) $\dfrac{1}{\operatorname{sen}^2 x} = 1 - \dfrac{\cos x}{\operatorname{sen} x}$

c) $\operatorname{sen} 2x \cdot \cos\left(x + \dfrac{\pi}{4}\right) = \cos 2x \cdot \operatorname{sen}\left(x + \dfrac{\pi}{4}\right)$

d) $(1 - \operatorname{tg} x)(1 + \operatorname{sen} 2x) = 1 + \operatorname{tg} x$

e) $3\sec^2 x = 2\sec x$

f) $2\operatorname{sen}^2 x = \dfrac{\operatorname{tg} x}{\sec x}$

409. Para quais valores de p a equação $\operatorname{tg} px = \operatorname{cotg} px$ tem $x = \dfrac{\pi}{2}$ para raiz, em $[0, 2\pi]$?

410. Em quantos pontos os gráficos das funções seno e tangente, com $0 < x < \pi$, se interceptam?

411. Calcule o ângulo x no intervalo $0 \leq x \leq 2\pi$, se $\sec^2 x = \operatorname{tg} x + 1$.

412. Determine x tal que $0 \leq x \leq \pi$ e $\operatorname{tg} 6x = \operatorname{tg} 2x$.

413. Resolva as seguintes equações para $x \in [0, 2\pi]$:

a) $\operatorname{sen}^4 x + \cos^4 x = \dfrac{5}{8}$

b) $\operatorname{sen}^6 x + \cos^6 x = \dfrac{5}{8}$

c) $\operatorname{sen}^4 x + \cos^4 x = \dfrac{1}{2}$

d) $\operatorname{sen}^6 \dfrac{x}{2} + \cos^6 \dfrac{x}{2} = \dfrac{7}{16}$

e) $\operatorname{sen}^3 x + \cos^3 x = 1$

414. Qual é o número de soluções que a equação $\operatorname{sen} 2x = \operatorname{sen} x$ admite no intervalo $-\dfrac{\pi}{4} \leq x \leq \dfrac{5\pi}{4}$?

RESOLUÇÃO DE EQUAÇÕES E INEQUAÇÕES EM INTERVALOS DETERMINADOS

415. Determine o conjunto solução da equação $3 \operatorname{tg}^2 x + 5 = \dfrac{7}{\cos x}$, no intervalo $\left[-\dfrac{\pi}{2}, \dfrac{\pi}{2}\right]$.

416. Determine os valores de x, no intervalo $0 \leq x \leq 2$, que satisfazem a equação sen πx + cos πx = 0.

417. Calcule o ângulo x no intervalo $0 \leq x \leq 2\pi$, se $\sec^2 x = \operatorname{tg} x + 1$.

418. Resolva, em I = [0, 2π], as seguintes equações:
a) $2 \operatorname{sen}^2 x - 3 \cos x - 3 = 0$
c) $5 \cos x - 3 = -2 \cos^2 x$
b) $2 \cos x = 1 + \cos^2 x$
d) $4 \cos x (\cos x - 2) = -3$

419. Qual é a soma das raízes da equação $\dfrac{3}{1 - \cos^2 x} = 4$, no intervalo $0 \leq x \leq 2\pi$?

420. Quantas raízes, para $x \in [0, 2\pi]$, tem a equação $2 \cos^2 x + 3 \operatorname{sen}^2 x = 5 + 3 \cos x$?

421. Dado o sistema:
$$\begin{cases} \operatorname{sen}(x+y) + \operatorname{sen}(x-y) = 2 \\ \operatorname{sen} x + \cos y = 2 \end{cases}$$
a) mostre que o par (x_0, y_0) com $x_0 = 2\pi$ e $y_0 = \dfrac{\pi}{2}$ não é solução do sistema;
b) resolva o sistema, determinando todas as soluções (x, y), para x e y em [0, 2π].

422. Resolva o sistema:
$$\begin{cases} \operatorname{sen} a + \cos b = 1 \\ \operatorname{sen} \dfrac{a+b}{2} \cdot \cos \dfrac{a-b}{2} = \dfrac{1}{2} \end{cases}$$
sendo a e b do 1º quadrante.

423. Quais são os valores de x entre 0 e 2π que satisfazem a equação
$2 \operatorname{sen}^2 x + |\operatorname{sen} x| - 1 = 0$?

424. Calcule a soma das raízes da equação $1 - 4 \cos^2 x = 0$, compreendidas entre 0 e π.

425. Sendo $0 < x < \pi$, resolva a equação $2 \log \operatorname{sen} x + \log 2 = 0$.

426. Qual é a soma das raízes da equação $2 \operatorname{sen}^2 x - 5 \operatorname{sen} x + 2 = 0$, para $x \in [0, 2\pi]$?

II. Resolução de inequações

427. Determine $x \in [0, 2\pi]$ tal que $\cos 3x \leq \dfrac{1}{2}$.

> **Solução**
>
> Fazendo $3x = y$, temos a inequação $\cos y \leq \dfrac{1}{2}$. Examinando o ciclo, vem:
>
> $$\dfrac{\pi}{3} + 2k\pi \leq y \leq \dfrac{5\pi}{3} + 2k\pi$$
>
> Como $x = \dfrac{y}{3}$, resulta:
>
> $$\dfrac{\pi}{9} + \dfrac{2k\pi}{3} \leq x \leq \dfrac{5\pi}{9} + \dfrac{2k\pi}{3}$$
>
> Mas $x \in [0, 2\pi]$, então só interessam as soluções particulares em que $k = 0$ ou 1 ou 2:
>
> $k = 0 \Rightarrow \dfrac{\pi}{9} \leq x \leq \dfrac{5\pi}{9}$
>
> ou
>
> $k = 1 \Rightarrow \dfrac{7\pi}{9} \leq x \leq \dfrac{11\pi}{9}$
>
> ou
>
> $k = 2 \Rightarrow \dfrac{13\pi}{9} \leq x \leq \dfrac{17\pi}{9}$
>
> Portanto, $S = \left\{ x \in \mathbb{R} \mid \dfrac{\pi}{9} \leq x \leq \dfrac{5\pi}{9} \text{ ou } \dfrac{7\pi}{9} \leq x \leq \dfrac{11\pi}{9} \text{ ou } \dfrac{13\pi}{9} \leq x \leq \dfrac{17\pi}{9} \right\}$.

428. Resolva a inequação $\cos 2x \leq \dfrac{\sqrt{3}}{2}$, supondo $x \in [0, 2\pi]$.

429. Resolva a inequação $\cos 4x > -\dfrac{1}{2}$, supondo $x \in [0, 2\pi]$.

RESOLUÇÃO DE EQUAÇÕES E INEQUAÇÕES EM INTERVALOS DETERMINADOS

430. Determine $x \in [0, 2\pi]$ tal que $\dfrac{\cos x}{\cos 2x} \leq 1$.

Solução

I) Fazendo $\cos x = y$ e lembrando que $\cos 2x = 2\cos^2 x - 1$, temos:

$$\frac{y}{2y^2 - 1} \leq 1 \Leftrightarrow \frac{y}{2y^2 - 1} - 1 \leq 0 \Leftrightarrow \frac{2y^2 - y - 1}{2y^2 - 1} \geq 0$$

II) Fazendo o quadro de sinais:

	$-\dfrac{\sqrt{2}}{2}$	$-\dfrac{1}{2}$	$\dfrac{\sqrt{2}}{2}$	1
$2y^2 - y - 1$	+ | + | −	− | +
$2y^2 - 1$	+ | −	− | + | +
$\dfrac{2y^2 - y - 1}{2y^2 - 1}$	+ | −	+ | − | +

concluímos que o quociente é positivo para $y < -\dfrac{\sqrt{2}}{2}$ ou $-\dfrac{1}{2} \leq y < \dfrac{\sqrt{2}}{2}$ ou $y \geq 1$.

III) Examinando o ciclo trigonométrico, para $0 \leq x \leq 2\pi$, temos:

$$\cos x < -\frac{\sqrt{2}}{2} \Leftrightarrow \frac{3\pi}{4} < x < \frac{5\pi}{4}$$

$$-\frac{1}{2} \leq \cos x < \frac{\sqrt{2}}{2} \Leftrightarrow \begin{cases} \dfrac{\pi}{4} < x \leq \dfrac{2\pi}{3} \\ \text{ou} \\ \dfrac{4\pi}{3} \leq x < \dfrac{7\pi}{4} \end{cases}$$

$\cos x \geq 1 \Rightarrow x = 0$ ou 2π

portanto:

$$S = \left\{ x \in \mathbb{R} \mid x = 0 \text{ ou } \frac{\pi}{4} < x \leq \frac{2\pi}{3} \text{ ou } \frac{3\pi}{4} < x < \frac{5\pi}{4} \text{ ou } \frac{4\pi}{3} \leq x < \frac{7\pi}{4} \text{ ou } x = 2\pi \right\}$$

RESOLUÇÃO DE EQUAÇÕES E INEQUAÇÕES EM INTERVALOS DETERMINADOS

431. Resolva a inequação $\dfrac{2\cos^2 x + \cos x - 1}{\cos x - 1} > 0$, supondo $x \in [0, \pi]$.

432. Resolva a inequação $\dfrac{\cos 2x + \operatorname{sen} x + 1}{\cos 2x} \geq 2$, supondo $x \in [0, \pi]$.

433. Resolva a inequação $2^{\cos 2x} \leq \sqrt{2}$, supondo $x \in [0, \pi]$.

434. Determine $x \in [0, 2\pi]$ tal que $\operatorname{sen} 2x > 0$.

> **Solução**
>
> Fazendo $2x = y$, temos a inequação $\operatorname{sen} y > 0$.
>
> Examinando o ciclo, vem
>
> $2k\pi < y < \pi + 2k\pi$
>
> Como $x = \dfrac{y}{2}$, resulta:
>
> $k\pi < x < \dfrac{\pi}{2} + k\pi$.
>
> Mas $x \in [0, 2\pi]$, então só interessam as soluções particulares em que $k = 0$ ou 1:
>
> $k = 0 \Rightarrow 0 < x < \dfrac{\pi}{2}$
>
> ou
>
> $k = 1 \Rightarrow \pi < x < \dfrac{3\pi}{2}$.
>
> $S = \left\{ x \in \mathbb{R} \mid 0 < x < \dfrac{\pi}{2} \text{ ou } \pi < x < \dfrac{3\pi}{2} \right\}$

435. Resolva a inequação $\operatorname{sen} 2x > \dfrac{1}{2}$, supondo $x \in [0, 2\pi]$.

436. Resolva a inequação $\operatorname{sen} 3x \leq \dfrac{\sqrt{3}}{2}$, supondo $x \in [0, 2\pi]$.

437. Resolva a inequação $\dfrac{1}{4} \leq \operatorname{sen} x \cdot \cos x < \dfrac{1}{2}$, supondo $x \in [0, 2\pi]$.

RESOLUÇÃO DE EQUAÇÕES E INEQUAÇÕES EM INTERVALOS DETERMINADOS

438. Determine no conjunto dos números reais o domínio de

$$y = \sqrt{\frac{4 \cdot \text{sen}^2 x - 1}{\cos x}}, \quad 0 \leq x \leq 2\pi.$$

439. Para que valores de x, $x \in [0, 2\pi]$, está definida a função

$$f(x) = \sqrt{\frac{\text{sen } 2x - 2}{\cos 2x + 3 \cos x - 1}}?$$

440. É dada a equação

$$(2 \cos^2 \alpha) x^2 - (4 \cos \alpha) x + (4 \cos^2 \alpha - 1) = 0$$

sendo $0 \leq \alpha \leq \pi$.
a) Para que valores de α a equação tem soluções reais?
b) Para que valores de α a equação admite raízes reais negativas?

441. Para que valores de x, $x \in [0, 2\pi]$, verifica-se a desigualdade:

$$\log_{\cos x} (2 \cos x - 1) + \log_{\cos x} (1 + \cos x) > 1?$$

442. Que valores de x, $x \in [0, 2\pi]$, verificam a inequação $\sqrt{1 - \cos x} < \text{sen } x$?

443. Determine $x \in [0, 2\pi]$ tal que $1 \leq \text{tg } 2x < \sqrt{3}$.

Solução

Fazendo $2x = y$, temos a inequação $1 \leq \text{tg } y < \sqrt{3}$.

Examinando o ciclo, vem:

$$\frac{\pi}{4} + k\pi \leq y < \frac{\pi}{3} + k\pi$$

Como $x = \frac{y}{2}$, resulta:

$$\frac{\pi}{8} + \frac{k\pi}{2} \leq x < \frac{\pi}{6} + \frac{k\pi}{2}$$

Mas $x \in [0, 2\pi]$, então só interessam as soluções particulares em que $k = 0$ ou 1 ou 2 ou 3:

$k = 0 \Rightarrow \dfrac{\pi}{8} \leq x < \dfrac{\pi}{6}$

RESOLUÇÃO DE EQUAÇÕES E INEQUAÇÕES EM INTERVALOS DETERMINADOS

ou

$k = 1 \Rightarrow \dfrac{5\pi}{8} \leq x < \dfrac{2\pi}{3}$

ou

$k = 2 \Rightarrow \dfrac{9\pi}{8} \leq x < \dfrac{7\pi}{6}$

ou

$k = 3 \Rightarrow \dfrac{13\pi}{8} \leq x < \dfrac{5\pi}{3}$

$S = \left\{ x \in \mathbb{R} \mid \dfrac{\pi}{8} \leq x < \dfrac{\pi}{6} \text{ ou } \dfrac{5\pi}{8} \leq x < \dfrac{2\pi}{3} \text{ ou } \dfrac{9\pi}{8} \leq x < \dfrac{7\pi}{6} \text{ ou } \dfrac{13\pi}{8} \leq x < \dfrac{5\pi}{3} \right\}$

444. Resolva a inequação tg $2x \geq -\sqrt{3}$, supondo $x \in [0, 2\pi]$.

445. Resolva a inequação tg^2 $2x \leq$ tg $2x$, supondo $x \in [0, 2\pi]$.

446. Resolva a inequação tg^2 $2x < 3$, supondo $x \in [0, 2\pi]$.

447. Resolva a inequação sen $x >$ cos x, para $0 \leq x \leq 2\pi$.

448. Resolva a desigualdade cos $x + \sqrt{3}$ sen $x > \sqrt{2}$, com $0 \leq x \leq 2\pi$.

449. Resolva a inequação $|\cos x| \geq$ sen x, com $0 < x < 2\pi$.

450. Qual é a solução da inequação sen $2x \cdot \left(\sec^2 x - \dfrac{1}{3} \right) \leq 0$, no intervalo fechado $[0, 2\pi]$?

451. Resolva a inequação 4 sen^2 $x \geq 1$, para $0 \leq x \leq 2\pi$.

452. Resolva a inequação $3^{2 \text{ sen } x - 1} \geq 1$, supondo $x \in [0, \pi]$.

RESOLUÇÃO DE EQUAÇÕES E INEQUAÇÕES EM INTERVALOS DETERMINADOS

453. Considerando $x \in [0, 2\pi]$:
a) Para quais valores de x existe $\log_2 (2 \operatorname{sen} x - 1)$?
b) Resolva a equação
$\log_2 (2 \operatorname{sen} x - 1) = \log_4 (3 \operatorname{sen}^2 x - 4 \operatorname{sen} x + 2)$

454. Resolva a inequação $4 \cos^2 x < 3$, em $D = [0, 2\pi]$.

455. Resolva a inequação $\dfrac{2 \cos^2 x + \cos x - 1}{\cos x - 1} > 0$, supondo $x \in [0, \pi]$.

456. Determine no conjunto dos números reais o domínio de

$$x = \sqrt{\dfrac{4 \operatorname{sen}^2 x - 1}{\cos x}}, \ 0 \leqslant x \leqslant 2\pi$$

457. Se $x^2 + x + \operatorname{tg} \alpha > \dfrac{3}{4}$ para todo x real, com $0 \leqslant \alpha \leqslant \pi$, determine α.

458. Qual é a solução da inequação $\operatorname{sen}^2 x < 2 \operatorname{sen} x$, no intervalo fechado $[0, 2\pi]$?

459. Para $0 \leqslant x \leqslant 2\pi$, qual é o conjunto solução de $(\operatorname{sen} x + \cos x)^2 > 1$?

APÊNDICE B
Trigonometria em triângulos quaisquer

I. Lei dos cossenos

> Em qualquer triângulo, o quadrado de um lado é igual à soma dos quadrados dos outros dois lados, menos o duplo produto desses dois lados pelo cosseno do ângulo formado por eles.

Demonstração:

1º) Seja ABC um triângulo com $A < 90°$.

No $\triangle BCD$, que é retângulo:

$a^2 = n^2 + h^2$ (1)

No $\triangle BAD$, que é retângulo:

$h^2 = c^2 - m^2$ (2)

Temos também:

$n = b - m$ (3)

Levando (3) e (2) em (1):

$a^2 = (b - m)^2 + c^2 - m^2 \Rightarrow a^2 = b^2 + c^2 - 2bm$

Mas, no triângulo BAD: $m = c \cdot \cos \hat{A}$.

Logo:

$$a^2 = b^2 + c^2 - 2bc \cdot \cos \hat{A}$$

2º) Seja ABC um triângulo com $90° < \hat{A} < 180°$.

No $\triangle$BCD, que é retângulo:
$$a^2 = n^2 + h^2 \quad (1)$$

No $\triangle$BAD, que é retângulo:
$$h^2 = c^2 - m^2 \quad (2)$$

Temos também:
$$n = b + m \quad (3)$$

Levando (3) e (2) em (1):
$$a^2 = (b + m)^2 + c^2 - m^2 \Rightarrow a^2 = b^2 + c^2 + 2bm$$

Mas, no $\triangle$BAD: $m = c \cdot \cos(180° - \hat{A}) \Rightarrow m = -c \cdot \cos \hat{A}$.

Logo:
$$\boxed{a^2 = b^2 + c^2 - 2bc \cdot \cos \hat{A}}$$

3º) Analogamente, podemos prova que:
$$\boxed{\begin{array}{l} b^2 = a^2 + c^2 - 2ac \cdot \cos \hat{B} \\ c^2 = a^2 + b^2 - 2ab \cdot \cos \hat{C} \end{array}}$$

EXERCÍCIOS

460. Dois lados de um triângulo medem 8 m e 12 m e formam entre si um ângulo de 120°. Calcule o terceiro lado.

Solução

Adotando a notação da figura ao lado e aplicando a lei dos cossenos, temos:
$$a^2 = b^2 + c^2 - 2bc \cdot \cos \hat{A} =$$
$$= 8^2 + 12^2 - 2 \cdot 8 \cdot 12 \cdot \cos 120° =$$
$$= 64 + 144 + 96 = 304$$
então $a = \sqrt{304} = 4\sqrt{19}$ m.

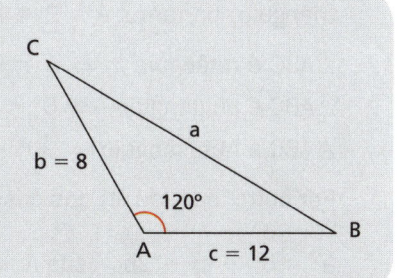

TRIGONOMETRIA EM TRIÂNGULOS QUAISQUER

461. Calcule c, sabendo que:
   a = 4
   b = $3\sqrt{2}$
   $\hat{C}$ = 45°

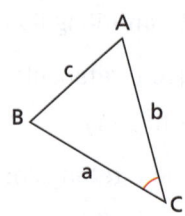

462. Dois lados consecutivos de um paralelogramo medem 8 m e 12 m e formam um ângulo de 60°. Calcule as diagonais.

463. Calcule os três ângulos internos de um triângulo ABC, sabendo que a = 2, b = $\sqrt{6}$ e c = $\sqrt{3}$ + 1.

464. Demonstre que, se os lados de um triângulo têm medidas expressas por números racionais, então os cossenos dos ângulos internos também são números racionais.

465. Os lados de um triângulo são dados pelas expressões:
$$a = x^2 + x + 1, \quad b = 2x + 1 \quad e \quad c = x^2 - 1.$$
Demonstre que um dos ângulos do triângulo mede 120°.

466. Calcule o lado c de um triângulo ABC sendo dados $\hat{A}$ = 120°, b = 1 e $\frac{a}{c}$ = 2.

467. Qual é a relação entre os lados a, b e c de um triânguo ABC para que se tenha:
   a) ABC retângulo?
   b) ABC acutângulo?
   c) ABC obtusângulo?

Solução

Admitamos que a seja o maior lado do triângulo ABC, isto é, a ≥ b e a ≥ c. Sabemos da Geometria que ao maior lado opõe-se o maior ângulo do triângulo, portanto, $\hat{A} \geq \hat{B}$ e $\hat{A} \geq \hat{C}$. Assim, temos:

△ABC é retângulo ⇔ $\hat{A}$ = 90°

△ABC é acutângulo ⇔ 0° < $\hat{A}$ < 90°

△ABC é obtusângulo ⇔ 90° < $\hat{A}$ < 180°

Por outro lado, da lei dos cossenos, temos:

$$a^2 = b^2 + c^2 - 2bc \cdot \cos \hat{A} \Rightarrow \cos \hat{A} = \frac{b^2 + c^2 - a^2}{2bc}$$

Então, vem:

a) $\hat{A} = 90° \Leftrightarrow \cos \hat{A} = 0 \Leftrightarrow b^2 + c^2 - a^2 = 0 \Leftrightarrow a^2 = b^2 + c^2$

b) $0° < \hat{A} < 90° \Leftrightarrow \cos \hat{A} > 0 \Leftrightarrow b^2 + c^2 - a^2 > 0 \Leftrightarrow$
$\Leftrightarrow a^2 < b^2 + c^2$

c) $90° < \hat{A} < 180° \Leftrightarrow \cos \hat{A} < 0 \Leftrightarrow b^2 + c^2 - a^2 < 0 \Leftrightarrow$
$\Leftrightarrow a^2 > b^2 + c^2$

Conclusão: um triângulo ABC é respectivamente retângulo, acutângulo ou obtusângulo, conforme o quadrado de seu maior lado seja igual, menor ou maior que a soma dos quadrados dos outros lados.

468. Classifique segundo as medidas dos ângulos internos os triângulos cujos lados são:
   a) 17, 15, 8   b) 5, 10, 6   c) 6, 7, 8

469. Os lados de um triângulo obtusângulo estão em progressão geométrica crescente. Determine a razão da progressão.

II. Lei dos senos

Em qualquer triângulo, o quociente entre cada lado e o seno do ângulo oposto é constante e igual à medida do diâmetro da circunferência circunscrita.

Demonstração:

Seja ABC um triângulo qualquer, inscrito numa circunferência de raio R. Por um dos vértices do triângulo (B), tracemos o diâmetro correspondente $\overline{BA'}$ e liguemos A' com C.

Sabemos que $\hat{A} = \hat{A}'$ por determinarem na circunferência a mesma corda $\overline{BC}$. O triângulo A'BC é retângulo em C por estar inscrito numa semicircunferência.

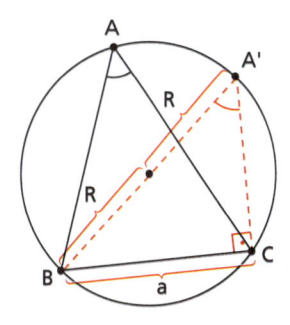

TRIGONOMETRIA EM TRIÂNGULOS QUAISQUER

Temos, então:

$$a = 2R \cdot \text{sen } \hat{A}' \Rightarrow a = 2R \cdot \text{sen } \hat{A} \Rightarrow \frac{a}{\text{sen } \hat{A}} = 2R$$

Analogamente: $\dfrac{b}{\text{sen } \hat{B}} = 2R$ e $\dfrac{c}{\text{sen } \hat{C}} = 2R$.

Donde concluímos a tese:

$$\frac{a}{\text{sen } \hat{A}} = \frac{b}{\text{sen } \hat{B}} = \frac{c}{\text{sen } \hat{C}} = 2R$$

EXERCÍCIOS

470. Calcule o raio da circunferência circunscrita a um triângulo ABC em que $a = 15$ cm e $\hat{A} = 30°$.

Solução

Da lei dos senos, temos:

$$2R = \frac{a}{\text{sen } \hat{A}} = \frac{15}{\text{sen } 30°} = \frac{15}{\frac{1}{2}} = 30 \text{ cm}$$

então $R = 15$ cm.

471. Calcule os lados b e c de um triângulo ABC no qual $a = 10$, $\hat{B} = 30°$ e $\hat{C} = 45°$.

Dado: $\text{sen } 105° = \dfrac{\sqrt{6} + \sqrt{2}}{4}$.

Solução

$\hat{A} + \hat{B} + \hat{C} = 180° \Rightarrow \hat{A} = 180° - 30° - 45° = 105°$

$$\frac{a}{\text{sen } \hat{A}} = \frac{b}{\text{sen } \hat{B}} \Rightarrow b = \frac{a \cdot \text{sen } \hat{B}}{\text{sen } \hat{A}} = \frac{10 \cdot \frac{1}{2}}{\frac{\sqrt{6} + \sqrt{2}}{4}} = \frac{20}{\sqrt{6} + \sqrt{2}}$$

TRIGONOMETRIA EM TRIÂNGULOS QUAISQUER

$$\frac{a}{\text{sen }\hat{A}} = \frac{c}{\text{sen }\hat{C}} \Rightarrow c = \frac{a \cdot \text{sen }\hat{C}}{\text{sen }\hat{A}} = \frac{10 \cdot \frac{\sqrt{2}}{2}}{\frac{\sqrt{6}+\sqrt{2}}{4}} = \frac{20\sqrt{2}}{\sqrt{6}+\sqrt{2}}$$

472. Quais são os ângulos $\hat{B}$ e $\hat{C}$ de um triângulo ABC para o qual $\hat{A} = 15°$, sen $\hat{B} = \frac{\sqrt{3}}{2}$ e sen $\hat{C} = \frac{\sqrt{2}}{2}$?

473. Um observador colocado a 25 m de um prédio vê o edifício sob certo ângulo. Afastando-se em linha reta mais 50 m, ele nota que o ângulo de visualização é metade do anterior. Qual é a altura do edifício?

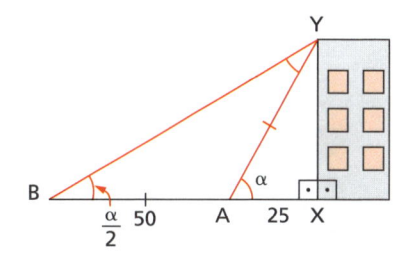

184. Teorema

Em qualquer triângulo, valem as relações seguintes:

$$a = b \cdot \cos \hat{C} + c \cdot \cos \hat{B}$$
$$b = a \cdot \cos \hat{C} + c \cdot \cos \hat{A}$$
$$c = b \cdot \cos \hat{A} + a \cdot \cos \hat{B}$$

Demonstração:

Vamos provar só a primeira delas:

1º) Seja ABC um triângulo com $\hat{B} < 90°$ e $\hat{C} < 90°$.

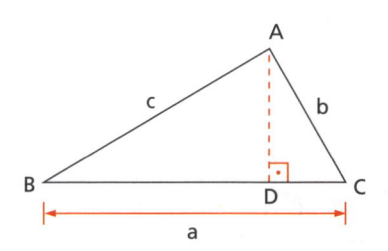

TRIGONOMETRIA EM TRIÂNGULOS QUAISQUER

No $\triangle ABD$, que é retângulo: $BD = c \cdot \cos \hat{B}$

No $\triangle ADC$, que é retângulo: $DC = b \cdot \cos \hat{C}$

então:

$$a = BD + DC = c \cdot \cos \hat{B} + b \cdot \cos \hat{C}$$

2º) Seja ABC um triângulo com $90° < \hat{B} < 180°$ ou $90° < \hat{C} < 180°$.

No $\triangle ABD$, que é retângulo:
$BD = c \cdot \cos(180° - \hat{B})$

No $\triangle ADC$, que é retângulo:
$DC = b \cdot \cos \hat{C}$

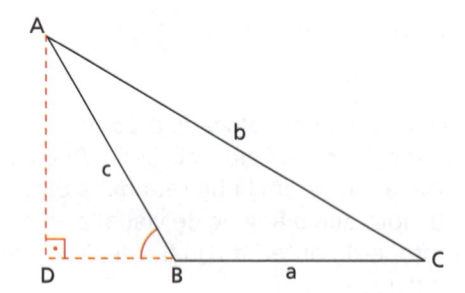

então:

$a = DC - DB = b \cdot \cos \hat{C} - c \cdot \cos(180° - \hat{B}) =$
$= b \cdot \cos \hat{C} + c \cdot \cos \hat{B}$

185. Teorema

> Em qualquer triângulo, a área é igual ao semiproduto de dois lados multiplicado pelo seno do ângulo que eles formam.

Demonstração:

1º) Seja ABC um triângulo com $\hat{A} < 90°$.

No $\triangle ADB$, que é retângulo, temos:
$DB = c \cdot \sen \hat{A}$

então:

$$S = \frac{AC \cdot DB}{2} = \frac{bc}{2} \cdot \sen \hat{A}$$

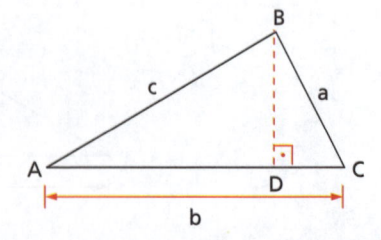

2º) Seja ABC um triângulo com $90° < \hat{A} < 180°$.

No $\triangle ADB$, que é retângulo, temos:
$$DB = c \cdot \text{sen}\,(180° - \hat{A}) = c \cdot \text{sen}\,\hat{A}$$
então:

$$S = \frac{AC \cdot DB}{2} = \frac{b \cdot c}{2} \cdot \text{sen}\,\hat{A}$$

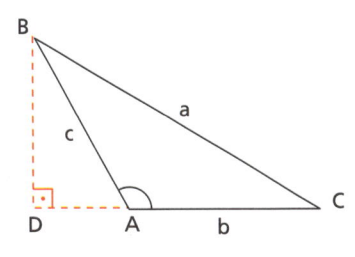

3º) Analogamente provamos que:

$$S = \frac{a \cdot b}{2} \cdot \text{sen}\,\hat{C}$$

$$S = \frac{a \cdot c}{2} \cdot \text{sen}\,\hat{B}$$

186. Teorema

Em qualquer triângulo, a área é igual ao produto dos três lados dividido pelo quádruplo do raio da circunferência circunscrita.

Demonstração:

De acordo com a lei dos senos, temos:

$$\frac{a}{\text{sen}\,\hat{A}} = 2R \Rightarrow \text{sen}\,\hat{A} = \frac{a}{2R} \quad (1)$$

Pelo teorema anterior, temos:

$$S = \frac{b \cdot c}{2} \cdot \text{sen}\,\hat{A} \qquad (2)$$

Substituindo (1) em (2), decorre:

$$S = \frac{abc}{4R}$$

TRIGONOMETRIA EM TRIÂNGULOS QUAISQUER

187. Teorema

Em qualquer triângulo não isósceles e não retângulo valem as relações seguintes:

$$\frac{a+b}{a-b} = \frac{\operatorname{tg}\frac{\hat{A}+\hat{B}}{2}}{\operatorname{tg}\frac{\hat{A}-\hat{B}}{2}}, \quad \frac{a+c}{a-c} = \frac{\operatorname{tg}\frac{\hat{A}+\hat{C}}{2}}{\operatorname{tg}\frac{\hat{A}-\hat{C}}{2}}, \quad \frac{b+c}{b-c} = \frac{\operatorname{tg}\frac{\hat{B}+\hat{C}}{2}}{\operatorname{tg}\frac{\hat{B}-\hat{C}}{2}}$$

Demonstração:

Partindo da lei dos senos e usando uma das propriedades das proporções, temos:

$$\frac{a}{\operatorname{sen}\hat{A}} = \frac{b}{\operatorname{sen}\hat{B}} \Rightarrow \frac{a}{b} = \frac{\operatorname{sen}\hat{A}}{\operatorname{sen}\hat{B}} \Rightarrow \frac{a+b}{a-b} = \frac{\operatorname{sen}\hat{A} + \operatorname{sen}\hat{B}}{\operatorname{sen}\hat{A} - \operatorname{sen}\hat{B}} =$$

$$= \frac{2\operatorname{sen}\left(\frac{\hat{A}+\hat{B}}{2}\right) \cdot \cos\left(\frac{\hat{A}-\hat{B}}{2}\right)}{2\operatorname{sen}\left(\frac{\hat{A}-\hat{B}}{2}\right) \cdot \cos\left(\frac{\hat{A}+\hat{B}}{2}\right)} = \frac{\operatorname{tg}\left(\frac{\hat{A}+\hat{B}}{2}\right)}{\operatorname{tg}\left(\frac{\hat{A}-\hat{B}}{2}\right)}$$

As outras duas são provadas de modo análogo.

EXERCÍCIOS

474. Calcule o lado a de um triângulo ABC, sabendo a medida da altura h_a e as medidas dos ângulos α e β que h_a forma com c e b, respectivamente.

475. Calcule a área de um triângulo que tem dois lados de medidas conhecidas, $b = 7$ m e $c = 4$ m, formando entre si um ângulo de 60°.

476. As diagonais de um paralelogramo medem 10 m e 20 m e formam um ângulo de 60°. Ache a área do paralelogramo.

477. Calcule o raio da circunferência circunscrita a um triângulo ABC de área 20 cm², o qual tem dois lados formando ângulo agudo e com medidas 8 m e 10 m, respectivamente.

478. No △ABC temos:

AC = 7 m, BC = 8 m,

$\hat{\beta} = A\hat{B}C = 60°$.

Determine a área do triângulo.

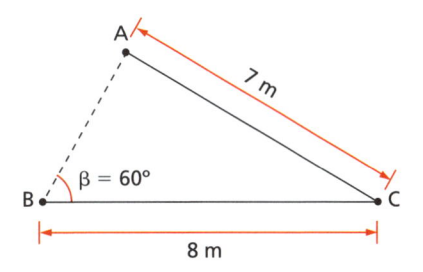

479. Determine os ângulos internos de um triângulo ABC, sabendo que

$$\cos(A+B) = \frac{1}{2} \quad e \quad \text{sen}(B+C) = \frac{1}{2}.$$

480. Se um paralelogramo tem lados medindo 4 m e 5 m e formando entre si um ângulo de 30°, qual é o ângulo que a diagonal maior forma com o menor lado?

481. Um triângulo tem lados a = 10 m, b = 13 m e c = 15 m. Calcule o ângulo $\hat{A}$ do triângulo.

Solução

Da lei dos cossenos, temos:

$a^2 = b^2 + c^2 - 2bc \cdot \cos \hat{A} \Rightarrow \cos \hat{A} = \dfrac{b^2 + c^2 - a^2}{2bc}$

então:

$\cos \hat{A} = \dfrac{13^2 + 15^2 - 10^2}{2 \cdot 13 \cdot 15} = \dfrac{169 + 225 - 100}{390} = \dfrac{294}{390} = \dfrac{49}{65}$

portanto $\hat{A} = \arccos \dfrac{49}{65}$.

482. Os lados *a*, *b* e *c* de um triângulo ABC são diretamente proporcionais aos números 5, 7 e 9, respectivamente. Calcule o ângulo $\hat{B}$.

483. Calcule os ângulos $\hat{B}$ e $\hat{C}$ de um triângulo em que a = 1, b = $\sqrt{3}$ + 1 e $\hat{A}$ = 15°.

484. Em um triângulo ABC sabe-se que a = 2b e $\hat{C}$ = 60°. Calcule os outros dois ângulos.

485. Calcule os ângulos de um triângulo ABC, sabendo que $\dfrac{b}{c} = \dfrac{2}{\sqrt{3}}$ e $\hat{C} = 2\hat{A}$.

TRIGONOMETRIA EM TRIÂNGULOS QUAISQUER

486. Calcule o lado c de um triângulo ABC em que a = 6 m, b = 3 m e $\hat{A} = 3\hat{B}$.

487. Num triângulo ABC cujos ângulos são designados por A, B e C, supõe-se que $2 \operatorname{tg} \hat{A} = \operatorname{tg} \hat{B} + \operatorname{tg} \hat{C}$ e $0 < \hat{A} < \frac{\pi}{2}$. Calcule $\operatorname{tg} \hat{B} \cdot \operatorname{tg} \hat{C}$.

488. Num triângulo de lados a = 3 m e b = 4 m, diminuindo-se em 60° o ângulo que esses lados formam, obtém-se uma diminuição de 3 m² em sua área. Qual é a área do triângulo inicial?

III. Propriedades geométricas

Vamos deduzir fórmulas que permitem o cálculo de segmentos notáveis de um triângulo (alturas, medianas, bissetrizes internas, raio da circunferência circunscrita, etc.) tendo apenas as medidas dos lados e dos ângulos internos.

188. Alturas

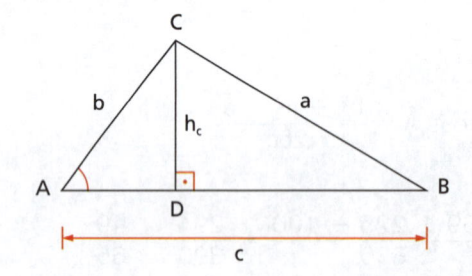

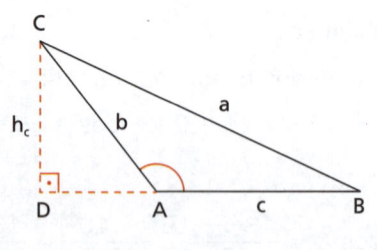

No triângulo ADC retângulo, temos:
$$h_c = b \cdot \operatorname{sen} \hat{A}$$

então

$$h_c^2 = b^2 \cdot \operatorname{sen}^2 \hat{A} = b^2(1 - \cos^2 \hat{A}) = b^2 - b^2 \cdot \cos^2 \hat{A} =$$

$$= b^2 - b^2 \cdot \left(\frac{b^2 + c^2 - a^2}{2bc}\right)^2 = \frac{4b^2c^2 - (b^2 + c^2 - a^2)^2}{4c^2}$$

e daí resulta

$$h_c = \frac{2}{c} \cdot \sqrt{p(p-a)(p-b)(p-c)}$$

em que $2p = a + b + c$.

189. Área

Das fórmulas que dão as alturas decorre uma fórmula para a área do triângulo, chamada **fórmula de Hierão**:

$$S = \frac{a \cdot h_a}{2}$$

então:

$$S = \sqrt{p(p-a)(p-b)(p-c)}$$

190. Medianas

Aplicando a lei dos cossenos ao triângulo AMC, temos:

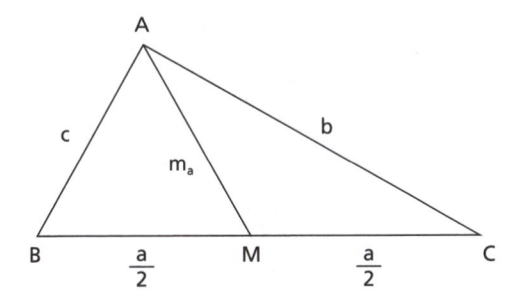

$$m_a^2 = b^2 + \left(\frac{a}{2}\right)^2 - 2 \cdot b \cdot \frac{a}{2} \cdot \cos \hat{C} =$$

$$= b^2 + \frac{a^2}{4} - b \cdot a \cdot \frac{a^2 + b^2 - c^2}{2ab} =$$

$$= \frac{4b^2 + a^2 - 2a^2 - 2b^2 + 2c^2}{4} =$$

$$= \frac{2(b^2 + c^2) - a^2}{4}$$

portanto:

$$m_a = \frac{1}{2} \cdot \sqrt{2(b^2 + c^2) - a^2}$$

191. Bissetrizes internas

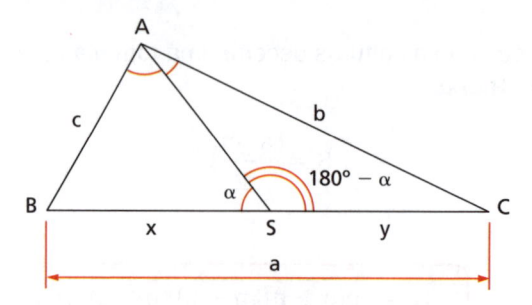

No triângulo ABS, temos:

$$\frac{x}{c} = \frac{\operatorname{sen} \frac{\hat{A}}{2}}{\operatorname{sen} \alpha}$$

No triângulo ACS, temos:

$$\frac{y}{b} = \frac{\operatorname{sen} \frac{\hat{A}}{2}}{\operatorname{sen} \alpha}$$

Então, vem:

$$\frac{x}{c} = \frac{y}{b} \Rightarrow \frac{x}{y} = \frac{c}{b} \Rightarrow \frac{x}{x+y} = \frac{c}{b+c} \Rightarrow$$

$$\Rightarrow \frac{x}{a} = \frac{c}{b+c} \Rightarrow x = \frac{a \cdot c}{b+c}$$

Aplicando a lei dos cossenos no triângulo ABS, temos:

$$s_a^2 = x^2 + c^2 - 2xc \cdot \cos \hat{B} = \left(\frac{a \cdot c}{b+c}\right)^2 + c^2 - 2 \cdot \left(\frac{a \cdot c}{b+c}\right) \cdot c \cdot \frac{a^2 + c^2 - b^2}{2ac} =$$

$$= \frac{2b^2c^2 + bc^3 + b^3c - a^2bc}{(b+c)^2} = \frac{bc[(b+c)^2 - a^2]}{(b+c)^2} =$$

$$= \frac{bc(b+c+a)(b+c-a)}{(b+c)^2} = \frac{bc(2p)(2p-2a)}{(b+c)^2} =$$

então:

$$\boxed{s_a = \frac{2}{b+c} \sqrt{bcp(p-a)}}$$

192. Raio da circunferência inscrita

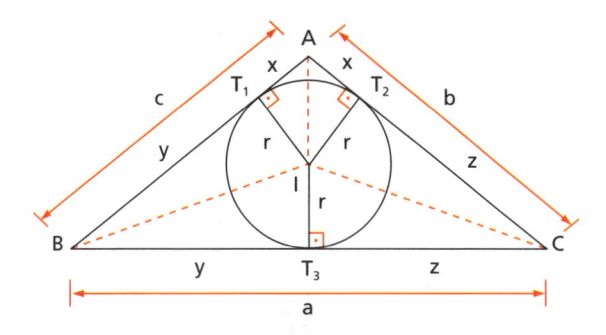

Ligando cada vértice do triângulo ABC com o centro I da circunferência, dividimos ABC em três triângulos ABI, ACI e BCI; então:

$$S_{ABC} = S_{ABI} + S_{ACI} + S_{BCI} =$$

$$= \frac{c \cdot r}{2} + \frac{b \cdot r}{2} + \frac{a \cdot r}{2} = \frac{a+b+c}{2} \cdot r = p \cdot r$$

assim

$$\sqrt{p(p-a)(p-b)(p-c)} = p \cdot r$$

portanto:

$$r = \sqrt{\frac{(p-a)(p-b)(p-c)}{p}}$$

193. Raio da circunferência circunscrita

Vimos anteriormente que:

$$S = \frac{abc}{4R} = \sqrt{p(p-a)(p-b)(p-c)}$$

então:

$$R = \frac{abc}{4\sqrt{p(p-a)(p-b)(p-c)}}$$

APÊNDICE C
Resolução de triângulos

I. Triângulos retângulos

194. Resolver um triângulo retângulo significa calcular seus elementos principais, isto é, seus ângulos agudos ($\hat{B}$ e $\hat{C}$) e seus lados (a, b e c). Para obter esses elementos é necessário que sejam dadas duas informações sobre o triângulo, sendo uma delas, pelo menos, a medida de um segmento ligado ao triângulo (lado, mediana, mediatriz etc.).

Há cinco problemas clássicos de resolução de triângulos retângulos, que abordaremos com especial destaque.

195. 1º problema

Resolver um triângulo retângulo, sendo dados: a hipotenusa (a) e um dos ângulos agudos ($\hat{B}$).

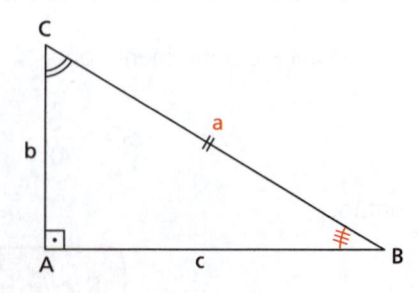

Solução

$c = a \cdot \cos \hat{B}$

$b = a \cdot \text{sen } \hat{B}$

$\hat{C} = 90° - \hat{B}$

RESOLUÇÃO DE TRIÂNGULOS

196. 2º problema

Resolver um triângulo retângulo, sendo dados: a hipotenusa (a) e um dos catetos (b).

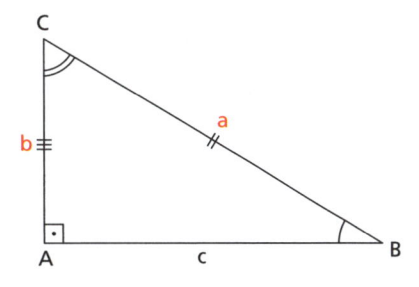

Solução

$c^2 = a^2 - b^2 \Rightarrow c = \sqrt{a^2 - b^2}$

$\operatorname{sen} \hat{B} = \dfrac{b}{a} \Rightarrow \hat{B} = \operatorname{arc sen} \dfrac{b}{a}$

$\cos \hat{C} = \dfrac{b}{a} \Rightarrow \hat{C} = \operatorname{arc cos} \dfrac{b}{a}$

197. 3º problema

Resolver um triângulo retângulo, sendo dados: um cateto (b) e o ângulo adjacente a ele ($\hat{C}$).

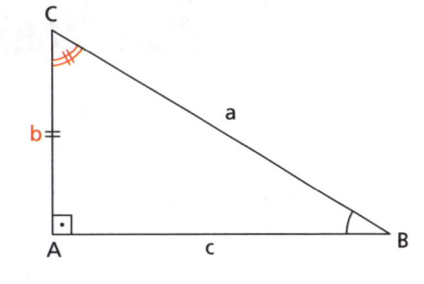

Solução

$c = b \cdot \operatorname{tg} \hat{C}$

$a = \dfrac{b}{\cos \hat{C}}$

$\hat{B} = 90° - \hat{C}$

198. 4º problema

Resolver um triângulo retângulo, sendo dados: um cateto (b) e o ângulo oposto a ele ($\hat{B}$).

Solução

$c = \dfrac{b}{\operatorname{tg} \hat{B}}$

$a = \dfrac{b}{\operatorname{sen} \hat{B}}$

$\hat{C} = 90° - \hat{B}$

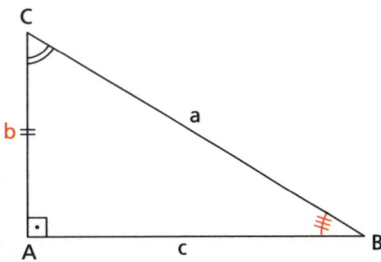

RESOLUÇÃO DE TRIÂNGULOS

199. 5º problema

Resolver um triângulo retângulo, sendo dados: os dois catetos (b e c).

Solução

$a^2 = b^2 + c^2 \Rightarrow a = \sqrt{b^2 + c^2}$

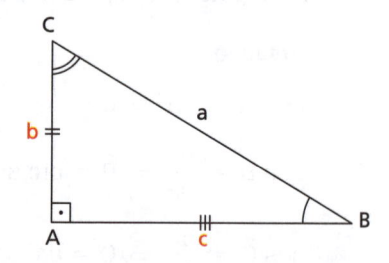

$\text{tg } \hat{B} = \dfrac{b}{c} \quad \Rightarrow \hat{B} = \text{arc tg } \dfrac{b}{c}$

$\text{tg } \hat{C} = \dfrac{c}{b} \quad \Rightarrow \hat{C} = \text{arc tg } \dfrac{c}{b}$

EXERCÍCIOS

489. Resolva um triângulo retângulo ABC, conhecendo a medida da bissetriz interna $S_b = 5$ e o ângulo $\hat{C} = 30°$.

Solução

É imediato que $\hat{B} = 60°$ e $\dfrac{\hat{B}}{2} = 30°$.

No triângulo retângulo ABS, temos:

$c = 5 \cdot \cos \dfrac{\hat{B}}{2} = \dfrac{5\sqrt{3}}{2}$

então:

$a = \dfrac{c}{\cos \hat{B}} = \dfrac{\dfrac{5\sqrt{3}}{2}}{\dfrac{1}{2}} = 5\sqrt{3}$

$b = \sqrt{a^2 - c^2} = \sqrt{75 - \dfrac{75}{4}} = \sqrt{\dfrac{225}{4}} = \dfrac{15}{2}$

490. Resolva um triângulo retângulo ABC, sendo dados $b = 3$ e $a - c = \sqrt{3}$.

491. Resolva um triângulo retângulo ABC retângulo em A, sabendo que $a + b = 18$ e $a + c = 25$.

492. Resolva um triângulo isósceles ABC, sabendo que a altura relativa à base $\overline{BC}$ mede h = 24 e o perímetro é 2p = 64.

493. Resolva o triângulo retângulo em que um cateto vale 1 e o outro vale tg φ.

II. Triângulos quaisquer

200. Resolver um triângulo qualquer significa calcular seus elementos principais: a, b, c, $\hat{A}$, $\hat{B}$ e $\hat{C}$. Para isso é necessário que sejam dadas três informações sobre o triângulo, sendo uma delas, pelo menos, a medida de um segmento ligado ao triângulo (lado, altura, mediana etc.).

Há quatro problemas clássicos de resolução de triângulos que trataremos com destaque.

201. 1º problema

Resolver um triângulo, conhecendo um lado (a) e os dois ângulos adjacentes a ele ($\hat{B}$ e $\hat{C}$).

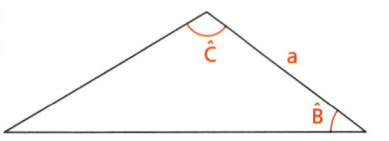

Solução

$\hat{A} = 180° - (\hat{B} + \hat{C})$

$b = \dfrac{a \cdot \text{sen } \hat{B}}{\text{sen } \hat{A}}$

$c = \dfrac{a \cdot \text{sen } \hat{C}}{\text{sen } \hat{A}}$

202. 2º problema

Resolver um triângulo, conhecendo dois lados (b e c) e o ângulo que eles formam ($\hat{A}$).

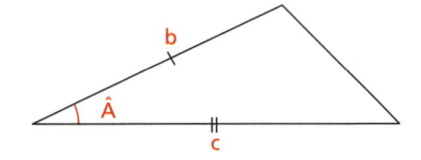

RESOLUÇÃO DE TRIÂNGULOS

Solução

$$a = \sqrt{b^2 + c^2 - 2bc \cdot \cos \hat{A}}$$

$$b^2 = a^2 + c^2 - 2ac \cdot \cos \hat{B} \Rightarrow \cos \hat{B} = \frac{a^2 + c^2 - b^2}{2ac}$$

$$c^2 = a^2 + b^2 - 2ab \cdot \cos \hat{C} \Rightarrow \cos \hat{C} = \frac{a^2 + b^2 - c^2}{2ab}$$

203. 3º problema

Resolver um triângulo, conhecendo os três lados (a, b e c).

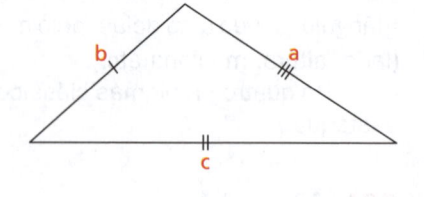

Solução

Da lei dos cossenos, vem:

$$\cos \hat{A} = \frac{b^2 + c^2 - a^2}{2bc}$$

$$\cos \hat{B} = \frac{a^2 + c^2 - b^2}{2ac}$$

$$\cos \hat{C} = \frac{a^2 + b^2 - c^2}{2ab}$$

Notemos que o problema só tem solução se estes cossenos ficarem no intervalo $]-1, +1[$, isto é, se:

$$a < b + c, \quad b < a + c \quad e \quad c < a + b$$

204. 4º problema

Resolver um triângulo, conhecendo dois lados (a e b) e o ângulo oposto a um deles ($\hat{A}$).

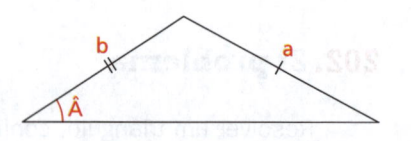

Solução

$$\operatorname{sen} \hat{B} = \frac{b}{a} \cdot \operatorname{sen} \hat{A}$$

$$\hat{C} = 180° - (\hat{A} + \hat{B})$$

$$c = \frac{a \cdot \operatorname{sen} C}{\operatorname{sen} \hat{A}}$$

Discussão

1º caso: $b \cdot \text{sen } \hat{A} > a$

Então $\dfrac{b \cdot \text{sen } \hat{A}}{a} = \text{sen } \hat{B} > 1 \Rightarrow \nexists$ solução

2º caso: $b \cdot \text{sen } \hat{A} = a$

Então $\dfrac{b \cdot \text{sen } \hat{A}}{a} = \text{sen } \hat{B} = 1 \Rightarrow \hat{B} = 90°$

portanto, existe solução somente se $\hat{A} < 90°$; caso contrário $\hat{A} + \hat{B} > 180°$.

3º caso: $b \cdot \text{sen } \hat{A} < a$

Então $\dfrac{b \cdot \text{sen } \hat{A}}{a} = \text{sen } \hat{B} < 1$ e existem dois ângulos $\hat{B}_1$ e $\hat{B}_2$, suplementares, que satisfazem a relação $\text{sen } \hat{B} = \dfrac{b \cdot \text{sen } \hat{A}}{a}$. Admitamos $0° < \hat{B}_1 \leq 90°$ e $90° \leq \hat{B}_2 < 180°$. Os ângulos $\hat{B}_1$ ou $\hat{B}_2$ servem como solução dependendo de $\hat{A}$. Há três possibilidades:

1ª) $\hat{A} = 90°$

Neste caso só $\hat{B}_1$ é solução, pois $\hat{A} + \hat{B}_2 \geq 180°$.

2ª) $\hat{A} < 90°$

Neste caso $\hat{B}_1$ é uma solução, porém $\hat{B}_2$ só é solução se $a < b$, uma vez que:

$$\hat{B}_2 > \hat{A} \Rightarrow b > a$$

3ª) $\hat{A} > 90°$

Neste caso $\hat{B}_2$ não é solução, pois $\hat{A} + \hat{B}_2 > 180°$; quanto a $\hat{B}_1$, só é solução se $a > b$, uma vez que:

$$\hat{B}_1 < \hat{A} \Rightarrow b < a$$

EXERCÍCIOS

494. Resolva um triângulo ABC, sabendo que a, b e c são números inteiros consecutivos e $\hat{C} = 2\hat{A}$.

RESOLUÇÃO DE TRIÂNGULOS

495. Resolva um triângulo retângulo ABC, sabendo que a = 5 e r = 1.

496. Resolva o triângulo A'B'C' cujos vértices são os pés das alturas do triângulo ABC dado.

497. Resolva o triângulo A'B'C' cujos vértices são os pontos de tangência da circunferência inscrita com os lados do triângulo ABC dado.

498. Resolva um triângulo ABC, sabendo que a = 3, b + c = 10 e $\hat{A}$ = arc sen $\dfrac{3\sqrt{91}}{50}$.

499. Resolva um triângulo ABC, sabendo que b + c = m, h_a = n, em que m, n e $\hat{A}$ são medidas conhecidas.

500. Resolva um triângulo ABC, conhecendo $\hat{A}$, b e a + c = k.

501. Resolva um triângulo ABC, admitindo conhecidos $\hat{B}$, $\hat{C}$ e S.

502. Resolva um triângulo ABC, admitindo conhecidos $\hat{B}$, $\hat{C}$ e h_a.

503. No retângulo ABCD da figura, AB = 5, BC = 3 e CM = MN = NB. Determine tg MÂN.

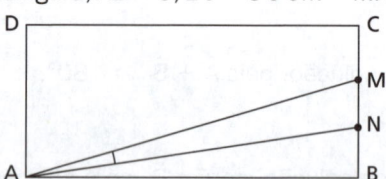

504. Um observador O, na mediatriz de um segmento $\overline{AB}$ e a uma distância d de $\overline{AB}$, vê esse segmento sob um ângulo α. O observador afasta-se do segmento ao longo da mediatriz até uma nova posição O', de onde ele vê o segmento sob o ângulo $\dfrac{\alpha}{2}$. Expresse a distância x = OO' em termos de α e d.

505. Dois carros A e B, viajando em estradas retas que se cortam segundo um ângulo θ, deslocam-se em direção ao cruzamento. Quando o carro A está a 7 km e o B está a 10 km do cruzamento, a distância entre eles é de 13 km. Sendo tg θ = α, determine |$\sqrt{3}$ α|.

506. Um recipiente cúbico de aresta 4 está apoiado em um plano horizontal e contém água até uma altura h. Inclina-se o cubo, girando de um ângulo α em torno de uma aresta da base, até que o líquido comece a derramar. Determine a tangente do ângulo α nos seguintes casos:

a) h = 3
b) h = 2
c) h = 1

Respostas dos exercícios

Capítulo II

1. a) $\dfrac{3}{5}$ e) $\dfrac{4}{5}$

b) $\dfrac{4}{5}$ f) $\dfrac{3}{5}$

c) $\dfrac{3}{4}$ g) $\dfrac{4}{3}$

d) $\dfrac{4}{3}$ h) $\dfrac{3}{4}$

2. a) $\dfrac{2\sqrt{5}}{5}$ e) $\dfrac{\sqrt{5}}{5}$

b) $\dfrac{\sqrt{5}}{5}$ f) $\dfrac{2\sqrt{5}}{5}$

c) 2 g) $\dfrac{1}{2}$

d) $\dfrac{1}{2}$ h) 2

3. seno: $\dfrac{\sqrt{3}}{2}$ e $\dfrac{1}{2}$

cosseno: $\dfrac{1}{2}$ e $\dfrac{\sqrt{3}}{2}$

tangente: $\sqrt{3}$ e $\dfrac{\sqrt{3}}{3}$

cotangente: $\dfrac{\sqrt{3}}{3}$ e $\sqrt{3}$

4. $b = 40$ e $c = 30$

5. $b = 2\sqrt{5}$ e $c = 4\sqrt{3}$

6. $b = 2\sqrt{5}$ e $c = 4$

7. a) $\cos \hat{B} = \dfrac{4}{5}$; $\operatorname{tg} \hat{B} = \dfrac{3}{4}$; $\operatorname{cotg} \hat{B} = \dfrac{4}{3}$

b) $\cos \hat{B} = \dfrac{\sqrt{5}}{3}$; $\operatorname{tg} \hat{B} = \dfrac{2\sqrt{5}}{5}$; $\operatorname{cotg} \hat{B} = \dfrac{\sqrt{5}}{2}$

c) $\cos \hat{B} = 0{,}82$; $\operatorname{tg}\hat{B} = 0{,}69$; $\operatorname{cotg}\hat{B} = 1{,}43$

d) $\cos \hat{B} = 0{,}31$; $\operatorname{tg}\hat{B} = 3{,}06$; $\operatorname{cotg}\hat{B} = 0{,}32$

8. a) $\operatorname{sen} \hat{B} = \dfrac{\sqrt{3}}{2}$; $\operatorname{tg} \hat{B} = \sqrt{3}$; $\operatorname{cotg} \hat{B} = \dfrac{\sqrt{3}}{3}$

b) $\operatorname{sen}\hat{B} = \dfrac{\sqrt{21}}{5}$; $\operatorname{tg}\hat{B} = \dfrac{\sqrt{21}}{2}$; $\operatorname{cotg}\hat{B} = \dfrac{2\sqrt{21}}{21}$

c) $\operatorname{sen}\hat{B} = 0{,}28$; $\operatorname{tg}\hat{B} = 0{,}29$; $\operatorname{cotg}\hat{B} = 3{,}42$

d) $\operatorname{sen}\hat{B} = 0{,}98$; $\operatorname{tg}\hat{B} = 5{,}76$; $\operatorname{cotg}\hat{B} = 0{,}17$

9. a) $\operatorname{sen}\hat{C} = 0{,}94$; $\operatorname{tg}\hat{C} = 2{,}76$; $\operatorname{cotg}\hat{C} = 0{,}36$

b) $\operatorname{sen} \hat{C} = \dfrac{3}{5}$; $\operatorname{tg} \hat{C} = \dfrac{3}{4}$; $\operatorname{cotg} \hat{C} = \dfrac{4}{3}$

c) $\operatorname{sen} \hat{C} = \dfrac{\sqrt{5}}{3}$; $\operatorname{tg} \hat{C} = \dfrac{\sqrt{5}}{2}$; $\operatorname{cotg} \hat{C} = \dfrac{2\sqrt{5}}{5}$

d) $\operatorname{sen}\hat{C} = 0{,}43$; $\operatorname{tg}\hat{C} = 4{,}77$; $\operatorname{cotg}\hat{C} = 2{,}09$

10. a) $\cos\hat{C} = 0{,}82$; $\operatorname{tg}\hat{C} = 0{,}69$; $\operatorname{cotg}\hat{C} = 1{,}43$

b) $\cos\hat{C} = \dfrac{\sqrt{11}}{6}$; $\operatorname{tg}\hat{C} = \dfrac{5\sqrt{11}}{11}$; $\operatorname{cotg}\hat{C} = \dfrac{\sqrt{11}}{5}$

c) $\cos \hat{C} = \dfrac{4}{5}$; $\operatorname{tg} \hat{C} = \dfrac{3}{4}$; $\operatorname{cotg} \hat{C} = \dfrac{4}{3}$

d) $\cos\hat{C} = 0{,}71$; $\operatorname{tg}\hat{C} = 0{,}98$; $\operatorname{cotg}\hat{C} = 1{,}01$

RESPOSTAS DOS EXERCÍCIOS

11. a) 0,86603 e) 0,70711
b) 0,70711 f) 0,57735
c) 1,73205 g) 0,96593
d) 0,25882 h) 0,01745

12. a) $\hat{A} = 31°$ e) $\hat{E} = 55°$
b) $\hat{B} = 40°$ f) $\hat{F} = 10°$
c) $\hat{C} = 77°$ g) $\hat{G} = 1°$
d) $\hat{D} = 60°$ h) $\hat{H} = 85°$

14. a) 0,34610 d) 0,76826
b) 0,96358 e) 0,33462
c) 0,22476 f) 6,04605

15. a = 4,88311 cm e b = 2,80084 cm

16. $a = \dfrac{16\sqrt{3}}{3}$; $b = \dfrac{8\sqrt{3}}{3}$; $c = 8$

17. $a = 16; b = 4\sqrt{2}(\sqrt{3} - 1); c = 4\sqrt{2}(\sqrt{3} + 1)$

18. $\dfrac{x}{y} = \dfrac{1}{3}$

19. 25,49 m

21. $h = d(\text{tg } \beta - \text{tg } \alpha)$

22. $H = h\left[\dfrac{\text{tg } \beta}{\text{tg } \alpha} + 1\right]$

23. h = 1 220,14 m

24. 66,6 km e 66,97 km

25. 44,72 m

26. 1,18 m

Capítulo III

35. $a = \dfrac{11\pi}{12}$ rad; $b = \dfrac{5\pi}{6}$ rad

36. $a = 4°$; $b = 7°$; $c = 2°$

39. $\dfrac{2\pi}{3}$ rad ou 120°

40. $\ell = 31,5$ cm

42. a) 160° c) 15°
b) 152°30' c) 142°30'

44. [ciclo trigonométrico com pontos marcados em $\frac{\pi}{4}$, $\frac{\pi}{2}$, $\frac{3\pi}{4}$, π, $\frac{5\pi}{4}$, $\frac{3\pi}{2}$, $\frac{7\pi}{4}$, $0 = 2\pi$]

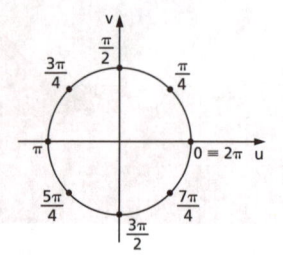

45. [ciclos trigonométricos com pontos em $\frac{5\pi}{4}$; $\frac{5\pi}{6}$; $\frac{\pi}{8}$; $\frac{12\pi}{8} = \frac{3\pi}{2}$; $\frac{15\pi}{8}$]

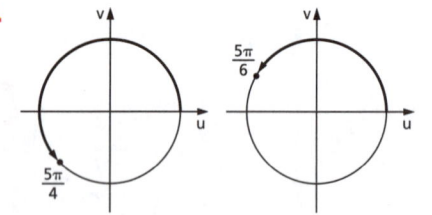

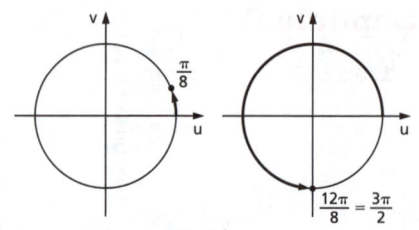

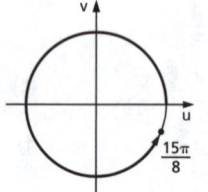

Capítulo IV

47. [ciclo trigonométrico com pontos em $\frac{\pi}{6}$, $\frac{5\pi}{6}$, $\frac{7\pi}{6}$, $\frac{11\pi}{6}$]

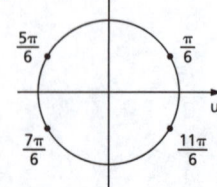

$\text{sen } \dfrac{\pi}{6} > 0$

$\text{sen } \dfrac{5\pi}{6} > 0$

$\text{sen } \dfrac{7\pi}{6} < 0$

$\text{sen } \dfrac{11\pi}{6} < 0$

RESPOSTAS DOS EXERCÍCIOS

48. $\operatorname{sen}\dfrac{\pi}{3} > 0$

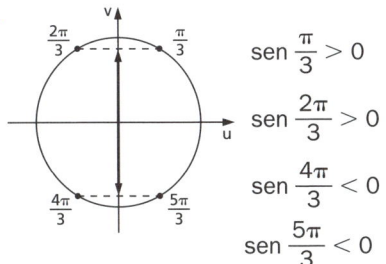

$\operatorname{sen}\dfrac{2\pi}{3} > 0$

$\operatorname{sen}\dfrac{4\pi}{3} < 0$

$\operatorname{sen}\dfrac{5\pi}{3} < 0$

49. $\operatorname{sen}\dfrac{3\pi}{4} = \dfrac{\sqrt{2}}{2}$; $\operatorname{sen}\dfrac{7\pi}{4} = -\dfrac{\sqrt{2}}{2}$

50. $\operatorname{sen}\dfrac{5\pi}{6} = \dfrac{1}{2}$

$\operatorname{sen}\dfrac{7\pi}{6} = \operatorname{sen}\dfrac{11\pi}{6} = -\dfrac{1}{2}$

51. $\operatorname{sen}\dfrac{2\pi}{3} = \dfrac{\sqrt{3}}{2}$

$\operatorname{sen}\dfrac{4\pi}{3} = \operatorname{sen}\dfrac{5\pi}{3} = -\dfrac{\sqrt{3}}{2}$

52. a) $\dfrac{\sqrt{3} + \sqrt{2}}{2}$ c) $3 + \sqrt{2}$

b) $\dfrac{4 - \sqrt{2}}{4}$ d) $\dfrac{230 - 63\sqrt{3}}{210}$

53.

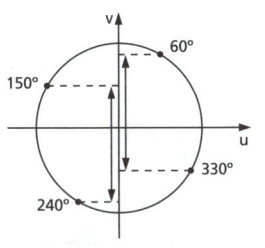

$\operatorname{sen}240° < \operatorname{sen}330° < \operatorname{sen}150° < \operatorname{sen}60°$

55.

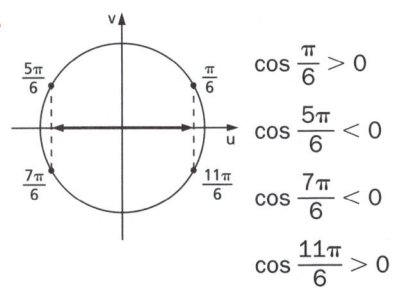

$\cos\dfrac{\pi}{6} > 0$

$\cos\dfrac{5\pi}{6} < 0$

$\cos\dfrac{7\pi}{6} < 0$

$\cos\dfrac{11\pi}{6} > 0$

56. a) $\cos\dfrac{\pi}{3} > 0$ e) $\cos\dfrac{5\pi}{3} > 0$

b) $\cos\dfrac{4\pi}{3} < 0$ f) $\cos\dfrac{7\pi}{8} < 0$

c) $\cos\dfrac{\pi}{12} > 0$ g) $\cos\dfrac{16\pi}{9} > 0$

d) $\cos\dfrac{4\pi}{5} < 0$ h) $\cos\dfrac{2\pi}{3} < 0$

57. $\cos\dfrac{7\pi}{4} = \dfrac{\sqrt{2}}{2}$; $\cos\dfrac{5\pi}{4} = -\dfrac{\sqrt{2}}{2}$

58. $\cos\dfrac{5\pi}{6} = \cos\dfrac{7\pi}{6} = -\dfrac{\sqrt{3}}{2}$

$\cos\dfrac{11\pi}{6} = \dfrac{\sqrt{3}}{2}$

59. $\cos\dfrac{2\pi}{3} = \cos\dfrac{4\pi}{3} = -\dfrac{1}{2}$

$\cos\dfrac{5\pi}{3} = \dfrac{1}{2}$

60. a) $\dfrac{-1 + \sqrt{2}}{2}$ c) $\dfrac{2\sqrt{2} - 1}{2}$

b) $\dfrac{4\sqrt{3} + \sqrt{2}}{4}$ d) $\dfrac{21 + 30\sqrt{3}}{70}$

61.

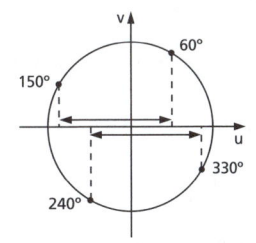

$\cos 150° < \cos 240° < \cos 60° < \cos 330°$

63. a) $y_1 > 0$ b) $y_2 < 0$ c) $y_3 = 0$ d) $y_4 < 0$

65. a) $\operatorname{tg}\dfrac{\pi}{6} > 0$ d) $\operatorname{tg}\dfrac{11\pi}{6} < 0$

b) $\operatorname{tg}\dfrac{2\pi}{3} < 0$ e) $\operatorname{tg}\dfrac{4\pi}{3} > 0$

c) $\operatorname{tg}\dfrac{7\pi}{6} > 0$ f) $\operatorname{tg}\dfrac{5\pi}{3} < 0$

66. $\operatorname{tg}\dfrac{7\pi}{4} = -1$; $\operatorname{tg}\dfrac{5\pi}{4} = 1$

67. $\operatorname{tg}\dfrac{5\pi}{6} = \operatorname{tg}\dfrac{11\pi}{6} = -\dfrac{\sqrt{3}}{3}$

$\operatorname{tg}\dfrac{7\pi}{6} = \dfrac{\sqrt{3}}{3}$

3 | Fundamentos de Matemática Elementar

RESPOSTAS DOS EXERCÍCIOS

68. $\text{tg}\dfrac{2\pi}{3} = \text{tg}\dfrac{5\pi}{3} = -\sqrt{3};\ \text{tg}\dfrac{4\pi}{3} = \sqrt{3}$

69. a) $1 + \sqrt{3}$ c) $\dfrac{-18 + \sqrt{3}}{9}$

b) $\dfrac{4\sqrt{3} - 3}{6}$ d) $-\dfrac{31\sqrt{3}}{35}$

70.

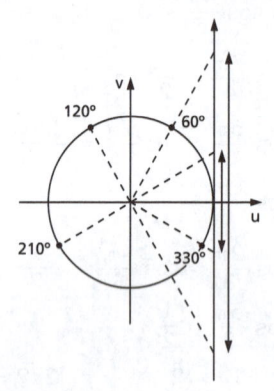

$\text{tg}\,120° < \text{tg}\,330° < \text{tg}\,210° < \text{tg}\,60°$

71. a) $y_1 > 0$ b) $y_2 < 0$

73. a) $\text{cotg}\dfrac{\pi}{6} > 0$ d) $\text{cotg}\dfrac{11\pi}{6} < 0$

b) $\text{cotg}\dfrac{2\pi}{3} < 0$ e) $\text{cotg}\dfrac{4\pi}{3} > 0$

c) $\text{cotg}\dfrac{7\pi}{6} > 0$ f) $\text{cotg}\dfrac{5\pi}{3} < 0$

74. $\text{cotg}\dfrac{7\pi}{4} = -1;\ \text{cotg}\dfrac{5\pi}{4} = 1$

75. $\text{cotg}\dfrac{5\pi}{6} = \text{cotg}\dfrac{11\pi}{6} = -\sqrt{3}$

$\text{cotg}\dfrac{7\pi}{6} = \sqrt{3}$

76. $\text{cotg}\dfrac{2\pi}{3} = \text{cotg}\dfrac{5\pi}{3} = -\dfrac{\sqrt{3}}{3}$

$\text{cotg}\dfrac{4\pi}{3} = \dfrac{\sqrt{3}}{3}$

77. a) $\dfrac{3 + 4\sqrt{3}}{3}$ c) $\dfrac{5\sqrt{3} + \sqrt{2}}{2}$

b) $\dfrac{-\sqrt{3}}{6}$ d) $\dfrac{42\sqrt{2} - 111\sqrt{3} + 70}{105}$

78.

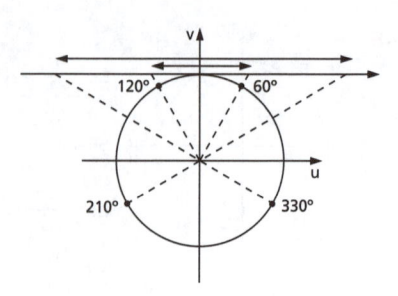

$\text{cotg}\,330° < \text{cotg}\,120° < \text{cotg}\,60° < \text{cotg}\,210°$

79. a) $y_1 > 0$ b) $y_2 < 0$

80.

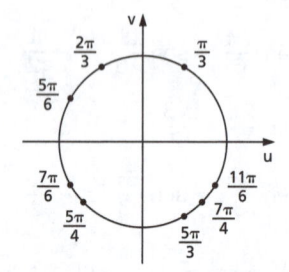

a) $\sec\dfrac{\pi}{3} > 0$ e) $\sec\dfrac{5\pi}{3} > 0$

b) $\sec\dfrac{2\pi}{3} < 0$ f) $\sec\dfrac{7\pi}{4} > 0$

c) $\sec\dfrac{5\pi}{4} < 0$ g) $\sec\dfrac{11\pi}{6} > 0$

d) $\sec\dfrac{5\pi}{6} < 0$ h) $\sec\dfrac{7\pi}{6} < 0$

81.

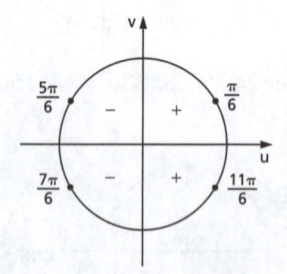

$\sec\dfrac{5\pi}{6} = \sec\dfrac{7\pi}{6} = -\dfrac{2\sqrt{3}}{3}$

$\sec\dfrac{11\pi}{6} = \dfrac{2\sqrt{3}}{3}$

RESPOSTAS DOS EXERCÍCIOS

82. $\sec \dfrac{2\pi}{3} = \sec \dfrac{4\pi}{3} = -2$; $\sec \dfrac{5\pi}{3} = 2$

83.

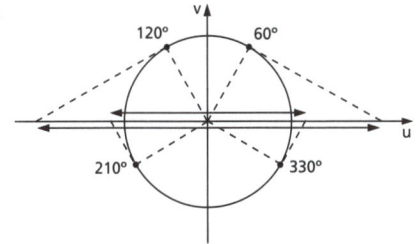

$\sec 120° < \sec 210° < \sec 330° < \sec 60°$

84. a) $y_1 < 0$ b) $y_2 > 0$

85.

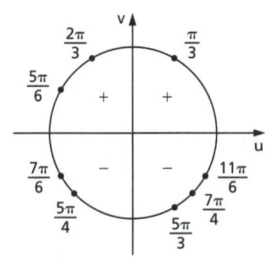

a) $\operatorname{cossec} \dfrac{\pi}{3} > 0$ e) $\operatorname{cossec} \dfrac{5\pi}{3} < 0$

b) $\operatorname{cossec} \dfrac{2\pi}{3} > 0$ f) $\operatorname{cossec} \dfrac{7\pi}{4} < 0$

c) $\operatorname{cossec} \dfrac{5\pi}{4} < 0$ g) $\operatorname{cossec} \dfrac{11\pi}{6} < 0$

d) $\operatorname{cossec} \dfrac{5\pi}{6} > 0$ h) $\operatorname{cossec} \dfrac{7\pi}{6} < 0$

86.

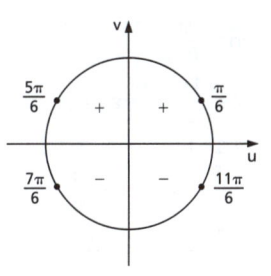

$\operatorname{cossec} \dfrac{7\pi}{6} = \operatorname{cossec} \dfrac{11\pi}{6} = -2$

$\operatorname{cossec} \dfrac{5\pi}{6} = 2$

87. $\operatorname{cossec} \dfrac{4\pi}{3} = \operatorname{cossec} \dfrac{5\pi}{3} = -\dfrac{2\sqrt{3}}{3}$

$\operatorname{cossec} \dfrac{2\pi}{3} = \dfrac{2\sqrt{3}}{3}$

88.

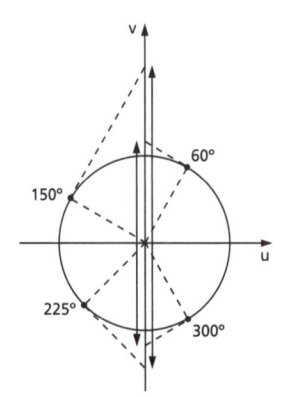

$\operatorname{cossec} 225° < \operatorname{cossec} 300° <$
$< \operatorname{cossec} 60° < \operatorname{cossec} 150°$

89. a) $y_1 > 0$ b) $y_2 < 0$ c) $y_3 < 0$

90. $1{,}25 (\sqrt{2} - 4)$

Capítulo V

92. $\operatorname{sen} x = -\dfrac{24}{25}$; $\cos x = -\dfrac{7}{25}$; $\operatorname{tg} x = \dfrac{24}{7}$

$\operatorname{cotg} x = \dfrac{7}{24}$; $\sec x = -\dfrac{25}{7}$

94. $\cos x = \dfrac{\pm 2\sqrt{m}}{m + 1}$

95. $\sec x = \dfrac{\pm(a^2 + b^2)}{a^2 - b^2}$

97. $y = 6$

99. $y = \dfrac{457}{8}$

101. $\cos x = \dfrac{1}{2}$; $\operatorname{sen} x = \dfrac{\pm\sqrt{3}}{2}$

RESPOSTAS DOS EXERCÍCIOS

102. $tg\ x = \dfrac{-1}{2}$ ou $tg\ x = -2$

104. $m = 3$ ou $m = -1$

105. $a = 1$

108. $a^2 - 2b = 1$

110. $y = \dfrac{a(3 - a^2)}{2}$

Capítulo VI

112. $sen\ \dfrac{\pi}{8} = \dfrac{\sqrt{2 - \sqrt{2}}}{2}$; $cos\ \dfrac{\pi}{8} = \dfrac{\sqrt{2 + \sqrt{2}}}{2}$

$tg\ \dfrac{\pi}{8} = -1 + \sqrt{2}$

113.

razão \ x	sen x	cos x	tg x
0	0	1	0
$\dfrac{\pi}{12}$	$\dfrac{\sqrt{2 - \sqrt{3}}}{2}$	$\dfrac{\sqrt{2 + \sqrt{3}}}{2}$	$2 - \sqrt{3}$
$\dfrac{\pi}{10}$	$\dfrac{\sqrt{5} - 1}{2}$	$\dfrac{\sqrt{10 + 2\sqrt{5}}}{4}$	$\dfrac{\sqrt{25 - 10\sqrt{5}}}{5}$
$\dfrac{\pi}{8}$	$\dfrac{\sqrt{2 - \sqrt{2}}}{2}$	$\dfrac{\sqrt{2 + \sqrt{2}}}{2}$	$-1 + \sqrt{2}$
$\dfrac{\pi}{6}$	$\dfrac{1}{2}$	$\dfrac{\sqrt{3}}{2}$	$\dfrac{\sqrt{3}}{3}$
$\dfrac{\pi}{5}$	$\dfrac{\sqrt{10 - 2\sqrt{5}}}{4}$	$\dfrac{\sqrt{6 + 2\sqrt{5}}}{4}$	$\sqrt{5 - 2\sqrt{5}}$
$\dfrac{\pi}{4}$	$\dfrac{\sqrt{2}}{2}$	$\dfrac{\sqrt{2}}{2}$	1
$\dfrac{\pi}{3}$	$\dfrac{\sqrt{3}}{2}$	$\dfrac{1}{2}$	$\sqrt{3}$

115. $A \cap B = \{-1, 0, 1\}$

Capítulo VII

116. a) $cos\ 178° = -cos\ 2°$
b) $cotg\ \dfrac{7\pi}{6} = cotg\ \dfrac{\pi}{6}$
c) $sen\ \dfrac{7\pi}{6} = -sen\ \dfrac{\pi}{6}$
d) $sen\ \dfrac{5\pi}{4} = -sen\ \dfrac{\pi}{4}$
e) $sen\ 251° = -sen\ 71°$
f) $sen\ 124° = sen\ 56°$
g) $cos\ \dfrac{5\pi}{3} = -cos\ \dfrac{\pi}{3}$
h) $cos\ \dfrac{7\pi}{6} = -cos\ \dfrac{\pi}{6}$
i) $tg\ 290° = -tg\ 70°$
j) $cossec\ \dfrac{11\pi}{6} = -cossec\ \dfrac{\pi}{6}$
k) $tg\ \dfrac{3\pi}{4} = -tg\ \dfrac{\pi}{4}$
l) $tg\ \dfrac{5\pi}{3} = -tg\ \dfrac{\pi}{3}$

117. a) $sen\ 261° = -cos\ 9°$
b) $sen\ \dfrac{4\pi}{3} = -cos\ \dfrac{\pi}{6}$
c) $sen\ \dfrac{5\pi}{6} = sen\ \dfrac{\pi}{6}$
d) $sen\ \dfrac{5\pi}{3} = -cos\ \dfrac{\pi}{6}$
e) $cos\ 341° = cos\ 19°$
f) $cos\ \dfrac{2\pi}{3} = -sen\ \dfrac{\pi}{6}$
g) $cos\ \dfrac{7\pi}{6} = -cos\ \dfrac{\pi}{6}$
h) $cos\ \dfrac{4\pi}{3} = -sen\ \dfrac{\pi}{6}$
i) $tg\ 151° = -tg\ 29°$
j) $tg\ \dfrac{5\pi}{3} = -cotg\ \dfrac{\pi}{6}$
k) $tg\ \dfrac{11\pi}{6} = -tg\ \dfrac{\pi}{6}$
l) $tg\ \dfrac{2\pi}{3} = -cotg\ \dfrac{\pi}{6}$

118. $\dfrac{3}{5}$

119.
a) $\dfrac{\sqrt{3}}{2}$ d) $-\sqrt{3}$ f) -2

b) $-\dfrac{1}{2}$ e) $-\dfrac{\sqrt{3}}{3}$ g) $\dfrac{2\sqrt{3}}{3}$

c) $\dfrac{\sqrt{3}}{2}$

120. a) $4\cos x$ b) $\dfrac{\operatorname{sen} x - 1}{\operatorname{sen}^2 x + \cos x}$

121. -1

122. $-\operatorname{tg} x$

Capítulo VIII

124.

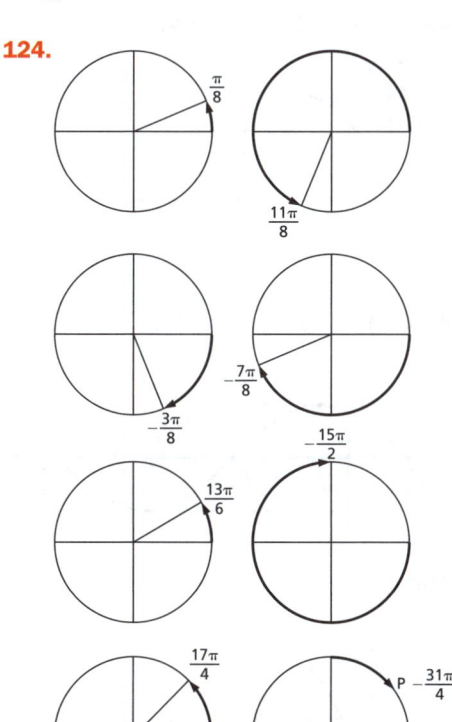

126.

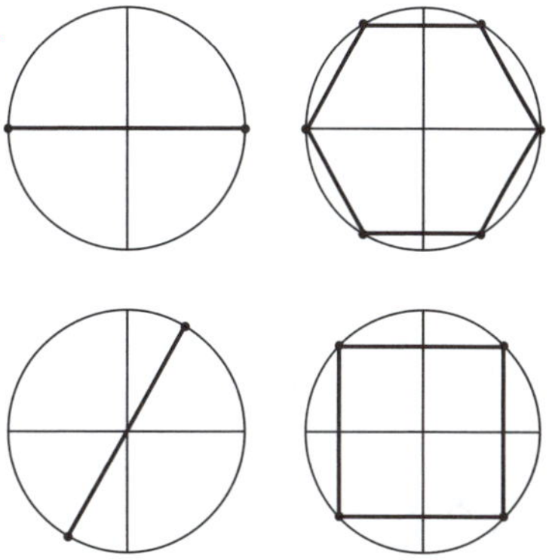

127. a) $\operatorname{sen} 830° > \operatorname{sen} 1195°$
(porque $\operatorname{sen} 830° = \operatorname{sen} 70°$ e $\operatorname{sen} 1195° = \operatorname{sen} 65°$)

b) $\cos 190° > \cos(-535°)$
(porque $\cos 190° = -\cos 10°$ e $\cos(-535°) = -\cos 5°$)

130. $\operatorname{Im}(f) = [-2, 2]$, $p(f) = 2\pi$

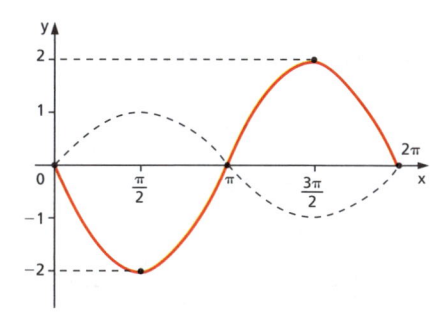

132. $\operatorname{Im}(f) = [0, 3]$, $p(f) = \pi$

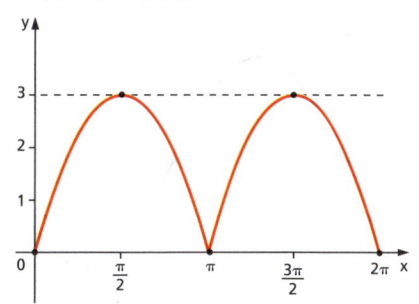

RESPOSTAS DOS EXERCÍCIOS

136. $Im(f) = [-1, 1]$, $p(f) = 6\pi$

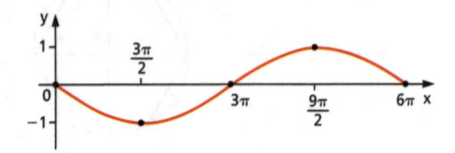

141. $Im(f) = [1, 3]$, $p(f) = 2\pi$

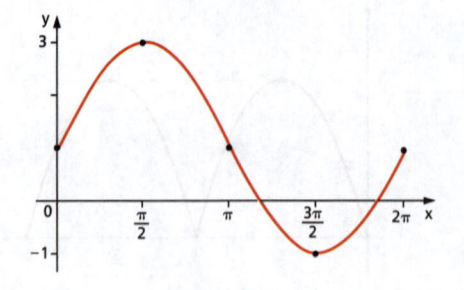

137. $Im(f) = [-3, 3]$, $p(f) = \dfrac{\pi}{2}$

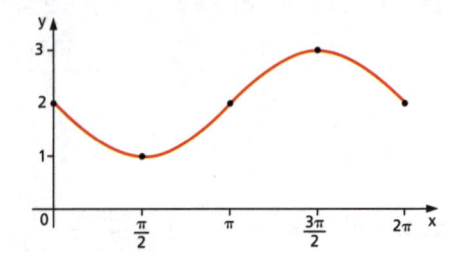

142. $Im(f) = [-2, 0]$, $p(f) = \pi$

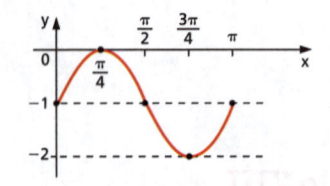

143. $Im(f) = [-2, 4]$, $p(f) = 4\pi$

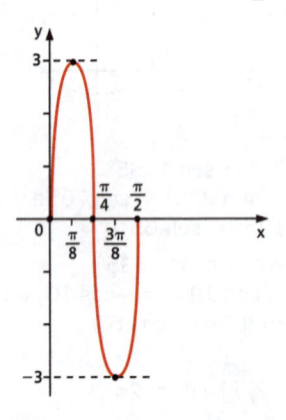

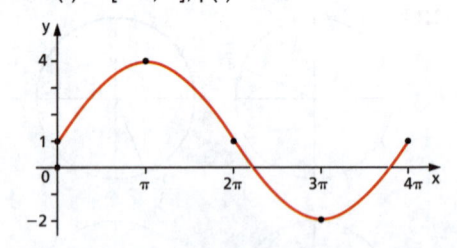

139. $Im(f) = [-3, -1]$, $p(f) = 2\pi$

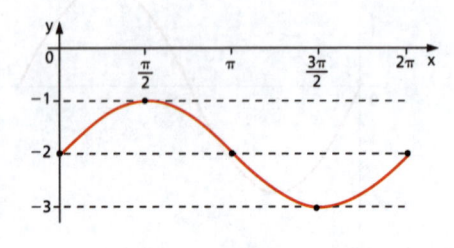

145. $Im(f) = [-1, 1]$, $p(f) = 2\pi$

140. $Im(f) = [-1, 3]$, $p(f) = 2\pi$

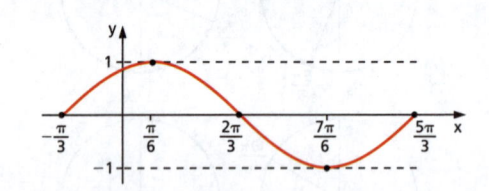

146. $Im(f) = [-1, 1]$, $p(f) = \pi$

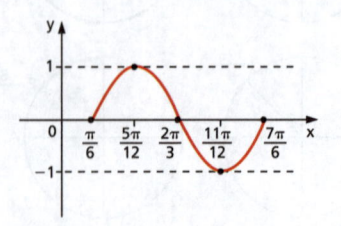

147. Im(f) = [−1, 3], p(f) = 4π

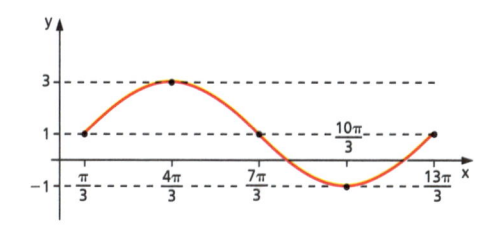

149. p = 1

150. Im(f) = [−1, 3], p(f) = π

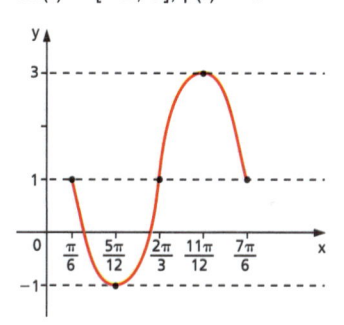

152. a) $\frac{1}{5} \leq m \leq \frac{3}{5}$ b) $m \leq \frac{3}{2}$

153. Im(f) = [−1, 1], p(f) = 2π

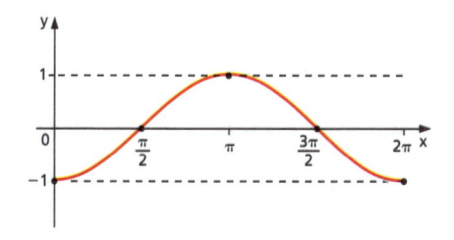

154. Im(f) = [−2, 2], p(f) = 2π

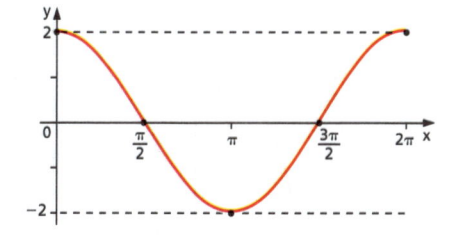

155. Im(f) = [−3, 3], p(f) = 2π

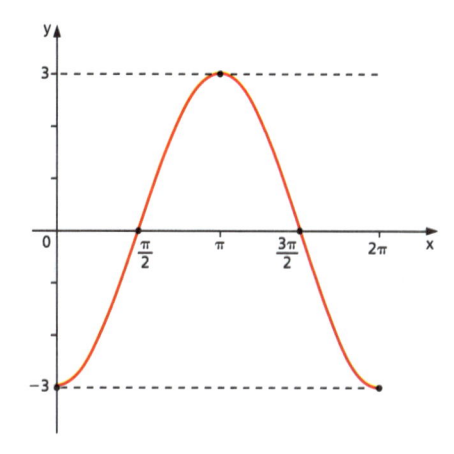

156. Im(f) = [0, 1], p(f) = π

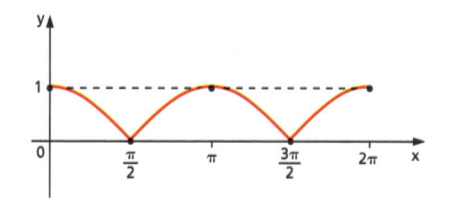

157. Im(f) = [−1, 1], p(f) = π

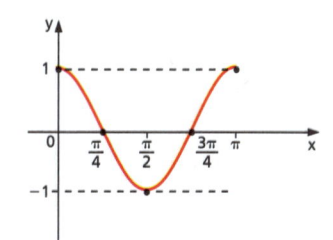

158. Im(f) = [−1, 1], p(f) = 4π

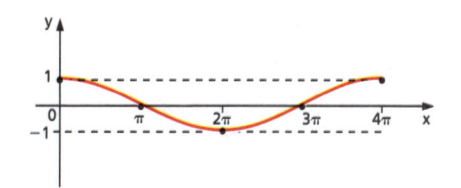

159. $Im(f) = [0, 2]$, $p(f) = 2\pi$

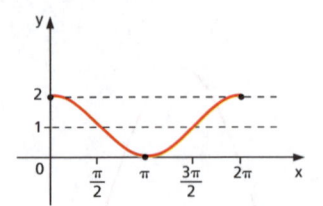

160. $Im(f) = [-1, 3]$, $p(f) = \dfrac{2\pi}{3}$

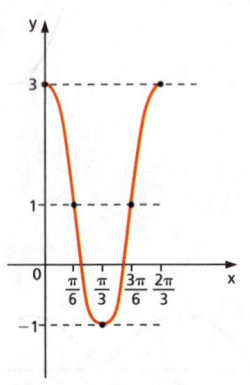

161. $Im(f) = [-1, 1]$, $p(f) = 2\pi$

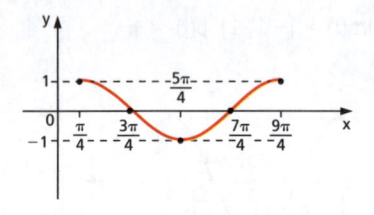

162. $Im(f) = [-2, 2]$, $p(f) = 2\pi$

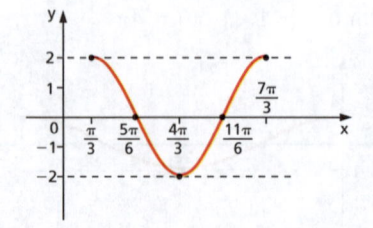

163. $Im(f) = [-3, 1]$, $p(f) = \dfrac{2\pi}{3}$

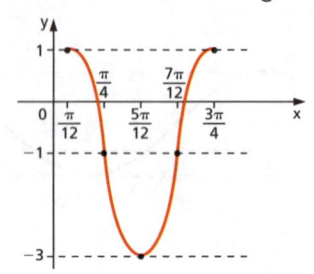

164. $t \leq \dfrac{-1}{3}$ ou $t \geq 3$

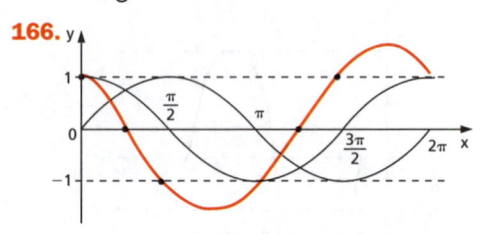

166.

168. $p = \dfrac{\pi}{2}$

169. $S_{12} = 0$

171. a) $D(f) = \left\{x \in \mathbb{R} \mid x \neq \dfrac{\pi}{6} + \dfrac{k\pi}{3}, k \in \mathbb{Z}\right\}$

b) $D(f) = \left\{x \in \mathbb{R} \mid x \neq \dfrac{5\pi}{12} + \dfrac{k\pi}{2}, k \in \mathbb{Z}\right\}$

172. $\alpha \leq 1$ ou $\alpha \geq 4$

174. $D(f) = \left\{x \in \mathbb{R} \mid x \neq \dfrac{\pi}{6} + \dfrac{k\pi}{2}, k \in \mathbb{Z}\right\}$

$p(f) = \dfrac{\pi}{2}$

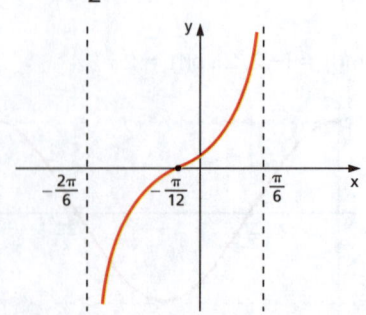

175. $D(f) = \left\{x \in \mathbb{R} \mid x \neq \dfrac{\pi}{3} + k\pi, k \in \mathbb{Z}\right\}$

$D(g) = \left\{x \in \mathbb{R} \mid x \neq \dfrac{\pi}{4} + \dfrac{k\pi}{2}, k \in \mathbb{Z}\right\}$

$D(h) = \left\{x \in \mathbb{R} \mid x \neq -\dfrac{\pi}{4} + k\pi, k \in \mathbb{Z}\right\}$

$p(f) = \pi$, $p(g) = \pi$, $p(h) = 2\pi$

176. a) $m \leq 2$

b) $m \leq \dfrac{1}{3}$ ou $m \geq 1$

c) $0 \leq m < \dfrac{1}{3}$ ou $\dfrac{1}{3} < m \leq \dfrac{2}{5}$

177. cotg x

178. cotg^3 x

179. $1 + \operatorname{sen} \theta$

180. $\cos^4 x$

181. $2 \operatorname{cossec} x$

182. $t^2 + 2$

183. $\dfrac{(n-1)^2}{2n - 1}$

186. g é par para todo n

Capítulo IX

188. a) cotg $165° = -(2 + \sqrt{3})$

b) sec $255° = -(\sqrt{6} + \sqrt{2})$

c) cossec $15° = \sqrt{6} + \sqrt{2}$

189. $\dfrac{1}{3}$

190. $\dfrac{\sqrt{2}}{2}$

193. sen $(x + y) = -\dfrac{84}{85}$

cos $(x + y) = \dfrac{13}{85}$

tg $(x + y) = -\dfrac{84}{13}$

195. $D(f) = \mathbb{R}$; $p(f) = \dfrac{\pi}{2}$; Im$(f) = [-1, 1]$

$D(g) = \mathbb{R}$; $p(g) = 2\pi$; Im$(g) = [-2, 2]$

$D(h) = \left\{x \in \mathbb{R} \mid x \neq \dfrac{\pi}{4} + k\pi\right\}$

$p(h) = \pi$; Im$(h) = \mathbb{R}$

196. $f(x) = \operatorname{sen} 6x$; $p = \dfrac{\pi}{3}$

197. tg $15° = 2 - \sqrt{3}$

199. sen $2x = \dfrac{2}{3}$

201. a) $\operatorname{sen}\left(\dfrac{\pi}{2} + 2\alpha\right) = \dfrac{1}{9}$

b) $\cos\left(\dfrac{\pi}{4} + \alpha\right) = \dfrac{\sqrt{10} - 2\sqrt{2}}{6}$

203. sen $3x = -\dfrac{44}{125}$

204. cos $3x = \dfrac{2\,035}{2\,197}$

205. tg $3x = -\dfrac{5\sqrt{7}}{9}$

206. $-\dfrac{\sqrt{3}}{2}$

208. a) $p(f) = \pi$; $D(f) = \mathbb{R}$; Im$(f) = [-1, 1]$

b) $p(g) = \dfrac{\pi}{2}$; $D(g) = \mathbb{R}$; Im$(g) = [0, 2]$

c) $p(h) = \dfrac{\pi}{2}$; $D(h) = \mathbb{R}$; Im$(h) = \left[\dfrac{1}{2}, 1\right]$

209. a) $p(f) = \pi$

b) $p(g) = \dfrac{\pi}{2}$

c) $p(h) = \dfrac{\pi}{2}$

210. sen $2a + \cos 2a = \dfrac{31}{25}$

211. sen $2a = -\dfrac{4\sqrt{5}}{9}$; cos $2b = -\dfrac{7}{9}$

212. $a = 1$; $b = -2$

215. $A = 18$

216. $\cos\left(\dfrac{a_n}{2}\right) = \sqrt{\dfrac{2n + 1}{2n + 2}} = \dfrac{\sqrt{4n^2 + 6n + 2}}{2n + 2}$

RESPOSTAS DOS EXERCÍCIOS

218. $\operatorname{sen} \frac{x}{2} = \frac{\sqrt{3}}{3}$ e $\operatorname{tg} \frac{x}{2} = \frac{\sqrt{2}}{2}$

219. $\operatorname{sen} \frac{x}{4} = \sqrt{\frac{10 - 7\sqrt{2}}{20}}$

$\cos \frac{x}{4} = \sqrt{\frac{10 + 7\sqrt{2}}{20}}$

$\operatorname{tg} \frac{x}{4} = \sqrt{\frac{10 - 7\sqrt{2}}{10 + 7\sqrt{2}}} = 5\sqrt{2} - 7$

220. $\operatorname{tg}\left(\frac{\pi + x}{2}\right) = \sqrt{\frac{5}{3}} = \frac{\sqrt{15}}{3}$

222. $f(x) = |\operatorname{tg} x|$; $\operatorname{Im}(f) = \mathbb{R}_+$

$D(f) = \left\{x \in \mathbb{R} \mid x \neq \frac{\pi}{2} + k\pi\right\}$; $p(f) = \pi$

223. $D(f) = \mathbb{R}$; $p(f) = \frac{\pi}{2}$

$\operatorname{Im}(f) = [0, \sqrt{2}]$

224. $\operatorname{tg} a = \frac{4}{3}$

225. $\operatorname{sen} a = \frac{\sqrt{3}}{2}$

235. $D(f) = \mathbb{R}$; $p(f) = \pi$

$\operatorname{Im}(f) = [-\sqrt{2}, +\sqrt{2}]$

236. $p(f) = \pi$

237. $|\operatorname{sen} x - \operatorname{sen} y| \leq |x - y|$

246. $S = \frac{2x}{2x^2 - 1}$

247. 18

248. $[-\sqrt{2}, \sqrt{2}]$

Capítulo X

282. $K = -2$

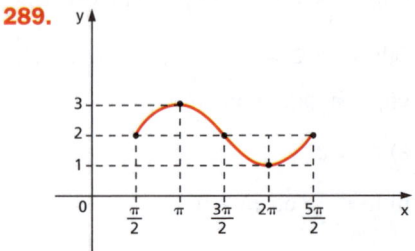

285. a) $\operatorname{sen} x$
b) $-\operatorname{cotg}^2 x$
c) $-\operatorname{tg} x$
d) $\operatorname{cotg} x$

286. $\cos^2 x$

287. $-\sec^2 x$

288. 1

289.

Capítulo XI

292. a) $x = \frac{\pi}{7} + 2k\pi$ ou $x = \frac{6\pi}{7} + 2k\pi$

b) $x = \frac{4\pi}{3} + 2k\pi$ ou $x = -\frac{\pi}{3} + 2k\pi$

c) $x = \frac{\pi}{2} + 2k\pi$ ou $x = \frac{3\pi}{2} + 2k\pi$

d) $x = \frac{\pi}{2} + 2k\pi$ ou $x = \frac{7\pi}{6} + 2k\pi$ ou

$x = -\frac{\pi}{6} + 2k\pi$

e) $x = k\pi$ ou $x = \frac{\pi}{6} + 2k\pi$ ou $x = \frac{5\pi}{6} + 2k\pi$

f) $x = \frac{\pi}{6} + 2k\pi$ ou $x = \frac{5\pi}{6} + 2k\pi$

g) $x = \pm\frac{\pi}{4} + 2k\pi$ ou $x = \frac{3\pi}{4} + 2k\pi$ ou

$x = \frac{5\pi}{4} + 2k\pi$

h) $x = \frac{3\pi}{2} + 2k\pi$ ou $x = \frac{\pi}{6} + 2k\pi$ ou

$x = \frac{5\pi}{6} + 2k\pi$

i) $x = \frac{\pi}{6} + 2k\pi$ ou $x = \frac{5\pi}{6} + 2k\pi$

j) $x = k\pi$ ou $x = \frac{\pi}{2} + 2k\pi$

293. $x = \pm\frac{\pi}{3} + k\pi$

RESPOSTAS DOS EXERCÍCIOS

295. a) $x = k\pi$ ou $x = \dfrac{\pi}{8} + \dfrac{k\pi}{4}$

b) $x = 2k\pi$ ou $x = \dfrac{\pi}{5} + \dfrac{2k\pi}{5}$

296. $x = \dfrac{\pi}{6} + 2k\pi$ ou $x = \dfrac{5\pi}{6} + 2k\pi$

297. $x = \dfrac{\pi}{2} + \dfrac{k\pi}{2}$ e $y = -\dfrac{\pi}{2} + \dfrac{k\pi}{2}$

300. a) $x = \pm\dfrac{2\pi}{3} + 2k\pi$

b) $x = \pm\dfrac{3\pi}{4} + 2k\pi$

c) $x = \pm\dfrac{\pi}{6} + 2k\pi$

d) $x = \pm\dfrac{\pi}{3} + 2k\pi$

e) $x = \pm\dfrac{\pi}{3} + 2k\pi$ ou $x = \dfrac{\pi}{2} + k\pi$

f) $x = \pm\dfrac{\pi}{3} + 2k\pi$

g) $x = 2k\pi$

h) $x = 2k\pi$ ou $x = \pm\dfrac{\pi}{3} + 2k\pi$

i) $x = \pm\dfrac{\pi}{3} + 2k\pi$

j) $x = \pm\dfrac{\pi}{3} + 2k\pi$ ou $x = \pm\dfrac{2\pi}{3} + 2k\pi$

302. a) $x = k\pi$ ou $x = \dfrac{k\pi}{2}$

b) $x = \dfrac{\pi}{12} + \dfrac{k\pi}{2}$ ou $x = -\dfrac{\pi}{18} + \dfrac{k\pi}{3}$

303. a) $x = y = \dfrac{\pi}{4} + k\pi$

b) $x = y = \dfrac{\pi}{4} + k\pi$

304. $x = (2k + 1)\dfrac{\pi}{2}$

305. $x = 2k\pi$

306. $0,1 < t \leqslant 10$

309. a) $x = \dfrac{\pi}{5} + k\pi$

b) $x = \dfrac{5\pi}{6} + k\pi$

c) $x = \dfrac{\pi}{6} + k\pi$

d) $x = \dfrac{\pi}{2} + k\pi$

e) $x = \dfrac{3\pi}{4} + k\pi$

f) $x = k\pi$

g) não existe x

h) $x = \dfrac{\pi}{16} + \dfrac{k\pi}{4}$

i) $x = \dfrac{\pi}{4} + k\pi$

j) $x = \dfrac{\pi}{6} + \dfrac{k\pi}{2}$ ou $x = \dfrac{\pi}{3} + \dfrac{k\pi}{2}$

310. a) $x = \dfrac{\pi}{4} + k\pi$

b) $x = \dfrac{\pi}{2} + k\pi$ ou $x = \dfrac{3\pi}{4} + k\pi$

c) $x = \dfrac{\pi}{4} + k\pi$

d) $x = \dfrac{3\pi}{4} + k\pi$ ou $x = k\pi$

311. $x = \pm\dfrac{\pi}{4} + k\pi$

312. $p = \dfrac{1}{2} + k, k \in \mathbb{Z}$

313. $\text{sen}^4\, a - \cos^2 a = -\dfrac{1}{4}$

314. $x = \dfrac{\text{sen } a + 1}{\cos a}$ ou $x = \dfrac{\text{sen } a - 1}{\cos a}$

316. a) $x = \dfrac{3\pi}{2} + 2k\pi$ ou $x = \pi + 2k\pi$

b) $x = \dfrac{11\pi}{6} + 2k\pi$ ou $x = \dfrac{3\pi}{2} + 2k\pi$

318. a) $x = k\dfrac{\pi}{2}$ ou $x = \dfrac{\pi}{8} + k\dfrac{\pi}{2}$

b) $x = k\pi$ ou $x = \dfrac{\pi}{2} + k\pi$

319. $x = \dfrac{\pi}{4} + k\pi$ ou $x = k\pi$

321. a) $\forall m \in \mathbb{R}$

b) $-\sqrt{2} \leqslant m \leqslant +\sqrt{2}$

323. a) $x = \dfrac{2k\pi}{m+n}$ ou $x = \dfrac{\pi}{m-n} + \dfrac{2k\pi}{m-n}$

b) $x = \dfrac{-\pi}{a-b} + \dfrac{2k\pi}{a-b}$ ou

$x = \dfrac{\pi}{a+b} + \dfrac{2k\pi}{a+b}$

c) $x = \dfrac{\pi}{12} + \dfrac{2k\pi}{3}$ ou $\dfrac{3\pi}{4} + 2k\pi$

325. a) $x = k\pi$ ou $x = \dfrac{k\pi}{3}$

b) $x = \pm\dfrac{\pi}{4} - \dfrac{a}{2} + k\pi$ ou $x = \dfrac{2\pi}{3} - a + 2k\pi$

ou $x = \dfrac{4\pi}{3} - a + 2k\pi$

c) $x = \dfrac{k\pi}{4}$ ou $x = -\dfrac{\pi}{8} + \dfrac{k\pi}{2}$

326. $x = \dfrac{\pi}{4} + k\pi$ ou $x = \dfrac{3\pi}{4} + k\pi$

327. $x = \dfrac{\pi}{6} + 2k\pi$ ou $x = \dfrac{5\pi}{6} + 2k\pi$ ou $x = k\pi$

ou $x = \dfrac{3\pi}{2} + 2k\pi$

328. $x = \dfrac{\pi}{6} + 2k\pi$ ou $x = \dfrac{5\pi}{6} + 2k\pi$

329. b) $x = \dfrac{\pi}{2} + 2k\pi$ e $y = 2k\pi$

330. $x = \pi + 2k\pi$ ou $x = \dfrac{3\pi}{2} + 2k\pi$

333. a) $x = \dfrac{\pi}{6} + k\pi$ ou $x = \dfrac{5\pi}{6} + k\pi$ ou

$x = \dfrac{\pi}{3} + k\pi$ ou $x = \dfrac{2\pi}{3} + k\pi$

b) $x = \dfrac{\pi}{8} + k\pi$ ou $x = \dfrac{3\pi}{8} + k\pi$ ou

$x = \dfrac{5\pi}{8} + k\pi$ ou $x = \dfrac{7\pi}{8} + k\pi$

c) $x = \dfrac{\pi}{4} + k\pi$ ou $x = \dfrac{3\pi}{4} + k\pi$

d) $x = \dfrac{\pi}{3} + k\pi$ ou $x = \dfrac{2\pi}{3} + k\pi$

e) $x = \dfrac{\pi}{2} + 2k\pi$ ou $x = 2k\pi$

Capítulo XII

335. $S = [x \in \mathbb{R} \mid 2k\pi \leq x \leq \pi + 2k\pi]$

336. $S = \left\{x \in \mathbb{R} \mid \dfrac{4\pi}{3} + 2k\pi \leq x \leq \dfrac{5\pi}{3} + 2k\pi\right\}$

337. $S = \left\{x \in \mathbb{R} \mid 2k\pi \leq x < \dfrac{\pi}{4} + 2k\pi \text{ ou }\right.$

$\dfrac{3\pi}{4} + 2k\pi < x \leq \dfrac{7\pi}{6} + 2k\pi$ ou

$\left.\dfrac{11\pi}{6} + 2k\pi \leq x < 2\pi + 2k\pi\right\}$

339. $S = \left\{x \in \mathbb{R} \mid 0 + 2k\pi \leq x \leq \dfrac{\pi}{6} + 2k\pi \text{ ou }\right.$

$\dfrac{5\pi}{6} + 2k\pi \leq x \leq \dfrac{7\pi}{6} + 2k\pi$ ou

$\left.\dfrac{11\pi}{6} + 2k\pi \leq x < 2\pi + 2k\pi\right\}$

340. $S = \left\{x \in \mathbb{R} \mid \dfrac{\pi}{4} + 2k\pi < x < \dfrac{3\pi}{4} + 2k\pi\right.$

ou $\left.\dfrac{5\pi}{4} + 2k\pi < x < \dfrac{7\pi}{4} + 2k\pi\right\}$

344. $S = \left\{x \in \mathbb{R} \mid 0 + 2k\pi \leq x \leq \dfrac{2\pi}{3} + 2k\pi\right.$

ou $\left.\dfrac{4\pi}{3} + 2k\pi \leq x < 2\pi + 2k\pi\right\}$

345. $S = \left\{x \in \mathbb{R} \mid \dfrac{\pi}{4} + 2k\pi < x < \dfrac{7\pi}{4} + 2k\pi\right\}$

346. $S = \left\{x \in \mathbb{R} \mid \dfrac{\pi}{3} + 2k\pi \leq x \leq \dfrac{5\pi}{6} + 2k\pi\right.$

ou $\left.\dfrac{7\pi}{6} + 2k\pi \leq x \leq \dfrac{5\pi}{3} + 2k\pi\right\}$

347. $S = \left\{x \in \mathbb{R} \mid \dfrac{\pi}{6} + 2k\pi < x < \dfrac{5\pi}{6} + 2k\pi\right.$

ou $\left.\dfrac{7\pi}{6} + 2k\pi < x < \dfrac{11\pi}{6} + 2k\pi\right\}$

348. $S = \varnothing$

350. $S = \left\{x \in \mathbb{R} \mid \dfrac{\pi}{6} + 2k\pi < x < \dfrac{5\pi}{6} + 2k\pi\right.$

ou $\left.\dfrac{7\pi}{6} + 2k\pi < x < \dfrac{11\pi}{6} + 2k\pi\right\}$

351. $S = \left\{ x \in \mathbb{R} \mid \dfrac{2\pi}{3} + 2k\pi \leq x \leq \dfrac{4\pi}{3} + 2k\pi \right.$
$\left. \text{ou } x = 2k\pi \right\}$

353. $S = \left\{ x \in \mathbb{R} \mid \dfrac{\pi}{2} + 2k\pi < x < 2\pi + 2k\pi \right\}$

355. $S = \left\{ x \in \mathbb{R} \mid \dfrac{\pi}{6} + 2k\pi < x \leq \dfrac{\pi}{3} + 2k\pi \right\}$

357. $S = \left\{ x \in \mathbb{R} \mid \dfrac{\pi}{3} + k\pi < x < \dfrac{\pi}{2} + k\pi \right\}$

358. $S = \left\{ x \in \mathbb{R} \mid \dfrac{\pi}{2} + k\pi < x \leq \pi + k\pi \right\}$

359. $S = \left\{ x \in \mathbb{R} \mid 0 + 2k\pi \leq x \leq \dfrac{\pi}{6} + 2k\pi \text{ ou} \right.$
$\dfrac{2\pi}{3} + 2k\pi < x \leq \dfrac{7\pi}{6} + 2k\pi$ ou
$\left. \dfrac{5\pi}{3} + 2k\pi < x < 2\pi + 2k\pi \right\}$

360. $S = \left\{ x \in \mathbb{R} \mid \dfrac{\pi}{3} + k\pi \leq x < \dfrac{\pi}{2} + k\pi \text{ ou} \right.$
$\left. \dfrac{\pi}{2} + k\pi < x \leq \dfrac{2\pi}{3} + k\pi \right\}$

361. $2k\pi < x \leq \dfrac{\pi}{4} + 2k\pi$ ou
$\pi + 2k\pi < x \leq \dfrac{5\pi}{4} + 2k\pi$

Capítulo XIII

363. arc sen $0 = 0$
arc sen $\dfrac{\sqrt{3}}{2} = \dfrac{\pi}{3}$
arc sen $\left(-\dfrac{1}{2}\right) = -\dfrac{\pi}{6}$
arc sen $1 = \dfrac{\pi}{2}$
arc sen $(-1) = -\dfrac{\pi}{2}$

365. tg $\left(\text{arc sen } \dfrac{3}{4}\right) = \dfrac{3\sqrt{7}}{7}$

367. a) $\dfrac{\sqrt{5}(-6 + \sqrt{3})}{15 + 2\sqrt{3}}$
b) $-\dfrac{24}{25}$
c) $-\dfrac{2\,035}{2\,197}$

368. $S = \left\{ \dfrac{\sqrt{3}}{2} \right\}$

370. arc cos $1 = 0$
arc cos $\dfrac{1}{2} = \dfrac{\pi}{3}$
arc cos $\dfrac{\sqrt{2}}{2} = \dfrac{\pi}{4}$
arc cos $0 = \dfrac{\pi}{2}$
arc cos $(-1) = \pi$

372. sen $\left(\text{arc cos } \left(-\dfrac{3}{5}\right)\right) = \dfrac{4}{5}$

373. cotg $\left(\text{arc cos } \dfrac{2}{7}\right) = \dfrac{2\sqrt{5}}{15}$

374. arc cos $x = \dfrac{\pi}{2} - A$

376. a) $-\dfrac{16}{65}$
b) $\dfrac{323}{325}$
c) $\dfrac{24}{7}$
d) $\dfrac{4}{5}$

377. a) $x = \pm \dfrac{\sqrt{2}}{2}$
b) gráfico

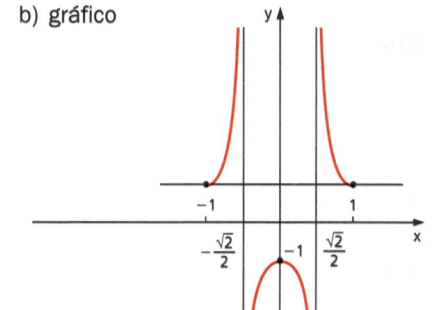

378. nenhum, pois $-1 \leq \cos \alpha \leq 1, \forall \alpha \in \mathbb{R}$

380. arc tg $0 = 0$

arc tg $\sqrt{3} = \dfrac{\pi}{3}$

arc tg $(-1) = -\dfrac{\pi}{4}$

arc tg $\left(-\dfrac{\sqrt{3}}{3}\right) = -\dfrac{\pi}{6}$

382. $\cos\left(\text{arc tg}\left(-\dfrac{4}{3}\right)\right) = \dfrac{3}{5}$

384. a) $\dfrac{\sqrt{2}}{2}$ c) $\dfrac{5}{12}$

b) $\dfrac{4}{5}$ d) $-\dfrac{11\,753}{15\,625}$

388. $S = \{0\}$

389. $x = \dfrac{1}{3}$

390. $25 - \cos(\alpha + \beta) = 7$

Apêndice A

393. $S = \left\{\dfrac{\pi}{18}, \dfrac{5\pi}{18}, \dfrac{13\pi}{18}, \dfrac{17\pi}{18}\right\}$

395. $S = \left\{0, \dfrac{\pi}{5}, \dfrac{3\pi}{5}, \pi\right\}$

397. $S = \left\{0, \dfrac{2\pi}{5}, \dfrac{4\pi}{5}\right\}$

398. $S = \left\{0, \dfrac{\pi}{6}, \dfrac{5\pi}{6}, \pi, \dfrac{7\pi}{6}, \dfrac{11\pi}{6}, 2\pi\right\}$

400. $S = \left\{\dfrac{\pi}{4}, \dfrac{5\pi}{4}\right\}$

401. $S = \left\{\dfrac{\pi}{4}, \dfrac{3\pi}{4}\right\}$

402. $x = \dfrac{\pi}{6} + 2k\pi; \ y = \dfrac{\pi}{6} - 2k\pi$

403. a) $S = \left\{\dfrac{\pi}{12}, \dfrac{11\pi}{12}, \dfrac{13\pi}{12}, \dfrac{23\pi}{12}\right\}$

b) $S = \left\{0, \dfrac{2\pi}{3}, \dfrac{4\pi}{3}, 2\pi\right\}$

c) $S = \left\{\dfrac{\pi}{3}, \dfrac{4\pi}{3}\right\}$

404. a) $S = \left\{0, \dfrac{\pi}{2}, \pi, \dfrac{3\pi}{2}, 2\pi\right\}$

b) $S = \left\{\dfrac{\pi}{12}, \dfrac{7\pi}{12}, \dfrac{13\pi}{12}, \dfrac{19\pi}{12}, \dfrac{5\pi}{18}, \dfrac{11\pi}{18}, \dfrac{17\pi}{18}, \dfrac{23\pi}{18}, \dfrac{29\pi}{18}, \dfrac{35\pi}{18}\right\}$

405. $S = \varnothing$

406. uma

407. a) $S = \left\{\dfrac{\pi}{6}, \dfrac{2\pi}{3}, \dfrac{7\pi}{6}, \dfrac{5\pi}{3}\right\}$

b) $S = \{0, \pi, 2\pi\}$

c) $S = \left\{\dfrac{\pi}{12}, \dfrac{5\pi}{12}, \dfrac{3\pi}{4}, \dfrac{13\pi}{12}, \dfrac{17\pi}{12}, \dfrac{21\pi}{12}\right\}$

d) $S = \{0, \pi, 2\pi\}$

e) $S = \varnothing$

f) $S = \left\{\dfrac{\pi}{16}, \dfrac{5\pi}{16}, \dfrac{9\pi}{16}, \dfrac{13\pi}{16}, \dfrac{17\pi}{16}, \dfrac{21\pi}{16}, \dfrac{25\pi}{16}, \dfrac{29\pi}{16}\right\}$

g) $S = \left\{\dfrac{\pi}{4}, \dfrac{5\pi}{4}\right\}$

h) $S = \left\{\dfrac{\pi}{6}, \dfrac{2\pi}{3}, \dfrac{7\pi}{6}, \dfrac{5\pi}{3}, \dfrac{\pi}{3}, \dfrac{5\pi}{6}, \dfrac{4\pi}{3}, \dfrac{11\pi}{6}\right\}$

408. a) $S = \left\{\dfrac{\pi}{4}, \dfrac{5\pi}{4}\right\}$

b) $S = \left\{\dfrac{\pi}{2}, \dfrac{3\pi}{2}, \dfrac{3\pi}{4}, \dfrac{7\pi}{4}\right\}$

c) $S = \left\{\dfrac{\pi}{4}, \dfrac{5\pi}{4}\right\}$

d) $S = \left\{\dfrac{3\pi}{4}, \dfrac{7\pi}{4}, 0, \pi, 2\pi\right\}$

e) $S = \varnothing$

f) $S = \left\{0, \pi, 2\pi, \dfrac{\pi}{6}, \dfrac{5\pi}{6}\right\}$

409. $p = \dfrac{1}{2}$ ou $p = \dfrac{3}{2}$ ou $p = \dfrac{5}{2}$ ou $p = \dfrac{7}{2}$

410. nenhum

411. $S = \left\{0, \dfrac{\pi}{4}, \pi, \dfrac{5\pi}{4}, 2\pi\right\}$

412. $S = \left\{0, \dfrac{\pi}{2}, \pi\right\}$

RESPOSTAS DOS EXERCÍCIOS

413. a) $S = \left\{\dfrac{\pi}{6}, \dfrac{\pi}{3}, \dfrac{2\pi}{3}, \dfrac{5\pi}{6}, \dfrac{7\pi}{6}, \dfrac{4\pi}{3}, \dfrac{5\pi}{3}, \dfrac{11\pi}{6}\right\}$

b) $S = \left\{\dfrac{\pi}{8}, \dfrac{3\pi}{8}, \dfrac{5\pi}{8}, \dfrac{7\pi}{8}, \dfrac{9\pi}{8}, \dfrac{11\pi}{8}, \dfrac{13\pi}{8}, \dfrac{15\pi}{8}\right\}$

c) $S = \left\{\dfrac{\pi}{4}, \dfrac{3\pi}{4}, \dfrac{5\pi}{4}, \dfrac{7\pi}{4}\right\}$

d) $S = \left\{\dfrac{\pi}{3}, \dfrac{2\pi}{3}, \dfrac{4\pi}{3}, \dfrac{5\pi}{3}\right\}$

e) $S = \left\{0, \dfrac{\pi}{2}, 2\pi\right\}$

414. quatro

415. $S = \left\{\dfrac{-\pi}{3}, \dfrac{\pi}{3}\right\}$

416. $S = \left\{\dfrac{3}{4}, \dfrac{7}{4}\right\}$

417. $S = \left\{0, \dfrac{\pi}{4}, \pi, \dfrac{5\pi}{4}, 2\pi\right\}$

418. a) $S = \left\{\dfrac{2\pi}{3}, \pi, \dfrac{4\pi}{3}\right\}$

b) $S = [0, 2\pi]$

c) $S = \left\{\dfrac{\pi}{3}, \dfrac{5\pi}{3}\right\}$

d) $S = \left\{\dfrac{\pi}{3}, \dfrac{5\pi}{3}\right\}$

419. 4π

420. uma

421. b) $S = \left\{\left(\dfrac{\pi}{2}, 0\right)\right\}$ ou $S = \left\{\left(\dfrac{\pi}{2}, 2\pi\right)\right\}$

422. $S = \left\{\left(\text{arc sen } \dfrac{2 - \sqrt{2}}{2}, \dfrac{\pi}{4}\right)\right\}$

423. $S = \left\{\dfrac{\pi}{6}, \dfrac{5\pi}{6}, \dfrac{7\pi}{6}, \dfrac{11\pi}{6}\right\}$

424. soma $= \pi$

425. $S = \left\{\dfrac{\pi}{4}, \dfrac{3\pi}{4}\right\}$

426. π

428. $S = \left\{x \in \mathbb{R} \mid \dfrac{\pi}{12} \leqslant x \leqslant \dfrac{11\pi}{12} \text{ ou } \dfrac{13\pi}{12} \leqslant x \leqslant \dfrac{23\pi}{12}\right\}$

429. $S = \left\{x \in \mathbb{R} \mid 0 \leqslant x < \dfrac{\pi}{6} \text{ ou }\right.$
$\dfrac{\pi}{3} < x < \dfrac{2\pi}{3}$ ou $\dfrac{5\pi}{6} < x < \dfrac{7\pi}{6}$ ou
$\left.\dfrac{4\pi}{3} < x < \dfrac{5\pi}{3} \text{ ou } \dfrac{11\pi}{6} < x \leqslant 2\pi\right\}$

431. $S = \left\{x \in \mathbb{R} \mid \dfrac{\pi}{3} < x < \pi\right\}$

432. $S = \left\{x \in \mathbb{R} \mid 0 \leqslant x < \dfrac{\pi}{4} \text{ ou } \dfrac{3\pi}{4} < x \leqslant \pi\right\}$

433. $S = \left\{x \in \mathbb{R} \mid \dfrac{\pi}{6} \leqslant x \leqslant \dfrac{5\pi}{6}\right\}$

435. $S = \left\{x \in \mathbb{R} \mid \dfrac{\pi}{12} < x < \dfrac{5\pi}{12} \text{ ou }\right.$
$\left.\dfrac{13\pi}{12} < x < \dfrac{17\pi}{12}\right\}$

436. $S = \left\{x \in \mathbb{R} \mid \dfrac{2\pi}{9} \leqslant x \leqslant \dfrac{7\pi}{9} \text{ ou }\right.$
$\dfrac{8\pi}{9} \leqslant x \leqslant \dfrac{13\pi}{9}$ ou $\dfrac{14\pi}{9} \leqslant x \leqslant 2\pi$
ou $\left.0 \leqslant x \leqslant \dfrac{\pi}{9}\right\}$

437. $S = \left\{x \in \mathbb{R} \mid \dfrac{\pi}{12} \leqslant x \leqslant \dfrac{5\pi}{12} \text{ e } x \neq \dfrac{\pi}{4} \text{ ou }\right.$
$\left.\dfrac{13\pi}{12} \leqslant x \leqslant \dfrac{17\pi}{12} \text{ e } x \neq \dfrac{5\pi}{4}\right\}$

438. $D = \left\{x \in \mathbb{R} \mid \dfrac{\pi}{6} \leqslant x < \dfrac{\pi}{2} \text{ ou }\right.$
$\left.\dfrac{5\pi}{6} \leqslant x \leqslant \dfrac{7\pi}{6} \text{ ou } \dfrac{3\pi}{2} < x \leqslant \dfrac{11\pi}{6}\right\}$

439. $D = \left\{x \in \mathbb{R} \mid \dfrac{\pi}{3} < x < \dfrac{5\pi}{3}\right\}$

440. a) $\left\{\alpha \in \mathbb{R} \mid \dfrac{\pi}{6} \leqslant \alpha \leqslant \dfrac{5\pi}{6}\right\}$

b) $\left\{\alpha \in \mathbb{R} \mid \dfrac{2\pi}{3} < \alpha \leqslant \dfrac{5\pi}{6}\right\}$

441. $S = \left\{x \in \mathbb{R} \mid \dfrac{\pi}{4} < x < \dfrac{\pi}{3} \text{ ou } \dfrac{5\pi}{3} < x < \dfrac{7\pi}{4}\right\}$

442. $S = \left\{x \in \mathbb{R} \mid 0 < x < \dfrac{\pi}{2}\right\}$

444. $S = \left\{ x \in \mathbb{R} \mid 0 \leq x < \dfrac{\pi}{4} \text{ ou } \pi \leq x < \dfrac{5\pi}{4} \text{ ou } \dfrac{\pi}{3} \leq x < \dfrac{3\pi}{4} \text{ ou } \dfrac{4\pi}{3} \leq x < \dfrac{7\pi}{4} \text{ ou } \dfrac{5\pi}{6} \leq x < \pi \text{ ou } \dfrac{11\pi}{6} \leq x < 2\pi \right\}$

445. $S = \left\{ x \in \mathbb{R} \mid 0 \leq x \leq \dfrac{\pi}{8} \text{ ou } \pi \leq x \leq \dfrac{9\pi}{8} \text{ ou } \dfrac{3\pi}{2} \leq x \leq \dfrac{13\pi}{8} \text{ ou } \dfrac{\pi}{2} \leq x \leq \dfrac{5\pi}{8} \right\}$

446. $S = \left\{ x \in \mathbb{R} \mid 0 \leq x < \dfrac{\pi}{6} \text{ ou } \dfrac{5\pi}{6} < x \leq \dfrac{7\pi}{6} \text{ ou } \dfrac{\pi}{3} < x < \dfrac{2\pi}{3} \text{ ou } \dfrac{4\pi}{3} < x < \dfrac{5\pi}{3} \text{ ou } \dfrac{11\pi}{6} < x \leq 2\pi \right\}$

447. $S = \left\{ x \in \mathbb{R} \mid \dfrac{\pi}{4} < x < \dfrac{5\pi}{4} \right\}$

448. $S = \left\{ x \in \mathbb{R} \mid \dfrac{\pi}{12} < x < \dfrac{7\pi}{12} \right\}$

449. $S = \left\{ x \in \mathbb{R} \mid 0 \leq x \leq \dfrac{\pi}{4} \text{ ou } \dfrac{3\pi}{4} \leq x \leq 2\pi \right\}$

450. $S = \left\{ x \in \mathbb{R} \mid \dfrac{\pi}{2} < x \leq \pi \text{ ou } \dfrac{3\pi}{2} < x \leq 2\pi \right\}$

451. $S = \left\{ x \in \mathbb{R} \mid \dfrac{\pi}{6} \leq x \leq \dfrac{5\pi}{6} \text{ ou } \dfrac{7\pi}{6} \leq x \leq \dfrac{11\pi}{6} \right\}$

452. $S = \left\{ x \in \mathbb{R} \mid \dfrac{\pi}{6} \leq x \leq \dfrac{5\pi}{6} \right\}$

453. a) $S = \left\{ x \in \mathbb{R} \mid \dfrac{\pi}{6} < x < \dfrac{5\pi}{6} \right\}$
b) $S = \left\{ \dfrac{\pi}{2} \right\}$

454. $S = \left\{ x \in \mathbb{R} \mid \dfrac{\pi}{6} < x < \dfrac{5\pi}{6} \text{ ou } \dfrac{7\pi}{6} < x < \dfrac{11\pi}{6} \right\}$

455. $S = \left\{ x \in \mathbb{R} \mid \dfrac{\pi}{3} < x < \pi \right\}$

456. $S = \left\{ x \in \mathbb{R} \mid \dfrac{\pi}{6} \leq x < \dfrac{\pi}{2} \text{ ou } \dfrac{5\pi}{6} \leq x \leq \dfrac{7\pi}{6} \text{ ou } \dfrac{3\pi}{2} < x \leq \dfrac{11\pi}{6} \right\}$

457. $\dfrac{\pi}{4} < \alpha < \dfrac{\pi}{2}$

458. $S = \{ x \in \mathbb{R} \mid 0 < x < \pi \}$

459. $S = \left\{ x \in \mathbb{R} \mid 0 < x < \dfrac{\pi}{2} \text{ ou } \pi < x < \dfrac{3\pi}{2} \right\}$

Apêndice B

461. $c = \sqrt{10}$

462. $4\sqrt{7}$ m e $4\sqrt{19}$ m

463. $\hat{A} = 45°$; $\hat{B} = 60°$ e $\hat{C} = 75°$

466. $c = \dfrac{1 + \sqrt{13}}{6}$

468. a) retângulo
b) obtusângulo
c) acutângulo

469. $\sqrt{\dfrac{1 + \sqrt{5}}{2}} < q < \dfrac{1 + \sqrt{5}}{2}$

472. $\hat{B} = 120°$; $\hat{C} = 45°$

473. $XY = 25\sqrt{3}$ m

474. $a = h_a (\text{tg } \alpha + \text{tg } \beta)$

475. $S = 7\sqrt{3}$ m²

476. $S = 50\sqrt{3}$ m²

477. $R = 2\sqrt{41 - 20\sqrt{3}}$ m

478. ($c = 5$ m; $S = 10\sqrt{3}$ m²)
ou ($c = 3$ m; $S = 6\sqrt{3}$ m²)

479. $\hat{A} = 30°$; $\hat{B} = 30°$; $\hat{C} = 120°$

480. arc sen $\dfrac{5}{2\sqrt{41 + 20\sqrt{3}}}$

RESPOSTAS DOS EXERCÍCIOS

482. $\hat{B} = \text{arc cos } \dfrac{57}{90}$

483. $(\hat{B}=45°; \hat{C}=120°) \text{ ou } (\hat{B}=135°; \hat{C}=30°)$

484. $\hat{B} = 30°; \hat{A} = 90°$

485. $\hat{A} = 30°; \hat{B} = 90°; \hat{C} = 60°$

486. $c = 3\sqrt{3}$ m

487. $\text{tg } \hat{B} \cdot \text{tg } \hat{C} = 3$

488. 6 m²

Apêndice C

490. $\hat{B} = 60°; \hat{C} = 30°; a = 2\sqrt{3}; c = \sqrt{3}$

491. $a = 13; b = 5; c = 12;$
$\hat{B} = \text{arc sen } \dfrac{5}{13}; \hat{C} = \text{arc sen } \dfrac{12}{13}$

492. $a = 14; b = c = 25;$
$\hat{A} = 2 \text{ arc sen } \dfrac{7}{25}; \hat{B} = \hat{C} = \text{arc cos } \dfrac{7}{25}$

493. $a = |\sec \varphi|; \text{tg } \hat{B} = \cotg \varphi; \text{tg } \hat{C} = \text{tg } \varphi$

494. $a = 4; b = 5; c = 6; \hat{A} = \text{arc cos } \dfrac{3}{4};$
$\hat{B} = 180° - 3\hat{A}; \hat{C} = 2\hat{A}$

495. $b = 3; c = 4; \hat{B} = \text{arc sen } \dfrac{3}{5};$
$\hat{C} = \text{arc cos } \dfrac{3}{5}$

496. $a' = R \cdot \text{sen } 2\hat{A}; b' = R \cdot \text{sen } 2\hat{B};$
$c' = R \cdot \text{sen } 2\hat{C}$
$\hat{A}' = 180° - 2\hat{A}, \hat{B}' = 180° - 2\hat{B},$
$\hat{C}' = 180° - 2\hat{C}$

497. $\hat{A}' = \dfrac{\hat{B} + \hat{C}}{2}; \hat{B}' = \dfrac{\hat{A} + \hat{C}}{2}; \hat{C}' = \dfrac{\hat{B} + \hat{A}}{2};$
$a' = 2(p - a) \cdot \text{sen } \dfrac{\hat{A}}{2}; b' = 2(p - b) \cdot \text{sen } \dfrac{\hat{B}}{2};$
$c' = 2(p - c) \cdot \text{sen } \dfrac{\hat{C}}{2}$

498. $b = c = 5; \hat{B} = \hat{C} = \dfrac{\pi}{2} - \dfrac{1}{2} \cdot \text{arc sen } \dfrac{3\sqrt{91}}{50}$

501. $a = R \cdot \text{sen } (\hat{B} + \hat{C}); b = R \cdot \text{sen } \hat{B};$
$c = R \cdot \text{sen } \hat{C} \text{ e } \hat{A} = 180° - (\hat{B} + \hat{C}), \text{em que}$
$R = \sqrt{\dfrac{S}{2 \cdot \text{sen } (\hat{B} + \hat{C}) \cdot \text{sen } \hat{B} \cdot \text{sen } \hat{C}}}$

502. $a = \dfrac{h_a}{\text{tg } \hat{B}} + \dfrac{h_a}{\text{tg } \hat{C}}; b = \dfrac{h_a}{\text{sen } \hat{C}}; c = \dfrac{h_a}{\text{sen } \hat{B}};$
$\hat{A} = 180° - (\hat{B} + \hat{C})$

503. $\dfrac{5}{27}$

504. $\text{OO}' = \dfrac{d}{\cos \dfrac{\alpha}{2}}$

505. 12

506. a) $\text{tg } \alpha = \dfrac{1}{2}$
b) $\text{tg } \alpha = 1$
c) $\text{tg } \alpha = 2$

Questões de vestibulares

Arcos e ângulos

1. (UE-CE) Para realizar os cálculos de um determinado experimento, um estudante necessita descrever a posição dos ponteiros de um relógio. Sabendo-se que o experimento se iniciará às três horas da tarde, é correto afirmar que a equação que descreve a medida (em graus) do ângulo que o ponteiro das horas forma com o semieixo vertical positivo (que aponta na direção do número 12 do relógio) em função do tempo decorrido (em minutos), contado a partir de três horas da tarde, é:

a) $\theta(t) = 3 + 30t$

b) $\theta(t) = 90 + \dfrac{1}{2} t$

c) $\theta(t) = 3 + \dfrac{1}{30} t$

d) $\theta(t) = 90 - 30t$

e) $\theta(t) = 30 + \dfrac{1}{2} t$

2. (PUC-RS) Em Londres, Tales andou na *London Eye*, para contemplar a cidade. Esta roda-gigante de 135 metros de diâmetro está localizada à beira do rio Tâmisa. Suas 32 cabines envidraçadas foram fixadas à borda da roda com espaçamentos iguais entre si. Então, a medida do arco formado por cinco cabines consecutivas é igual, em metros, a:

a) $\dfrac{135}{4} \pi$

b) $\dfrac{675}{32} \pi$

c) $\dfrac{675}{16} \pi$

d) $\dfrac{135}{8} \pi$

e) $\dfrac{135}{32} \pi$

QUESTÕES DE VESTIBULARES

3. (UE-CE) O *Big Ben*, relógio famoso por sua precisão, tem 7 metros de diâmetro. Em funcionamento normal, o ponteiro das horas e o dos minutos, ao se deslocarem de 1 hora para 10 horas, percorrem, respectivamente,

a) um arco com comprimento aproximado de 16,5 metros e medida 18π radianos.

b) um arco com comprimento aproximado de 22 metros e medida 2π radianos.

c) um arco com comprimento aproximado de 16,5 metros e medida −18π radianos.

d) um arco com comprimento aproximado de 6,28 metros e medida 2π radianos.

e) um arco com comprimento aproximado de 6,28 metros e medida −2π radianos.

Considere π = 3,1416

4. (ITA-SP) Entre duas superposições consecutivas dos ponteiros das horas e dos minutos de um relógio, o ponteiro dos minutos varre um ângulo cuja medida, em radianos, é igual a:

a) $\frac{23}{11}\pi$

b) $\frac{13}{6}\pi$

c) $\frac{24}{11}\pi$

d) $\frac{25}{11}\pi$

e) $\frac{7}{3}\pi$

5. (FGV-SP) Duas pessoas combinaram de se encontrar entre 13 h e 14 h, no exato instante em que a posição do ponteiro dos minutos do relógio coincidisse com a posição do ponteiro das horas. Dessa forma, o encontro foi marcado para as 13 horas e

a) 5 minutos

b) $5\frac{4}{11}$ minutos

c) $5\frac{5}{11}$ minutos

d) $5\frac{6}{11}$ minutos

e) $5\frac{8}{11}$ minutos

6. (Enem-MEC) O medidor de energia elétrica de uma residência, conhecido por "relógio de luz", é constituído de quatro pequenos relógios, cujos sentidos de rotação estão indicados conforme a figura:

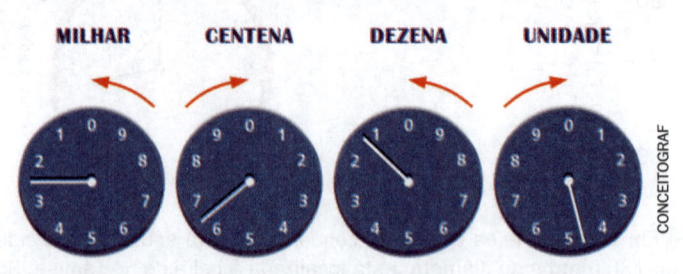

Disponível em: http://www.enersul.com.br. Acesso em: 26 abr. 2010.

A medida é expressa em kWh. O número obtido na leitura é composto por 4 algarismos. Cada posição do número é formado pelo último algarismo ultrapassado pelo ponteiro.
O número obtido pela leitura em kWh, na imagem, é:

a) 2 614

b) 3 624

c) 2 715

d) 3 725

e) 4 162

7. (UF-PE) Um relógio está com seus ponteiros na disposição da figura. Se o ponteiro dos minutos está ajustado, podemos afirmar:

(0-0) Seu ponteiro das horas está atrasado em relação aos minutos marcados pelo ponteiro maior.

(1-1) O ângulo entre os ponteiros deve medir 80°, quando o ponteiro menor estiver ajustado.

(2-2) O ângulo que o ponteiro das horas, agora, está formando com sua posição às 12 horas, mede $\frac{\pi}{4}$ radianos.

(3-3) Às 12 horas, o ponteiro dos minutos formava menos de 130 graus com sua atual posição.

(4-4) Daqui a dez minutos, o ponteiro maior estará fazendo um ângulo de 60° com sua posição atual.

Relações fundamentais

8. (FGV-SP) Sabendo que o valor da secante de x é dado por sec $x = \frac{5}{4}$, em que x pertence ao intervalo $\left[\frac{3\pi}{2}, 2\pi\right]$, podemos afirmar que os valores de cos x, sen x e tg x são respectivamente:

a) $\frac{4}{5}, \frac{3}{5}$ e $\frac{3}{4}$

b) $\frac{-3}{5}, \frac{4}{5}$ e $\frac{-4}{3}$

c) $\frac{-3}{5}, \frac{-4}{5}$ e $\frac{4}{3}$

d) $\frac{4}{5}, \frac{-3}{5}$ e $\frac{-3}{4}$

e) $\frac{4}{5}, \frac{-3}{5}$ e $\frac{3}{4}$

9. (UE-CE) Se x é um arco localizado no segundo quadrante e cos $x = -\frac{3}{5}$, então o valor de cos x + sen x + tg x + cotg x + sec x + cossec x é:

a) −2,3
b) −3,4
c) −4,5
d) −5,6

10. (UF-PI) Seja α um número real satisfazendo $0 < \alpha < \frac{\pi}{2}$ e $\frac{tg\, x}{2} = \sqrt{2}$. É correto afirmar que:

a) $\cos \alpha + \text{sen } \alpha = \frac{1 - 2\sqrt{2}}{3}$
b) sec α = 3
c) cossec α é um número racional
d) sen α = 1
e) sen α · cos α = 1

11. (PUC-RS) Para representar os harmônicos emitidos pelos sons dos instrumentos da orquestra, usam-se funções trigonométricas.

A expressão 2 sen² x + 2 cos² x − 5 envolve estas funções e, para $\pi < x < \frac{3\pi}{2}$, seu valor é de:

a) −7
b) −3
c) −1
d) 2π − 5
e) 3π − 5

QUESTÕES DE VESTIBULARES

12. (FEI-SP) Se x é um arco do segundo quadrante e sen x = $\frac{4}{5}$, então pode-se afirmar que:

a) sen x + cos x = 1

b) 2 sen x + 3 cos x = $-\frac{1}{5}$

c) sec x = $\frac{4}{5}$

d) tg x − cos x = $\frac{4}{3}$

e) cotg x − tg x = $\frac{25}{12}$

13. (FEI-SP) Simplificando a expressão $\frac{1 + \text{cotg}^2 x}{3 \sec^2 x}$, onde existir, obtemos:

a) $\frac{\text{tg}^2 x}{3}$

b) 3 cotg² x

c) 3 tg² x

d) $\frac{\text{cotg}^2 x}{3}$

e) sec² 3x

14. (ITA-SP) Determine o valor de K para que as raízes da equação do segundo grau (K − 5)x² − − 4Kx + K − 2 = 0 sejam o seno e o cosseno de um mesmo arco.

15. (FGV-SP) Se cos x + sec(−x) = t, então, cos² x + sec² x é igual a:

a) 1

b) t² + 2

c) t²

d) t² − 2

e) t² + 1

16. (UF-MA) Considere uma circunferência de raio r > 0 e θ a medida do ângulo MÔP, como na figura ao lado.

Assim, é correto afirmar que:

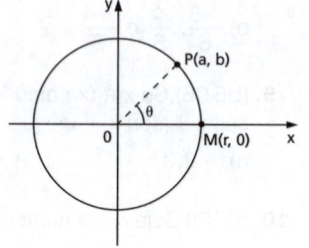

a) r cos (π − θ) = b e r sen (2π − θ) = −b

b) r sen (π + θ) = −b e r cos (π + θ) = a

c) r cos (2π − θ) = a e r sen (π + θ) = b

d) r sen (π − θ) = b e r cos (π + θ) = −a

e) r cos $\left(\frac{\pi}{2} + \theta\right)$ = b e r sen $\left(\frac{\pi}{2} + \theta\right)$ = a

17. (UF-CE) Considere os números reais cos (32°), cos (150°), cos (243°) e cos (345°). Se x e y representam, respectivamente, o maior e o menor destes números, então x + y é igual a:

a) $\frac{2 + \sqrt{3}}{2}$

b) $\frac{3 + \sqrt{2}}{4}$

c) $\frac{2 - \sqrt{3}}{4}$

d) $\frac{3 - \sqrt{2}}{4}$

e) $\frac{\sqrt{3} - \sqrt{2}}{4}$

18. (FGV-SP) A soma cos² 0° + cos² 2° + cos² 4° + cos² 4° + cos² 6° + ... + cos² 358° + + cos² 360° é igual a:

a) 316

b) 270

c) 181

d) 180

e) 91

Funções circulares

19. (PUC-RS) O ponto P(x, y) pertence à circunferência de raio 1 e é extremidade de um arco de medida α, conforme figura. Então o par (x, y) é igual a:

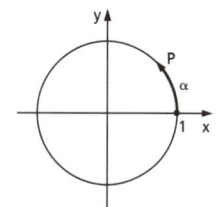

a) (tan α, sen α)
b) (cos α, tan α)
c) (sen α, cos α)
d) (cos α, sen α)
e) (sen² α, cos² α)

20. (UF-RN) Considere a figura ao lado, na qual a circunferência tem raio igual a 1.

Nesse caso, as medidas dos segmentos $\overline{ON}$, $\overline{OM}$ e $\overline{AP}$, correspondem, respectivamente, a:

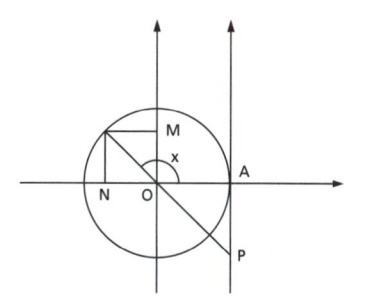

a) sen x, sec x e cotg x.
b) cos x, sen x e tg x.
c) cos x, sec x e cossec x.
d) tg x, cossec x e cos x.

21. (UE-GO) No ciclo trigonométrico, as funções seno e cosseno são definidas para todos os números reais.

Em relação às imagens dessas funções, é correto afirmar:

a) sen (7) > 0
b) sen (8) < 0
c) $\left(\cos\left(\sqrt{5}\right) > 0\right)$
d) $\left(\cos\left(\sqrt{5}\right) > \text{sen}(8)\right)$

22. (Fatec-SP) Sobre a função f, de $\mathbb{R}$ em $\mathbb{R}$, definida por $f(x) = 1 + \cos\frac{x}{3}$, é verdade que:

a) seu conjunto imagem é [−1, 1]
b) seu período é 6π
c) f(x) < 0 para todo x pertencente a $\left]\frac{3\pi}{2}, 2\pi\right[$
d) f(3π) = 1
e) $f\left(\frac{3\pi}{2}\right) = f\left(\frac{5\pi}{2}\right)$

23. (UF-RS) O período da função definida por $f(x) = \text{sen}\left(3x - \frac{\pi}{2}\right)$ é:

a) $\frac{\pi}{2}$
b) $\frac{2\pi}{3}$
c) $\frac{5\pi}{6}$
d) π
e) 2π

24. (UF-PA) Considere a função f dada por $f(x) = 8 + \text{sen}\left(x - \dfrac{\pi}{7}\right)$. Podemos afirmar que f assume seu valor mínimo quando:

a) $x = \dfrac{\pi}{7} + 2k\pi$, $k = 0, \pm 1, \pm 2, \ldots$

b) $x = \dfrac{8\pi}{7} + k\pi$, $k = 0, \pm 1, \pm 2, \ldots$

c) $x = \dfrac{23\pi}{14} + 2k\pi$, $k = 0, \pm 1, \pm 2, \ldots$

d) $x = \dfrac{9\pi}{14} + 2k\pi$, $k = 0, \pm 1, \pm 2, \ldots$

e) $x = \dfrac{8\pi}{7} + 2k\pi$, $k = 0, \pm 1, \pm 2, \ldots$

25. (Mackenzie-SP) O maior valor que o número real $\dfrac{10}{2 - \dfrac{\text{sen } x}{3}}$ pode assumir é:

a) $\dfrac{20}{3}$ c) 10 e) $\dfrac{20}{7}$

b) $\dfrac{7}{3}$ d) 6

26. (PUC-RS) Os fenômenos gerados por movimentos oscilatórios são estudados nos cursos da Faculdade de Engenharia. Sob certas condições, a função $y = 10 \cos(4t)$ descreve o movimento de uma mola, onde y (medido em cm) representa o deslocamento da massa a partir da posição de equilíbrio no instante t (em segundos). Assim, o período e a amplitude desse movimento valem, respectivamente:

a) $\dfrac{\pi}{2}$ s — 10 cm c) $\dfrac{\pi}{4}$ s — 10 cm e) $\dfrac{\pi}{2}$ s — 20 cm

b) 2π s — 20 cm d) $\dfrac{\pi}{4}$ s — 20 cm

27. (UF-MS) Seja uma função trigonométrica definida por:

$F(x) = 2 \cos\left(2x + \dfrac{\pi}{4}\right)$, onde $x \in \mathbb{R}$ (conjunto dos números reais)

Assinale a(s) afirmação(ões) correta(s).

(001) O ponto $(0, \sqrt{2})$ pertence ao gráfico da função F.

(002) A imagem da função F é o intervalo fechado $[-1, 1]$.

(004) A função F tem duas raízes no intervalo fechado $[0, \pi]$.

(008) Os valores mínimos de F são assumidos em $x = \dfrac{3\pi}{8} + k \cdot \pi$, com k inteiro.

(016) Os valores máximos de F são assumidos em $x = \dfrac{\pi}{4} + k \cdot \pi$, com k inteiro.

QUESTÕES DE VESTIBULARES

28. (UF-PR) Suponha que, durante um certo período do ano, a temperatura T, em graus Celsius, na superfície de um lago possa ser descrita pela função $F(t) = 21 - 4\cos\left(\dfrac{\pi}{12}t\right)$, sendo t o tempo em horas medido a partir das 06h00 da manhã.

a) Qual a variação de temperatura num período de 24 horas?

b) A que horas do dia a temperatura atingirá 23 °C?

29. (Enem-MEC) Considere um ponto P em uma circunferência de raio r no plano cartesiano. Seja Q a projeção ortogonal de P sobre o eixo x, como mostra a figura, e suponha que o ponto P percorra, no sentido anti-horário, uma distância $d \leq r$ sobre a circunferência.

Então, o ponto Q percorrerá, no eixo x, uma distância dada por:

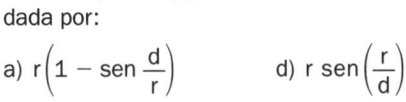

a) $r\left(1 - \text{sen}\,\dfrac{d}{r}\right)$

b) $r\left(1 - \cos\dfrac{d}{r}\right)$

c) $r\left(1 - \text{tg}\,\dfrac{d}{r}\right)$

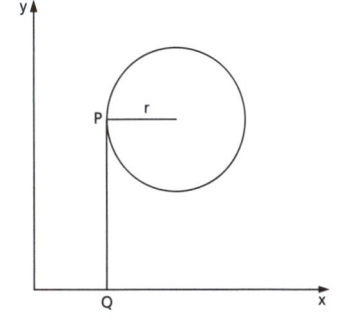

d) $r\,\text{sen}\left(\dfrac{r}{d}\right)$

e) $r\cos\left(\dfrac{r}{d}\right)$

30. (Unesp-SP) Em situação normal, observa-se que os sucessivos períodos de aspiração e expiração de ar dos pulmões em um indivíduo são iguais em tempo, bem como na quantidade de ar inalada e expelida.

A velocidade de aspiração e expiração de ar dos pulmões de um indivíduo está representada pela curva do gráfico, considerando apenas um ciclo do processo.

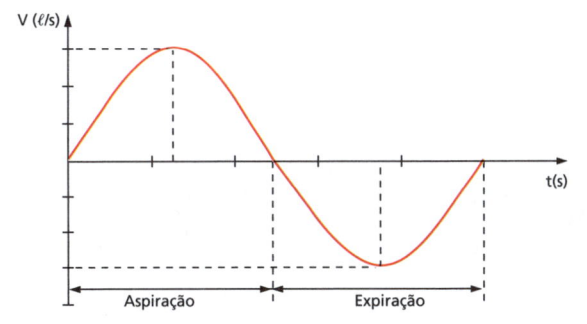

Sabendo-se que, em uma pessoa em estado de repouso, um ciclo de aspiração e expiração completo ocorre a cada 5 segundos e que a taxa máxima de inalação e exalação, em módulo, é 0,6 ℓ/s, a expressão da função cujo gráfico mais se aproxima da curva representada na figura é:

a) $V(t) = \dfrac{2\pi}{5}\,\text{sen}\left(\dfrac{3}{5}t\right)$

b) $V(t) = \dfrac{3}{5}\,\text{sen}\left(\dfrac{5}{2\pi}t\right)$

c) $V(t) = 0{,}6\cos\left(\dfrac{2\pi}{5}t\right)$

d) $V(t) = 0{,}6\,\text{sen}\left(\dfrac{2\pi}{5}t\right)$

e) $V(t) = \dfrac{5}{2\pi}\cos(0{,}6t)$

QUESTÕES DE VESTIBULARES

31. (UF-RS) Assinale a alternativa que pode representar o gráfico de f(x) = sen |x|.

a)

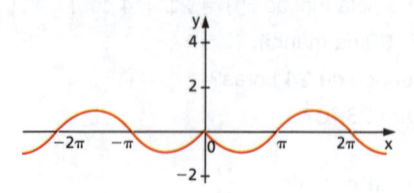

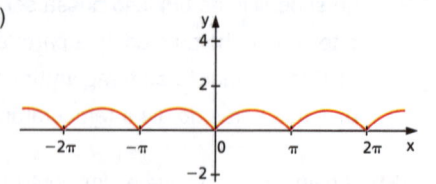

b)

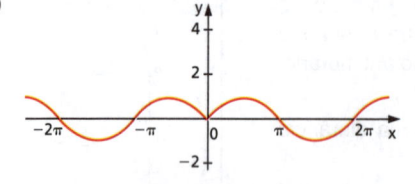

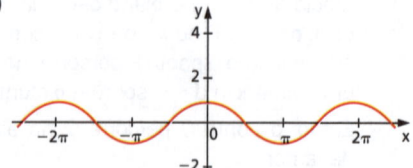

c)

d)

e)

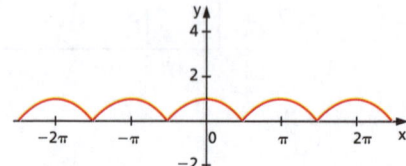

32. (UF-PA) O gráfico da função f dada por $f(t) = \cos\left(t + \dfrac{\pi}{2}\right)$ no intervalo $[0, 2\pi]$ é:

a) f(t)

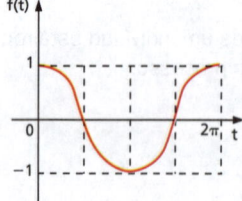

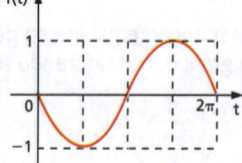

b) f(t)

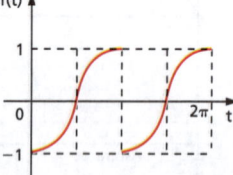

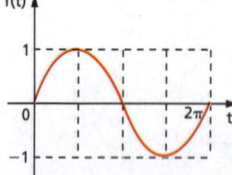

c) f(t)

d) f(t)

e) f(t)

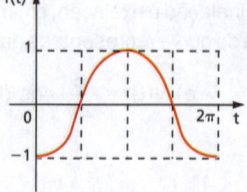

33. (PUC-RS) A representação gráfica da função f dada por $f(x) = 2\,\text{sen}\left(x + \dfrac{\pi}{2}\right) - 2$ é:

a)

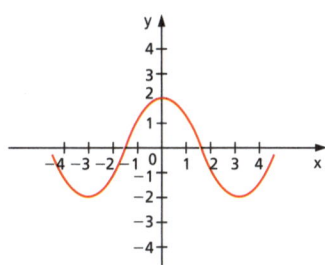

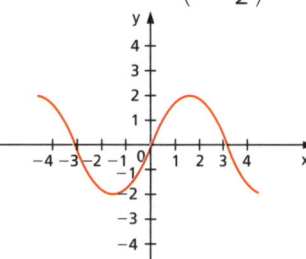

b)

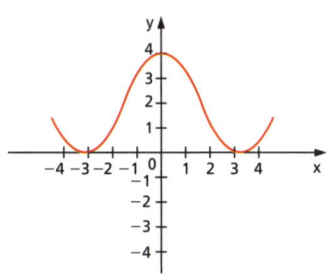

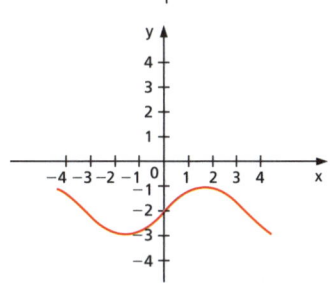

c)

d)

e)

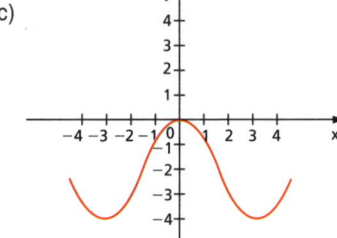

34. (Fatec-SP) Um determinado objeto de estudo é modelado segundo uma função trigonométrica f, de $\mathbb{R}$ em $\mathbb{R}$ sendo parte do seu gráfico representado na figura:

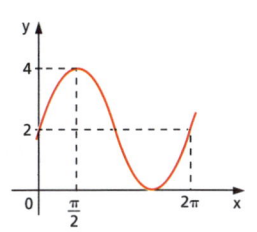

Usando as informações dadas nesse gráfico, pode-se afirmar que:

a) a função f é definida por $f(x) = 2 + 3 \cdot \text{sen}\,x$.
b) f é crescente para todo x tal que $x \in [\pi;\, 2\pi]$.
c) o conjunto imagem da função f é [2; 4].
d) para $y = f\left(\dfrac{19\pi}{4}\right)$, tem-se $2 < y < 4$.
e) o período de f é π.

35. (Fatec-SP) As funções reais $f(x) = \text{sen}\,x$ e $g(x) = \cos x$ têm seus gráficos representados no intervalo $0 \leqslant x \leqslant 2\pi$.

Se a função h(x) = f(x) + g(x) tem período p e valor máximo h, então o produto p · h é igual a:

a) 4π
b) 2√2π
c) 2π
d) √2π
e) $\frac{\sqrt{2}}{4}$ π

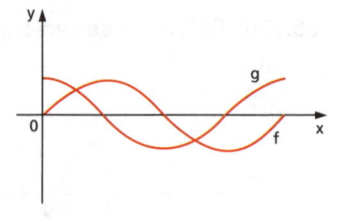

36. (UE-CE) Se y = a + cos (x + b) tem como gráfico

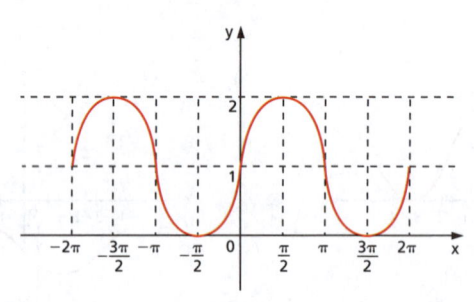

podemos afirmar que:

a) a = 2, b = $\frac{\pi}{2}$
b) a = 1, b = $-\frac{\pi}{2}$
c) a = 2, b = $-\frac{\pi}{2}$
d) a = 1, b = $\frac{\pi}{2}$
e) a = 0, b = 0

37. (UF-PR) A figura abaixo representa parte do gráfico de uma função trigonométrica f: ℝ → ℝ.

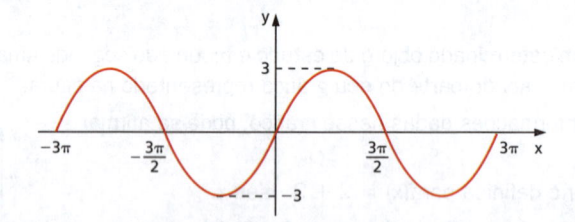

A respeito dessa função, é correto afirmar:

a) Ela pode ser definida pela expressão f(x) = 3 sen $\left(\frac{2x}{2} + \frac{\pi}{2}\right)$.
b) f(x + 2π) = f(x), qualquer que seja x real.
c) Ela pode ser definida pela expressão f(x) = 3 cos $\frac{2x}{3}$.
d) |f(x)| ≤ 1, qualquer que seja x real.
e) f(10π) > 0

QUESTÕES DE VESTIBULARES

38. (FGV-SP) O gráfico indica uma senoide, sendo P e Q dois de seus interceptores com o eixo x. Em tais condições, a distância entre P e Q é:

a) $\dfrac{4\pi}{3}$

b) $\dfrac{3\pi}{2}$

c) $\dfrac{5\pi}{3}$

d) 2π

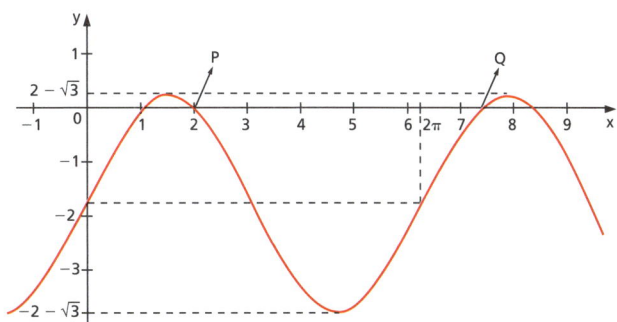

e) $\dfrac{9\pi}{4}$

39. (UE-CE) Um fabricante produz telhas senoidais como a da figura ao lado.

Para a criação do molde da telha a ser fabricada, é necessário fornecer a função cujo gráfico será a curva geratriz da telha. A telha padrão produzida pelo fabricante possui por curva geratriz o gráfico da função $y = \text{sen}(x)$ (veja detalhe na figura ao lado).

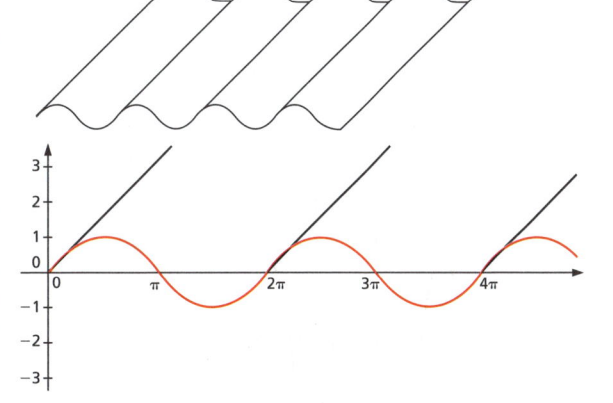

Um cliente solicitou então a produção de telhas que fossem duas vezes "mais sanfonadas" e que tivessem o triplo da altura da telha padrão, como na figura abaixo.

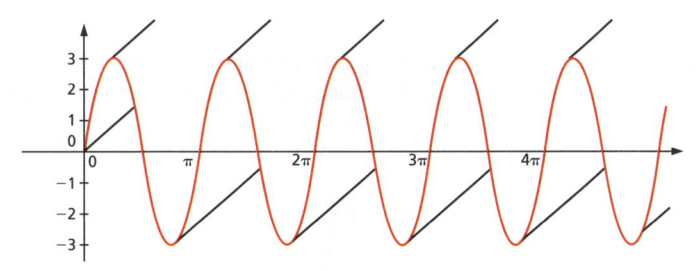

A curva geratriz dessa nova telha será então o gráfico da função:

a) $y = 3\,\text{sen}\left(\dfrac{1}{2}x\right)$

b) $y = 3\,\text{sen}(2x)$

c) $y = 2\,\text{sen}\left(\dfrac{1}{3}x\right)$

d) $y = \dfrac{1}{3}\,\text{sen}\left(\dfrac{1}{2}x\right)$

e) $y = 2\,\text{sen}(3x)$

QUESTÕES DE VESTIBULARES

40. (UFF-RJ) Nas comunicações, um sinal é transmitido por meio de ondas senoidais, denominadas ondas portadoras. Considere a forma da onda portadora modelada pela função trigonométrica $f(t) = 2 \text{ sen}\left(3t - \dfrac{\pi}{3}\right)$, $t \in \mathbb{R}$.

Pode-se afirmar que o gráfico que melhor representa f(t) é:

a)

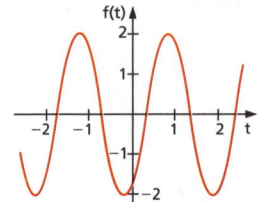

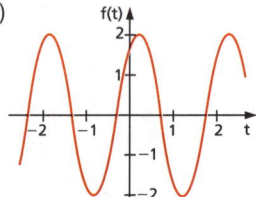

b)

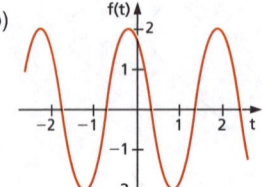

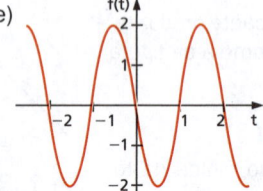

c)

d)

e)

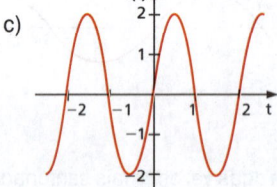

41. (UF-PE) A ilustração a seguir é parte do gráfico da função $y = a \cdot \text{sen}(b\pi x) + c$, com a, b e c sendo constantes reais. A função tem período 2 e passa pelos pontos com coordenadas $(0, 3)$ e $\left(\dfrac{1}{2}, 5\right)$.

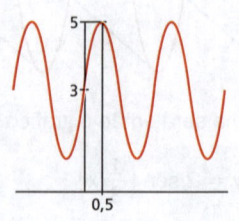

Determine a, b e c e indique $(a + b + c)^2$.

QUESTÕES DE VESTIBULARES

42. (FGV-SP) A figura abaixo representa parte do gráfico de uma função periódica f: $\mathbb{R} \to \mathbb{R}$.

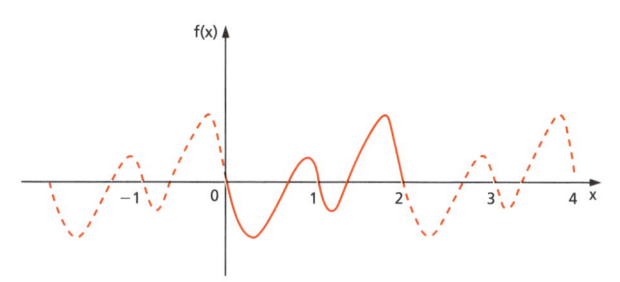

O período da função g(x) = f(3x + 1) é:

a) $\dfrac{1}{3}$ c) 2   e) 6

b) $\dfrac{2}{3}$ d) 3

43. (Unesp-SP) Considere a representação gráfica da função definida por $f(x) = \text{sen}\left(\dfrac{3\pi x}{2}\right) \cdot (-1 + \sqrt{x-1})$.

Os pontos P, Q, R e S denotam os quatro primeiros pontos de interseção do gráfico da função f com o eixo das abscissas. Determine as coordenadas dos pontos P, Q, R e S, nessa ordem.

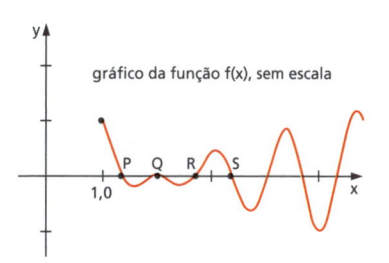

44. (Unesp-SP) Num determinado ambiente convivem duas espécies, que desempenham o papel de predador (C) e de presa (H). As populações dessas espécies, em milhares de indivíduos, são dadas pelas seguintes equações:

$$C(t) = 1 + \frac{1}{2}\cos\left(\sqrt{2}t + \frac{\pi}{4}\right)$$

$$H(t) = 1 + \frac{1}{2\sqrt{2}}\text{sen}\left(\sqrt{2}t + \frac{\pi}{4}\right)$$

onde t é o tempo em meses. Determine qual a duração do ciclo de crescimento e decrescimento das populações, isto é, a cada quanto tempo as populações voltam, simultaneamente, a ter as mesmas quantidades de indivíduos de t = 0.

45. (Unesp-SP) Podemos supor que um atleta, enquanto corre, balança cada um de seus braços ritmicamente (para frente e para trás) segundo a equação:

$$y = f(t) = \frac{\pi}{9}\text{sen}\left(\frac{8\pi}{3}\left(t - \frac{3}{4}\right)\right),$$

onde y é o ângulo compreendido entre a posição do braço e o eixo vertical $\left(-\dfrac{\pi}{9} \leq y \leq \dfrac{\pi}{9}\right)$ e t é o tempo medido em segundos, t ≥ 0. Com base nessa equação, determine quantas oscilações completas (para frente e para trás) o atleta faz com o braço em 6 segundos.

QUESTÕES DE VESTIBULARES

46. (Unesp-SP) Em algumas situações, é conveniente representar de maneira aproximada a função sen (πx), com $x \in [0, 1]$, pela função quadrática $f(x) = 4x - 4x^2$, a qual fornece os valores corretos apenas em $x = 0$, $x = 0,5$ e $x = 1$. Isto é, sen $(\pi x) \approx 4x - 4x^2$.

Use essa aproximação para obter o valor de sen $\left(\dfrac{\pi}{4}\right)$ e estime a diferença, em módulo, entre esse valor e o valor conhecido de sen $\left(\dfrac{\pi}{4}\right)$, considerando $\sqrt{2} \approx 1,41$.

47. (Unesp-SP) Em uma pequena cidade, um matemático modelou a quantidade de lixo doméstico total (orgânico e reciclável) produzida pela população, mês a mês, durante um ano, através da função:

$$f(x) = 200 + (x + 50) \cos\left(\dfrac{\pi}{3}x - \dfrac{4\pi}{3}\right),$$

onde f(x) indica a quantidade de lixo, em toneladas, produzida na cidade no mês x, com x inteiro positivo. Sabendo que f(x), nesse período, atinge seu valor máximo em um dos valores de x no qual a função $\cos\left(\dfrac{\pi}{3}x - \dfrac{4\pi}{3}\right)$ atinge seu máximo, determine o mês x para o qual a produção de lixo foi máxima e quantas toneladas de lixo foram produzidas pela população nesse mês.

48. (UF-PR) Suponha que o horário do pôr do sol na cidade de Curitiba, durante o ano de 2009, possa ser descrito pela função:

$$f(t) = 18,8 - 1,3 \operatorname{sen}\left(\dfrac{2\pi}{365} t\right)$$

sendo t o tempo dado em dias e $t = 0$ o dia 1º de janeiro. Com base nessas informações, considere as seguintes afirmativas:

I. O período da função acima é 2π.
II. Foi no mês de abril o dia em que o pôr do sol ocorreu mais cedo.
III. O horário em que o pôr do sol ocorreu mais cedo foi 17h30.

Assinale a alternativa correta.

a) Somente a afirmativa III é verdadeira.
b) Somente as afirmativas I e II são verdadeiras.
c) Somente as afirmativas I e III são verdadeiras.
d) Somente as afirmativas II e III são verdadeiras.
e) As afirmativas I, II e III são verdadeiras.

49. (Enem-MEC) Um satélite de telecomunicações, t minutos após ter atingido sua órbita, está a r quilômetros de distância do centro da Terra. Quando r assume seus valores máximo e mínimo, diz-se que o satélite atingiu o apogeu e o perigeu, respectivamente. Suponha que, para esse satélite, o valor de r em função de t seja dado por

$$r(t) = \dfrac{5\,865}{1 + 0,15 \cdot \cos(0,06t)}$$

Um cientista monitora o movimento desse satélite para controlar o seu afastamento do centro da Terra. Para isso, ele precisa calcular a soma dos valores de r, no apogeu e no perigeu, representada por S.

O cientista deveria concluir que, periodicamente, S atinge o valor de:

a) 12 765 km.
b) 12 000 km.
c) 11 730 km.
d) 10 965 km.
e) 5 865 km.

50. (UF-AM) O *Encontro das Águas* é um fenômeno que acontece na confluência entre o rio Negro, de água negra, e o rio Solimões, de água barrenta. É uma das principais atrações turísticas da cidade de Manaus.

As águas dos dois rios correm lado a lado sem se misturar por uma extensão de mais de 6 km. Esse fenômeno acontece em decorrência da diferença de temperatura e densidade dessas águas, além da diferença de velocidade das correntezas.

Uma equipe de pesquisadores da UF-AM mediu a temperatura (em °C) da água no *Encontro das Águas* durante dois dias, em intervalos de 1 hora.

A medição começou a ser feita às 2 horas do primeiro dia (t = 0) e terminou 48 horas depois (t = 48). Os dados resultaram na função $f(t) = 24 + 8\,\text{sen}\left(\dfrac{3\pi}{2} + \dfrac{\pi}{12}t\right)$, onde t indica o tempo (em horas) e f(t) a temperatura (em °C) no instante t.

A temperatura máxima e o horário em que essa temperatura ocorreu são respectivamente:

a) 28 °C e 11:00h.
b) 29 °C e 12:00h.
c) 30 °C e 13:00h.
d) 31 °C e 15:00h.
e) 32 °C e 14:00h.

51. (UFF-RJ) A equação do tempo é a função que mede a diferença, ao longo de um ano, entre os tempos lidos a partir de um relógio de sol e de um relógio convencional. Ela pode ser aproximada pela função

y = f(B) = 9,87 sen (2B) − 7,53 cos (B) − 1,5 sen (B)

sendo $B = \dfrac{2\pi(n - 81)}{364}$ e n o número do dia, isto é, n = 1 para 1 de janeiro, n = 2 para 2 de janeiro, e assim por diante.

É correto afirmar que:

a) f(B) = 9,87 sen (2B) − 7,53 cos (B) − 0,75 sen (2B)
b) f(B) = 19,74 sen (B) − 7,53 cos (B) − 1,5 sen (B)
c) f(B) = [19,74 sen (B) − 7,53] cos (B) − 1,5 sen (B)
d) f(B) = 9,87 [2 (cos (B))^2 − 1] − 1,5 sen (B) − 7,53 cos (B)
e) f(B) = 8,37 sen (2B) − 7,53 cos (B)

52. (FGV-RJ) A previsão de vendas mensais de uma empresa para 2011, em toneladas de um produto, é dada por $f(x) = 100 + 0{,}5x + 3\,\text{sen}\dfrac{\pi x}{6}$, em que x = 1 corresponde a janeiro de 2011, x = 2 corresponde a fevereiro de 2011 e assim por diante.

A previsão de vendas (em toneladas) para o primeiro trimestre de 2011 é:
(Use a aproximação decimal $\sqrt{3} = 1,7$.)

a) 308,55
b) 309,05
c) 309,55
d) 310,05
e) 310,55

53. (PUC-RS) Em uma animação, um mosquitinho aparece voando, e sua trajetória é representada em um plano onde está localizado um referencial cartesiano. A curva que fornece o trajeto tem equação $y = 3 \cos(bx + c)$. O período é 6π, o movimento parte da origem e desenvolve-se no sentido positivo do eixo das abscissas. Nessas condições, podemos afirmar que o produto $3 \cdot b \cdot c$ é:

a) 18π
b) 9π
c) π
d) $\dfrac{\pi^2}{2}$
e) $\dfrac{\pi}{2}$

54. (Unifesp-SP) Sabe-se que, se $b > 1$, o valor máximo da expressão $y - y^b$, para y no conjunto $\mathbb{R}$ dos números reais, ocorre quando $y = \left(\dfrac{1}{b}\right)^{\frac{1}{b-1}}$. O valor máximo que a função $f(x) = \text{sen}(x)\,\text{sen}(2x)$ assume, para x variando em $\mathbb{R}$, é:

a) $\dfrac{\sqrt{3}}{3}$
b) $2\dfrac{\sqrt{3}}{3}$
c) $\dfrac{3}{4}$
d) $\dfrac{4\sqrt{3}}{9}$
e) 1

55. (FGV-SP) O número de interseções entre o gráfico de uma circunferência e o gráfico de $y = \text{sen } x$ no plano ortogonal pode ocorrer em:

a) no máximo 2 pontos.
b) no máximo 4 pontos.
c) no máximo 6 pontos.
d) no máximo 8 pontos.
e) mais do que 16 pontos.

Transformações

56. (ITA-SP) A soma $\sum_{k=0}^{n} \cos(\alpha + k\pi)$, para todo $\alpha \in [0, 2\pi]$, vale:

a) $-\cos(\alpha)$ quando n é par.
b) $-\text{sen}(\alpha)$ quando n é ímpar.
c) $\cos(\alpha)$ quando n é ímpar.
d) $\text{sen}(\alpha)$ quando n é par.
e) zero quando n é ímpar.

57. (ITA-SP) Assinale a opção que indica a soma dos elementos de $A \cup B$, sendo:

$A = \left\{x_k = \text{sen}^2\left(\dfrac{k^2\pi}{24}\right) : k = 1,2\right\}$ e $B = \left\{y_k = \text{sen}^2\left(\dfrac{(3k+5)\pi}{24}\right) : k = 1,2\right\}$.

a) 0
b) 1
c) 2
d) $\dfrac{(2 - \sqrt{2 + \sqrt{3}})}{3}$
e) $\dfrac{(2 + \sqrt{2 - \sqrt{3}})}{3}$

QUESTÕES DE VESTIBULARES

58. (UF-PR) Considere $x, y \in \left[0, \dfrac{\pi}{2}\right]$ tais que sen $x = \dfrac{3}{5}$ e sen $y = \dfrac{4}{5}$.

a) Calcule os valores de cos x e cos y.

b) Calcule os valores de sen (x + y) e cos (x − y).

59. (UE-CE) Se x e y são arcos no primeiro quadrante tais que sen (x) = $\dfrac{\sqrt{3}}{2}$ = cos (y), então o valor de sen (x + y) + sen (x − y) é:

a) $\dfrac{\sqrt{6}}{2}$ b) $\dfrac{3}{2}$ c) $\dfrac{\sqrt{6}}{3}$ d) $\dfrac{2}{3}$

60. (UF-CE) Os números reais a, b e y são tais que a ≠ 0 e a cos y ≠ b sen y. Se tg x = $\dfrac{a\,\text{sen}\,y + b\,\cos y}{a\,\cos y - b\,\text{sen}\,y}$, calcule o valor de tg (x − y) em função de a e b somente.

61. (UE-RJ) Considere o teorema e os dados a seguir para a solução desta questão.

Se α, β e α + β são três ângulos diferentes de $\dfrac{\pi}{2}$ + kπ, k ∈ ℤ, então

tg (α + β) = $\dfrac{\text{tg}\,\alpha + \text{tg}\,\beta}{1 - (\text{tg}\,\alpha)(\text{tg}\,\beta)}$.

a, b e c são três ângulos agudos, sendo tg b = 2 e tg (a + b + c) = $\dfrac{4}{5}$.

Calcule tg (a − b + c).

62. (Fuvest-SP) Seja x no intervalo $\left]0, \dfrac{\pi}{2}\right[$ satisfazendo a equação tg x + $\dfrac{2}{\sqrt{5}}$ sec x = $\dfrac{3}{2}$.
Assim, calcule o valor de:

a) sec x

b) sen $\left(x + \dfrac{\pi}{4}\right)$

63. (UF-AM) Se sen x − cos x = $\dfrac{1}{2}$, então sen 2x é:

a) $\dfrac{1}{4}$ c) $\dfrac{3}{4}$ e) $\dfrac{\sqrt{3}}{4}$

b) $-\dfrac{3}{4}$ d) $\dfrac{1}{2}$

64. (UF-CE) Considere as funções f: ℝ → ℝ e g: ℝ → ℝ definidas, respectivamente, por f(x) = x² + 1 e g(x) = cos(x) − sen(x).

a) Explicite a função composta h(x) = f(g(x)).

b) Determine o valor máximo da função composta h(x) = f(g(x)).

65. (Fuvest-SP) Um arco x está no terceiro quadrante do círculo trigonométrico e verifica a equação 5 cos 2x + 3 sen x = 4. Determine os valores de sen x e cos x.

66. (UE-CE) O conjunto-imagem da função f: ℝ → ℝ, definida por f(x) = 2 cos 2x + cos² x, é o intervalo:

a) [−2, 1]   b) [−2, 3]   c) [−2, 2]   d) [−2, 0]

QUESTÕES DE VESTIBULARES

67. (Fuvest-SP) O número real x, com $0 < x < \pi$, satisfaz a equação
$\log_3 (1 - \cos x) + \log_3 (1 + \cos x) = -2$.
Então, cos 2x + sen x vale:
a) $\dfrac{1}{3}$
b) $\dfrac{2}{3}$
c) $\dfrac{7}{9}$
d) $\dfrac{8}{9}$
e) $\dfrac{10}{9}$

68. (Fatec-SP) A expressão $\left(\text{sen } \dfrac{x}{2} + \cos \dfrac{x}{2}\right)^2$ é equivalente a:
a) 1
b) 0
c) $\cos^2 \dfrac{x}{2}$
d) 1 + sen x
e) 1 + cos x

69. (U. F. Uberlândia-MG) O valor de tg 10° (sec 5° + cossec 5°) · (cos 5° − sen 5°) é igual a:
a) 2
b) $\dfrac{1}{2}$
c) 1
d) 0

70. (FGV-SP) O valor de cos 72° − cos² 36° é idêntico ao de:
a) cos 36°
b) −cos² 36°
c) cos² 36°
d) −sen² 36°
e) sen² 36°

71. (ITA-SP) A expressão
$$\dfrac{2\left[\text{sen}\left(x + \dfrac{11}{2}\pi\right) + \text{cotg}^2 x\right]\text{tg } \dfrac{x}{2}}{1 + \text{tg}^2 \dfrac{x}{2}}$$
é equivalente a:
a) $[\cos x - \text{sen}^2 x] \text{cotg } x$
b) $[\text{sen } x + \cos x] \text{tg } x$
c) $[\cos^2 x - \text{sen } x] \text{cotg}^2 x$
d) $[1 - \text{cotg}^2 x] \text{sen } x$
e) $[1 + \text{cotg}^2 x][\text{sen}^2 x + \cos x]$

72. (ITA-SP)
a) Calcule $\left(\cos^2 \dfrac{\pi}{5} - \text{sen}^2 \dfrac{\pi}{5}\right) \cos \dfrac{\pi}{10} - 2 \text{ sen } \dfrac{\pi}{5} \cos \dfrac{\pi}{5} \text{ sen } \dfrac{\pi}{10}$.
b) Usando o resultado do item anterior, calcule sen $\dfrac{\pi}{10}$ cos $\dfrac{\pi}{5}$.

73. (UF-CE) Seja f: $\mathbb{R} \to \mathbb{R}$ a função dada por f(x) = 2 sen x + cos (2x). Calcule os valores máximo e mínimo de f, bem como os números reais x para os quais f assume tais valores.

74. (ITA-SP) Encontre todos os pontos do gráfico da função f(x) = sen² x + cos x, em que a reta tangente é paralela ao eixo x.

75. (UF-AM) Considerando as seguintes afirmações:

(I) $\cos^2(2x) + \sin^2(3x) = 1 \;\forall x \in \mathbb{R}$

(II) $\sin 4x = 4 \sin x \cdot \cos^3 x - 4 \sin^3 x \cdot \cos x \;\forall x \in \mathbb{R}$

(III) $\cos^2 x = \dfrac{1}{2} + \dfrac{1}{2} \cos 2x \;\forall x \in \mathbb{R}$

(IV) $\cos(x - y) = \cos x \cdot \cos y + \sin x \cdot \sin y \;\forall x, y \in \mathbb{R}$

Podemos garantir que:

a) Todas as afirmações são falsas.
b) Somente a afirmação (II) é verdadeira.
c) Todas as afirmações são verdadeiras.
d) Somente a afirmação (III) é falsa.
e) Somente a afirmação (I) é falsa.

76. (ITA-SP) Determine o valor de y, definido a seguir, sabendo que α é um arco do quarto quadrante e $|\sin \alpha| = \dfrac{4}{5}$.

$$y = 7 \operatorname{tg}(2\alpha) + \sqrt{5} \cos\left(\dfrac{\alpha}{2}\right)$$

77. (ITA-SP) Determine os valores reais de x de modo que $\sin(2x) - \sqrt{3} \cos(2x)$ seja máximo.

78. (Fuvest-SP) Sejam x e y dois números reais, com $0 < x < \dfrac{\pi}{2}$ e $\dfrac{\pi}{2} < y < \pi$, satisfazendo $\sin y = \dfrac{4}{5}$ e $11 \sin x + 5 \cos(y - x) = 3$.

Nessas condições, determine:

a) cos y
b) sen 2x

79. (ITA-SP) Sabendo que $\operatorname{tg}^2\left(x + \dfrac{1}{6}\pi\right) = \dfrac{1}{2}$, para algum $x \in \left[0, \dfrac{1}{2}\pi\right]$, determine sen x.

80. (ITA-SP) Seja $f : \mathbb{R} \to \mathbb{R}$ definida por $f(x) = \sqrt{77} \sin\left[5\left(x + \dfrac{\pi}{6}\right)\right]$ e seja B o conjunto dado por $B = \{x \in \mathbb{R} : f(x) = 0\}$. Se m é o maior elemento de $B \cap (-\infty, 0)$ e n é o menor elemento de $B \cap (0, +\infty)$, então m + n é igual a:

a) $\dfrac{2\pi}{15}$
b) $\dfrac{\pi}{15}$
c) $-\dfrac{\pi}{30}$
d) $-\dfrac{\pi}{15}$
e) $-\dfrac{2\pi}{15}$

81. (Fatec-SP) Da trigonometria sabe-se que quaisquer que sejam os números reais p e q,

$\sin p + \sin q = 2 \cdot \sin\left(\dfrac{p+q}{2}\right) \cdot \cos\left(\dfrac{p-q}{2}\right)$.

Logo, a expressão $\cos x \cdot \sin 9x$ é idêntica a:

a) sen 10x + sen 8x
b) 2 · (sen 6x + sen 2x)
c) 2 · (sen 10x + sen 8x)
d) $\dfrac{1}{2} \cdot$ (sen 6x + sen 2x)
e) $\dfrac{1}{2} \cdot$ (sen 10x + sen 8x)

QUESTÕES DE VESTIBULARES

82. (ITA-SP) Seja $x \in [0, 2\pi]$ tal que sen (x) cos $(x) = \frac{2}{5}$. Então, o produto e a soma de todos os possíveis valores de tg (x) são, respectivamente:

a) 1 e 0
b) 1 e $\frac{5}{2}$
c) -1 e 0
d) 1 e 5
e) -1 e $-\frac{5}{2}$

83. (ITA-SP) O conjunto-imagem e o período de $f(x) = 2\,\text{sen}^2\,(3x) + \text{sen}\,(6x) - 1$ são, respectivamente:

a) $[-3, 3]$ e 2π
b) $[-2, 2]$ e $\frac{2\pi}{3}$
c) $[-\sqrt{2}, \sqrt{2}]$ e $\frac{\pi}{3}$
d) $[-1, 3]$ e $\frac{\pi}{3}$
e) $[-1, 3]$ e $\frac{2\pi}{3}$

84. (ITA-SP) Se os números reais α e β, com $\alpha + \beta = \frac{4\pi}{3}$, $0 \leq \alpha \leq \beta$, maximizam a soma sen α + sen β, então α é igual a:

a) $\frac{\pi\sqrt{3}}{3}$
b) $\frac{2\pi}{3}$
c) $\frac{3\pi}{5}$
d) $\frac{5\pi}{8}$
e) $\frac{7\pi}{12}$

85. (ITA-SP) O valor da soma $\sum_{n=1}^{6} \text{sen}\left(\frac{2\alpha}{3^n}\right) \text{sen}\left(\frac{\alpha}{3^n}\right)$, para todo $\alpha \in \mathbb{R}$, é igual a:

a) $\frac{1}{2}\left[\cos\left(\frac{\alpha}{729}\right) - \cos \alpha\right]$
b) $\frac{1}{2}\left[\text{sen}\left(\frac{\alpha}{243}\right) - \text{sen}\left(\frac{\alpha}{729}\right)\right]$
c) $\cos\left(\frac{\alpha}{243}\right) - \cos\left(\frac{\alpha}{729}\right)$
d) $\frac{1}{2}\left[\cos\left(\frac{\alpha}{729}\right) - \cos\left(\frac{\alpha}{243}\right)\right]$
e) $\cos\left(\frac{\alpha}{729}\right) - \cos \alpha$

86. (Fuvest-SP) Sejam x e y números reais positivos tais que $x + y = \frac{\pi}{2}$. Sabendo-se que sen $(y - x) = \frac{1}{3}$, o valor de $\text{tg}^2\,y - \text{tg}^2\,x$ é igual a:

a) $\frac{3}{2}$
b) $\frac{5}{4}$
c) $\frac{1}{2}$
d) $\frac{1}{4}$
e) $\frac{1}{8}$

Equações → Funções inversas

87. (UE-CE) O valor de x mais próximo de 0, para o qual $\cos\left(x + \frac{5\pi}{2}\right) = 1$, é:

a) $-\frac{\pi}{2}$
b) $\frac{3\pi}{2}$
c) π
d) $\frac{\pi}{2}$
e) 0

88. (PUC-RJ) Encontre todas as soluções da equação $\cos (2x) = \frac{1}{2}$, no intervalo $[0, 2\pi]$.

89. (FEI-SP) Sabendo que $0 \leq x \leq \pi$ e que $(\sen x + \cos x)^2 + \cos x = \sen 2x$, pode-se afirmar que x é igual a:

a) $\dfrac{\pi}{2}$
b) $\dfrac{\pi}{3}$
c) $\dfrac{\pi}{4}$
d) $\dfrac{2\pi}{3}$
e) π

90. (UF-RS) O número de soluções da equação $2 \cos x = \sen x$ que pertencem ao intervalo $\left[-\dfrac{16\pi}{3}, \dfrac{16\pi}{3}\right]$ é:

a) 8
b) 9
c) 10
d) 11
e) 12

91. (Unesp-SP) Dada a expressão trigonométrica $\cos(5x) - \cos\left(x + \dfrac{\pi}{2}\right) = 0$, resolva-a em $\mathbb{R}$ para $x \in \left[0, \dfrac{\pi}{2}\right]$.

92. (UF-AL) Quantas soluções a equação trigonométrica $\sen^4 x - \cos^4 x = \dfrac{1}{2}$ admite no intervalo fechado com extremos 0 e 35π?

a) 66
b) 68
c) 70
d) 72
e) 74

93. (UE-CE) Uma partícula inicia um movimento oscilatório harmônico ao longo de um eixo ordenado, de amplitude igual a 5 unidades e centrado na origem, de modo que a sua posição pode ser descrita, em função do tempo em segundos, pela função $f(t) = 5 \cos(t)$.

Ao mesmo tempo, uma outra partícula inicia um movimento também harmônico, centrado em 3, de amplitude igual a 1 e com o dobro da frequência da primeira partícula, de modo que sua posição é descrita pela função $g(t) = \cos(2t) + 3$.

Acerca da posição relativa das duas partículas, é correto afirmar que:

a) elas se chocarão no instante $t = \dfrac{\pi}{3}$ s.
b) elas se chocarão no instante $t = \dfrac{\pi}{4}$ s.
c) elas se chocarão no instante $t = \dfrac{\pi}{6}$ s.
d) elas se chocarão no instante $t = 3$ s.
e) elas não se chocarão.

94. (Fuvest-SP) A medida x, em radianos, de um ângulo satisfaz $\dfrac{\pi}{2} < x < \pi$ e verifica a equação $\sen x + \sen 2x + \sen 3x = 0$. Assim,

a) determine x.
b) calcule $\cos x + \cos 2x + \cos 3x$.

QUESTÕES DE VESTIBULARES

95. (ITA-SP) A soma de todas as soluções distintas da equação $\cos 3x + 2\cos 6x + \cos 9x = 0$, que estão no intervalo $0 \leqslant x \leqslant \frac{\pi}{2}$, é igual a:

a) 2π
b) $\frac{23}{12}\pi$
c) $\frac{9}{6}\pi$
d) $\frac{7}{6}\pi$
e) $\frac{13}{12}\pi$

96. (ITA-SP) O conjunto solução de $x \neq \frac{k\pi}{2}$, $k \in \mathbb{Z}$, é:

a) $\left\{ \frac{\pi}{3} + \frac{k\pi}{4}, k \in \mathbb{Z} \right\}$
b) $\left\{ \frac{\pi}{4} + \frac{k\pi}{4}, k \in \mathbb{Z} \right\}$
c) $\left\{ \frac{\pi}{6} + \frac{k\pi}{4}, k \in \mathbb{Z} \right\}$
d) $\left\{ \frac{\pi}{8} + \frac{k\pi}{4}, k \in \mathbb{Z} \right\}$
e) $\left\{ \frac{\pi}{12} + \frac{k\pi}{4}, k \in \mathbb{Z} \right\}$

97. (FEI-SP) A soma das raízes da equação $1 - \text{sen}^2 x + \cos(-x) = 0$, para $0 \leqslant x \leqslant 2\pi$, é igual a:

a) $\frac{3\pi}{2}$
b) $\frac{5\pi}{2}$
c) 3π
d) 5π
e) $\frac{7\pi}{2}$

98. (FGV-SP) A soma das raízes da equação $\text{sen}^2 x = \text{sen}(-x) = 0$, no intervalo $[0, 2\pi]$, é:

a) $\frac{7\pi}{2}$
b) $\frac{9\pi}{2}$
c) $\frac{5\pi}{2}$
d) 3π
e) $\frac{3\pi}{2}$

99. (UF-PE) Quantas soluções a equação trigonométrica $\text{sen } x = \sqrt{1 - \cos x}$ admite, no intervalo $[0, 80\pi]$?

100. (UF-BA) Sendo x a medida de um arco, em radianos, determine as soluções da equação
$4\cos^2\left(\frac{\pi}{4}\right)\cos x \cdot \text{sen}\left(\frac{\pi}{2} - x\right) - \cos(x + 7\pi) + \text{sen}\left(\frac{11\pi}{2}\right) = 0$ que pertencem ao intervalo $[-6, 8]$.

101. (FGV-SP) Resolvendo a equação $\log_2(\text{sen } x) = \log_4(\cos x)$ no intervalo $0° < x < 90°$ o valor de x é tal que:

a) $45° < x < 60°$
b) $30° < x < 45°$
c) $0° < x < 30°$
d) $75° < x < 90°$
e) $60° < x < 75°$

102. (UF-RS) O conjunto das soluções da equação $\text{sen}\left[\left(\frac{\pi}{2}\right)\log x\right] = 0$ é:

a) $\{1, 10, 10^2, 10^3, 10^4, ...\}$
b) $\{..., 10^{-3}, 10^{-2}, 10^{-1}, 1, 10, 10^2, 10^3, 10^4, ...\}$
c) $\{..., 10^{-6}, 10^{-4}, 10^{-2}, 1, 10^2, 10^4, 10^6, ...\}$
d) $\{..., -10^{-6}, -10^{-4}, -10^{-2}, 1, 10^2, 10^4, 10^6, ...\}$
e) $\{..., -10^{-3}, -10^2, -10, 1, 10^2, 10^3, 10^4, 10^6, ...\}$

103. (UF-PI) Considere o conjunto $S = \{(x, y) \in \mathbb{Z} \times \mathbb{Z} | x^2 - 4x \operatorname{sen}(\pi - y) + 4 = 0\}$. Pode-se afirmar que:
a) S é um conjunto vazio.
b) S possui apenas um elemento.
c) S contém a reta $x = 0$.
d) O par $(0, \pi) \in S$.
e) S possui infinitos elementos.

104. (ITA-SP) Considere a equação $(3 - 2\cos^2 x)\left(1 + \operatorname{tg}^2 \dfrac{x}{2}\right) - 6 \operatorname{tg} \dfrac{x}{2} = 0$.
a) Determine todas as soluções x no intervalo $[0, \pi[$.
b) Para as soluções encontradas em a), determine cotg x.

105. (FGV-SP) O número de soluções da equação $1 + \operatorname{sen} x - 2|\cos 2x| = 0$, com $0 \leq x \leq 2\pi$, é:
a) 8
b) 7
c) 6
d) 5
e) 4

106. (UF-BA) Dadas as funções reais $f(x) = \begin{cases} \operatorname{sen} x, & 0 \leq x < \dfrac{\pi}{2} \\ 1 + \cos x, & \dfrac{\pi}{2} \leq x \leq \pi \end{cases}$ e

$g(x) = \begin{cases} f\left(x + \dfrac{\pi}{2}\right), & -\dfrac{\pi}{2} \leq x < 0 \\ 1 + f\left(x + \dfrac{\pi}{2}\right), & 0 \leq x \leq \dfrac{\pi}{2} \end{cases}$, determine x, pertencente ao intervalo $\left[0, \dfrac{\pi}{2}\right[$, tal

que $[f(x)]^2 + g(x) - \dfrac{7}{4} = 0$.

107. (Unifesp-SP) Considere a função $y = f(x) = 1 + \operatorname{sen}\left(2\pi x - \dfrac{\pi}{2}\right)$, definida para todo x real.
a) Dê o período e o conjunto imagem da função f.
b) Obtenha todos os valores de x no intervalo [0, 1], tais que $y = 1$.

108. (UF-PE) Considere a função f, com domínio e contradomínio o conjunto dos números reais, dada por $f(x) = \sqrt{3} \cos x - \operatorname{sen} x$, que tem parte de seu gráfico esboçado ao lado.

Analise a veracidade das afirmações seguintes acerca de f:
0-0) $f(x) = 2 \cdot \operatorname{sen}\left(x + \dfrac{\pi}{6}\right)$, para todo x real.
1-1) f é periódica com período 2π.
2-2) As raízes de f(x) são $-\dfrac{\pi}{6} + 2k\pi$, com k inteiro.
3-3) $f(x) \geq -\sqrt{3}$, para todo x real.
4-4) $f(x) \leq 2$, para todo x real.

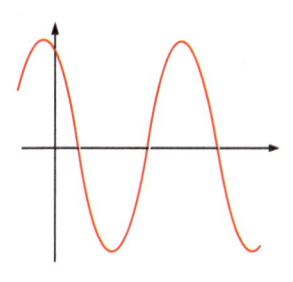

QUESTÕES DE VESTIBULARES

109. (ITA-SP) Determine a solução do seguinte sistema de equações:
$$\begin{cases} \text{sen } a - \dfrac{\sqrt{3}}{3} \text{ sen } b = 0 \\ \left(\dfrac{\text{tg } 2a - 2 \text{ tg } a}{\text{tg } 2b}\right)\left(\dfrac{\text{tg } 2b - 2 \text{ tg } b}{\text{tg } 2a}\right) = 1 \end{cases}$$

110. (FGV-SP) Em certa cidade litorânea, verificou-se que a altura da água do mar em um certo ponto era dada por $f(x) = 4 + 3 \cos\left(\dfrac{\pi x}{6}\right)$ em que x representa o número de horas decorridas a partir de zero hora de determinado dia, e a altura f(x) é medida em metros.
Em que instantes, entre 0 e 12 horas, a maré atingiu a altura de 2,5 m naquele dia?
a) 5 e 9 horas
b) 7 e 12 horas
c) 4 e 8 horas
d) 3 e 7 horas
e) 6 e 10 horas

111. (FGV-SP) Uma empresa exporta certo produto. Estima-se que a quantidade exportada Q, expressa em toneladas, para cada mês do ano 2011, seja dada pela função $Q = 40 + 4 \text{ sen}\left(\dfrac{\pi x}{6}\right)$, em que x = 1 representa janeiro de 2011, x = 2 representa fevereiro de 2011 e assim por diante.
Em que meses a exportação será de 38 toneladas?
(Utilize os valores: $\sqrt{3} = 1{,}7$ e $\sqrt{2} = 1{,}4$.)
a) abril e agosto
b) maio e setembro
c) junho e outubro
d) julho e novembro
e) agosto e dezembro

112. (UF-PA) O pêndulo simples é formado por uma partícula de massa m fixada na extremidade inferior de uma haste retilínea, de comprimento ℓ (de massa desprezível se comparada com a massa da partícula), cuja extremidade superior está fixada. Suponhamos que o movimento do pêndulo se processe em um plano vertical e designemos por θ o ângulo que a haste faz com a reta vertical OY (veja a figura abaixo). Observemos que θ = θ(t), isto é, θ é função do tempo t ⩾ 0. O movimento do pêndulo, para pequenas oscilações, é regido pela equação:
$$\theta(t) = A \cos\left(\sqrt{\dfrac{g}{\ell}}\, t\right), \; t \geq 0,$$
em que A é uma constante positiva, g é a aceleração da gravidade e ℓ é o comprimento da haste. Os valores de t ⩾ 0, referentes à passagem do pêndulo pela posição vertical OY, isto é, ao momento em que θ(t) = 0, são dados por:

a) $t = (2k + 1)\dfrac{\pi}{2} \cdot \sqrt{\dfrac{\ell}{g}}$, k = 1, 2, ...
b) t = 1, 2, 3, ...
c) t = 0 ou $t = \sqrt{\dfrac{\ell}{g}}$
d) $t = 1, \dfrac{1}{2}, \dfrac{1}{3}, ...$
e) $t = \sqrt{1}, \sqrt{2}, \sqrt{3}, ...$

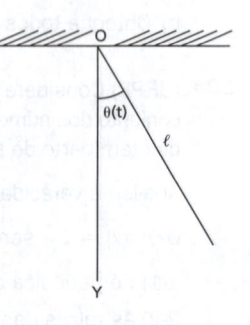

QUESTÕES DE VESTIBULARES

113. (U. F. Santa Maria-RS) Em determinada cidade, a concentração diária, em gramas, de partículas de fósforo na atmosfera é medida pela função $C(t) = 3 + 2 \operatorname{sen}\left(\frac{\pi t}{6}\right)$, em que t é a quantidade de horas para fazer essa medição.

O tempo mínimo necessário para fazer uma medição que registrou 4 gramas de fósforo é de:

a) $\frac{1}{2}$ hora
c) 2 horas
e) 4 horas
b) 1 hora
d) 3 horas

114. (UF-PR) Suponha que a expressão $P = 100 + 20 \operatorname{sen}(2\pi t)$ descreve de maneira aproximada a pressão sanguínea P, em milímetros de mercúrio, de uma certa pessoa durante um teste. Nessa expressão, t representa o tempo em segundos. A pressão oscila entre 20 milímetros de mercúrio acima e abaixo dos 100 milímetros de mercúrio, indicando que a pressão sanguínea da pessoa é 120 por 80. Como essa função tem um período de 1 segundo, o coração da pessoa bate 60 vezes por minuto durante o teste.

a) Dê o valor da pressão sanguínea dessa pessoa em $t = 0$ s; $t = 0,75$ s.

b) Em que momento, durante o primeiro segundo, a pressão sanguínea atingiu seu mínimo?

115. (UF-PE) Quantas soluções a equação trigonométrica $\operatorname{sen}^2 x + \cos x = \frac{5}{4}$ admite no intervalo $[0, 60\pi]$?

Parte do gráfico da função $\operatorname{sen}^2 x + \cos x$ está esboçada abaixo.

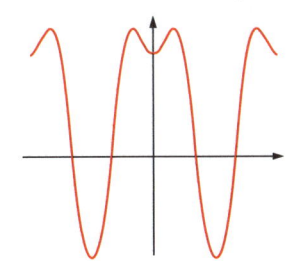

116. (UF-RN) Marés são movimentos periódicos de rebaixamento e elevação de grandes massas de água formadas pelos oceanos, mares e lagos. Em determinada cidade litorânea, a altura da maré é dada pela função $h(t) = 3 + 0,2 \cos\left(\frac{\pi}{6} \cdot t\right)$, onde t é medido em horas a partir da meia-noite.

Um turista contratou um passeio de carro pela orla dessa cidade e, para tanto, precisa conhecer o movimento das marés.

Desse modo,

a) qual a altura máxima atingida pela maré?

b) em quais horários isto ocorre no período de um dia?

117. (PUC-PR) O conjunto domínio de $f(x) = \operatorname{arc sen}(2x - 3)$ está contido no intervalo:

a) $\left[\frac{2}{3}, \frac{3}{4}\right]$
c) $[0, 1]$
e) $\left[-\frac{1}{2}, \frac{3}{2}\right]$
b) $[-1, 1]$
d) $[1, 2]$

QUESTÕES DE VESTIBULARES

118. (FGV-SP) Sendo $p = \dfrac{1}{2}$ e $(p + 1) \cdot (q + 1) = 2$, então a medida de arc tan p + arc tan q, em radianos, é:

a) $\dfrac{\pi}{2}$ c) $\dfrac{\pi}{4}$ e) $\dfrac{\pi}{6}$

b) $\dfrac{\pi}{3}$ d) $\dfrac{\pi}{5}$

119. (ITA-SP) Sendo $\left[-\dfrac{\pi}{2}, \dfrac{\pi}{2}\right]$ o contradomínio da função arco-seno e $[0, \pi]$ o contradomínio da função arco-cosseno, assinale o valor de: $\cos\left(\text{arc sen } \dfrac{3}{5} + \text{arc cos } \dfrac{4}{5}\right)$.

a) $\dfrac{1}{\sqrt{12}}$ c) $\dfrac{4}{15}$ e) $\dfrac{1}{2\sqrt{5}}$

b) $\dfrac{7}{25}$ d) $\dfrac{1}{\sqrt{15}}$

120. (Uneb-BA) Se arc sen $x = \dfrac{\pi}{3}$, então cos (2 arc sen x) é igual a:

a) $\dfrac{1 - \sqrt{3}}{4}$ c) $1 - \sqrt{3}$ e) 1

b) $-\dfrac{1}{2}$ d) 0

121. (ITA-SP) A equação em x,

$$\text{arc tg }(e^x + 2) - \text{arc cotg}\left(\dfrac{e^x}{e^{2x} - 1}\right) = \dfrac{\pi}{4}, x \in \mathbb{R} - \{0\},$$

a) admite infinitas soluções, todas positivas.
b) admite uma única solução, e esta é positiva.
c) admite três soluções que se encontram no intervalo $\left]-\dfrac{5}{2}, \dfrac{3}{2}\right[$.
d) admite apenas soluções negativas.
e) não admite solução.

122. (ITA-SP) O intervalo $I \subset \mathbb{R}$ que contém todas as soluções da inequação $\text{arc tan}\left[\dfrac{(1 + x)}{2}\right] + \text{arc tan}\left[\dfrac{(1 - x)}{2}\right] \geqslant \dfrac{\pi}{6}$ é:

a) $[-1, 4]$ c) $[-2, 3]$ e) $[4, 6]$
b) $[-3, 1]$ d) $[0, 5]$

123. (ITA-SP) Seja $S = \left\{x \in \mathbb{R} \mid \text{arc sen}\left(\dfrac{e^{-x} - e^x}{2}\right) + \text{arc cos}\left(\dfrac{e^x - e^{-x}}{2}\right) = \dfrac{\pi}{2}\right\}$. Então,

a) $S = \varnothing$ c) $S = \mathbb{R}^+ \mid \{0\}$ e) $S = \mathbb{R}$
b) $S = \{0\}$ d) $S = \mathbb{R}^+$

Inequações

124. (FGV-SP) No intervalo [0, π], a equação $8^{\operatorname{sen}^2 x} = 4^{\operatorname{sen} x - \frac{1}{8}}$ admite o seguinte número de raízes:
a) 5   b) 4   c) 3   d) 2   e) 1

125. (FEI-SP) Seja a um arco do segundo quadrante com sen (a) = $\frac{4}{5}$. Resolvendo a inequação cossec (a) + x · sec (a) > 0 (sendo cossec (a) a cossecante de a e sec (a) a secante de a), pode-se afirmar que:

a) $\left\{x \in \mathbb{R} \mid x > \frac{3}{4}\right\}$ c) $\left\{x \in \mathbb{R} \mid x > -\frac{3}{4}\right\}$ e) $\left\{x \in \mathbb{R} \mid x \geq -\frac{3}{4}\right\}$

b) $\left\{x \in \mathbb{R} \mid x < \frac{3}{4}\right\}$ d) $\left\{x \in \mathbb{R} \mid x < -\frac{3}{4}\right\}$

126. (UF-BA) Dadas as funções f(x) = sen 2x e g(x) = sen x, determine para quais valores de x, x ∈ [0, 2π], f(x) ≥ g(x).

127. (Unifesp-SP) A função

$$D(t) = 12 + (1,6) \cdot \cos\left(\frac{\pi}{180}(t + 10)\right)$$

fornece uma aproximação da duração do dia (diferença em horas entre o horário do pôr do sol e o horário do nascer do sol) numa cidade do Sul do país, no dia t de 2010. A variável inteira t, que representa o dia, varia de 1 a 365, sendo t = 1 correspondente ao dia 1º de janeiro e t = 365 correspondente ao dia 31 de dezembro. O argumento da função cosseno é medido em radianos. Com base nessa função, determine:

a) a duração do dia 19.02.2010, expressando o resultado em horas e minutos.

b) em quantos dias no ano de 2010 a duração do dia naquela cidade foi menor ou igual a doze horas.

128. (Unifesp-SP) Um jogo eletrônico consiste de uma pista retangular e de dois objetos virtuais, O_1 e O_2, os quais se deslocam, a partir de uma base comum, com O_1 sempre paralelamente às laterais da pista e O_2 formando um ângulo x com a base, $x \in \left(0, \frac{\pi}{2}\right)$. Considere v_1 e v_2 os módulos, respectivamente, das velocidades de O_1 e O_2. Considere, ainda, que os choques do objeto O_2 com as laterais da pista (lisas e planas) são perfeitamente elásticos e que todos os ângulos de incidência e de reflexão são iguais a x.

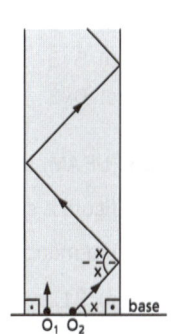

a) Exiba o gráfico da função y = f(x) que fornece o módulo da componente da velocidade de deslocamento do objeto O_2, no sentido do deslocamento do objeto O_1, em função do ângulo, $x \in \left(0, \frac{\pi}{2}\right)$.

b) Se v_1 = 10 m/s e v_2 = 20 m/s, determine todos os valores de x, $x \in \left(0, \frac{\pi}{2}\right)$, para os quais os objetos O_1 e O_2, partindo num mesmo instante, nunca se choquem.

129. (ITA-SP) Seja x um número real no intervalo $0 < x < \frac{\pi}{2}$. Assinale a opção que indica o comprimento do menor intervalo que contém todas as soluções da desigualdade:

$\frac{1}{2} \text{tg}\left(\frac{\pi}{2} - x\right) - \sqrt{3}\left(\cos^2 \frac{x}{2} - \frac{1}{2}\right) \sec(x) \geq 0$.

a) $\frac{\pi}{2}$
b) $\frac{\pi}{3}$
c) $\frac{\pi}{4}$
d) $\frac{\pi}{6}$
e) $\frac{\pi}{12}$

130. (ITA-SP) Determine os valores de $\theta \in [0, 2\pi]$ tais que $\log_{\text{tg}(\theta)} e^{\text{sen}(\theta)} \geq 0$.

Triângulos retângulos

131. (UE-CE) Uma rampa de *skate* plana com inclinação α em relação à horizontal tem base b e altura h. Sabendo que $h = \frac{3}{4}b$, em relação a α, podemos afirmar que:

a) $0 < \alpha < \frac{\pi}{8}$
b) $\frac{\pi}{8} < \alpha < \frac{\pi}{6}$
c) $\frac{\pi}{6} < \alpha < \frac{\pi}{4}$
d) $\frac{\pi}{4} < \alpha < \frac{\pi}{3}$
e) $\frac{\pi}{3} < \alpha < \frac{\pi}{2}$

132. (Fuvest-SP) Para se calcular a altura de uma torre, utilizou-se o seguinte procedimento ilustrado na figura: um aparelho (de altura desprezível) foi colocado no solo, a uma certa distância da torre, e emitiu um raio em direção ao ponto mais alto da torre. O ângulo determinado entre o raio e o solo foi de $\alpha = \frac{\pi}{3}$ radianos. A seguir, o aparelho foi deslocado 4 metros em direção à torre e o ângulo então obtido foi de β radianos, com $\text{tg }\beta = 3\sqrt{3}$.
É correto afirmar que a altura da torre, em metros, é:

a) $4\sqrt{3}$
b) $5\sqrt{3}$
c) $6\sqrt{3}$
d) $7\sqrt{3}$
e) $8\sqrt{3}$

133. (UF-AM) Um prédio projeta uma sombra de 52 m conforme a figura a seguir. Sabendo que $\cos \alpha = \frac{4}{5}$, a altura H do prédio em metros mede:

a) 31,2
b) 38,6
c) 39,0
d) 40,0
e) 41,6

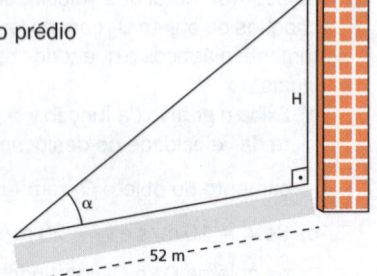

134. (PUC-RS) Ao visitar o *Panteon*, em Paris, Tales conheceu o *Pêndulo de Foucault*. O esquema abaixo indica a posição do pêndulo fixado a uma haste horizontal, num certo instante. Sendo L o seu comprimento e x o ângulo em relação a sua posição de equilíbrio, então a altura h do pêndulo em relação à haste horizontal é expressa pela função:

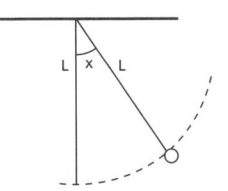

a) h(x) = L cos (x)
b) h(x) ≅ L sen (x)
c) h(x) = L sen (2x)
d) h(x) = L cos (2x)
e) h(x) = 2L cos (x)

135. (UF-MS) Dois projéteis são lançados em linha reta de um mesmo ponto no solo, um para a direita, numa direção que forma 30° com a horizontal, e o outro para a esquerda com trajetória formando 45° com a horizontal. Sabendo-se que os dois têm velocidades iguais a 80 metros por minuto, qual é a diferença, em centímetros, entre as alturas, em relação ao solo, atingidas pelos projéteis 7,5 segundos após o lançamento?
(Use $\sqrt{2} = 1,41$ e $\sqrt{3} = 1,73$)

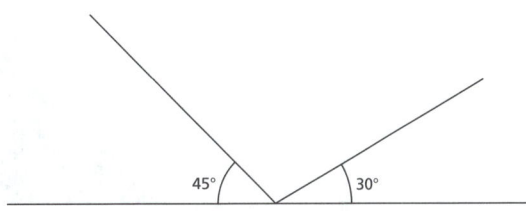

a) 320 cm
b) 205 cm
c) 114 cm
d) 73 cm
e) 41 cm

136. (Fatec-SP) De dois observatórios, localizados em dois pontos X e Y da superfície da Terra, é possível enxergar um balão meteorológico B, sob ângulos de 45° e 60°, conforme é mostrado na figura a seguir.

Desprezando-se a curvatura da Terra, se 30 km separam X e Y, a altura h, em quilômetros, do balão à superfície da Terra, é:

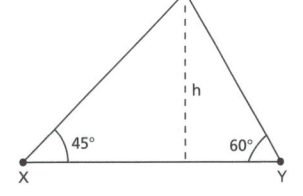

a) $30 - 15\sqrt{3}$
b) $30 + 15\sqrt{3}$
c) $60 - 30\sqrt{3}$
d) $45 - 15\sqrt{3}$
e) $45 + 15\sqrt{3}$

137. (UF-AL) De um ponto A, situado no mesmo nível da base de uma torre, o ângulo de elevação do topo da torre é de 20°. De um ponto B, situado na mesma vertical de A e 5 m acima, o ângulo de elevação do topo da torre é de 18°. Qual a altura da torre? Dados: use as aproximações tg 20° ≅ 0,36 e tg 18° ≅ 0,32.

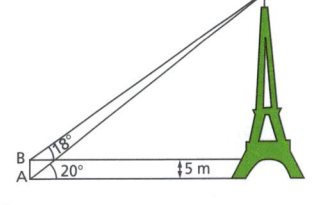

a) 42 m
b) 43 m
c) 44 m
d) 45 m
d) 46 m

QUESTÕES DE VESTIBULARES

138. (Fatec-SP) No triângulo ABC da figura tem-se que $\overline{BM}$ é a mediana relativa ao lado $\overline{AC}$, o ângulo $B\hat{A}C$ é reto, α é a medida do ângulo $C\hat{B}M$ e β é a medida do ângulo $M\hat{B}A$.

Sabendo que BC = 13 e AB = 5, então tg α é igual a:

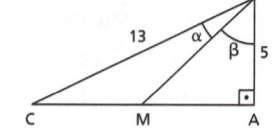

a) $\dfrac{30}{97}$

b) $\dfrac{47}{90}$

c) $\dfrac{30}{49}$

d) $\dfrac{6}{5}$

e) $\dfrac{12}{5}$

139. (ESPM-SP) Uma pessoa cujos olhos estão a 1,80 m de altura em relação ao chão avista o topo de um edifício segundo um ângulo de 30° com a horizontal. Percorrendo 80 m no sentido de aproximação do edifício, esse ângulo passa a medir 60°. Usando o valor 1,73 para a raiz quadrada de 3, podemos concluir que a altura desse edifício é de aproximadamente:

a) 59 m
b) 62 m
c) 65 m
d) 69 m
e) 71 m

140. (UE-MG) Na figura a seguir, um fazendeiro F dista 600 m da base da montanha (ponto B). A medida do ângulo $A\hat{F}B$ é igual a 30°.

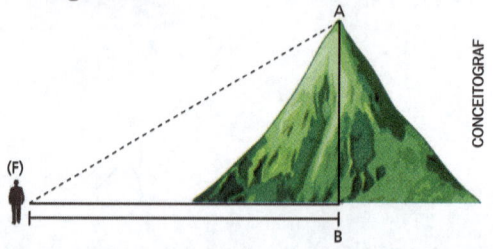

Ao calcular a altura da montanha, em metros, o fazendeiro encontrou a medida correspondente a:

a) $200\sqrt{3}$
b) $100\sqrt{2}$
c) $150\sqrt{3}$
d) $250\sqrt{2}$

141. (Fuvest-SP) Sabe-se que x = 1 é raiz da equação

$$(\cos^2 \alpha)x^2 - (4 \cos \alpha \operatorname{sen} \beta)x + \left(\dfrac{3}{2}\right) \operatorname{sen} \beta = 0$$

sendo α e β os ângulos agudos indicados no triângulo retângulo da figura a seguir:

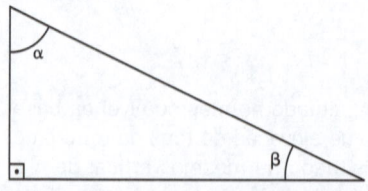

Pode-se então afirmar que as medidas de α e β são, respectivamente,

a) $\dfrac{\pi}{8}$ e $\dfrac{3\pi}{8}$.

b) $\dfrac{\pi}{6}$ e $\dfrac{\pi}{3}$.

c) $\dfrac{\pi}{4}$ e $\dfrac{\pi}{4}$.

d) $\dfrac{\pi}{3}$ e $\dfrac{\pi}{6}$.

e) $\dfrac{3\pi}{8}$ e $\dfrac{\pi}{8}$.

142. (Unemat-MT) Na figura abaixo, o triângulo ABC é um triângulo equilátero de 3 cm de lado, e o triângulo retângulo BCD tem lados BD = 4 cm e CD = 5 cm e CBD = 90°.

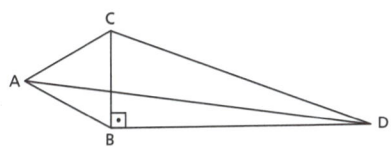

Qual a medida do segmento $\overline{AD}$?
a) $\sqrt{3}$
b) $4\sqrt{3}$
c) $\sqrt{100 + \sqrt{3}}$
d) $\sqrt{25 + 12\sqrt{3}}$
e) $2\sqrt{3}$

143. (Unesp-SP) Dado o triângulo retângulo ABC, cujos catetos são: AB = sen x e BC = cos x, os ângulos em A e C são:

a) $A = x$ e $C = \dfrac{\pi}{2}$.
b) $A = \dfrac{\pi}{2}$ e $C = x$.
c) $A = x$ e $C = \dfrac{\pi}{2} - x$.
d) $A = \dfrac{\pi}{2} - x$ e $C = x$.
e) $A = x$ e $C = \dfrac{\pi}{4}$.

144. (Unesp-SP) Dois edifícios, X e Y, estão um em frente ao outro, num terreno plano. Um observador, no pé do edifício X (ponto P), mede um ângulo α em relação ao topo do edifício Y (ponto Q). Depois disso, no topo do edifício X, num ponto R, de forma que RPTS formem um retângulo e $\overline{QT}$ seja perpendicular a $\overline{PT}$, esse observador mede um ângulo β em relação ao ponto Q no edifício Y.

Sabendo que a altura do edifício X é 10 m e que 3 tg α = 4 tg β, a altura h do edifício Y, em metros, é:

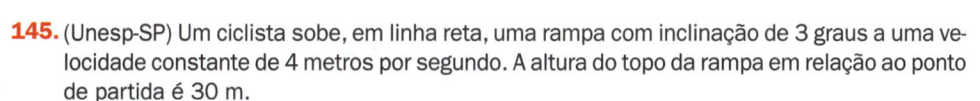

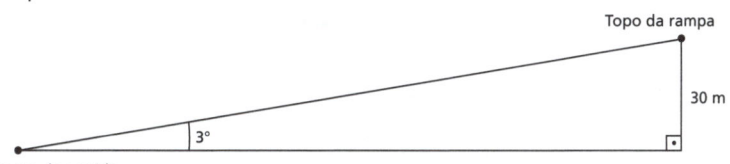

a) $\dfrac{40}{3}$
b) $\dfrac{50}{4}$
c) 30
d) 40
e) 50

145. (Unesp-SP) Um ciclista sobe, em linha reta, uma rampa com inclinação de 3 graus a uma velocidade constante de 4 metros por segundo. A altura do topo da rampa em relação ao ponto de partida é 30 m.

Use a aproximação sen 3° = 0,05 e responda. O tempo, em minutos, que o ciclista levou para percorrer completamente a rampa é:
a) 2,5
b) 7,5
c) 10
d) 15
e) 30

QUESTÕES DE VESTIBULARES

146. (Unesp-SP) Em uma residência, há uma área de lazer com uma piscina redonda de 5 m de diâmetro. Nessa área há um coqueiro, representado na figura por um ponto Q.

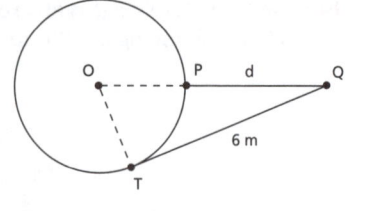

Se a distância de Q (coqueiro) ao ponto de tangência T (da piscina) é 6 m, a distância d = QP, do coqueiro à piscina, é:
a) 4 m
b) 4,5 m
c) 5 m
d) 5,5 m
e) 6 m

147. (UF-PR) Na figura ao lado, os pontos A e P pertencem à circunferência de centro na origem e raio 1, o ponto R pertence ao eixo das abscissas e o ângulo t, em radianos, pode variar no intervalo $\left(0, \dfrac{\pi}{2}\right)$, dependendo da posição ocupada por P. Com base nessas informações, considere as afirmativas a seguir:

I. O comprimento do segmento AP é 2 cos t.

II. A área do triângulo OAP, em função do ângulo t, é dado por $f(t) = \dfrac{1}{2}$ sen t.

III. A área do triângulo ORP, em função do ângulo t, é dado por $g(t) = \dfrac{1}{4}$ sen (2t).

Assinale a alternativa correta. 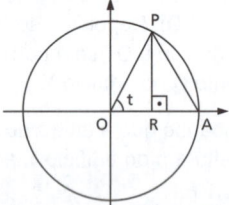
a) Somente a afirmativa III é verdadeira.
b) Somente a afirmativa II é verdadeira.
c) Somente as afirmativas II e III são verdadeiras.
d) Somente as afirmativas I e III são verdadeiras.
e) Somente as afirmativas I e II são verdadeiras.

148. (UFF-RJ) Um caminhão pipa deve transportar água da cidade A para a cidade Z. A figura abaixo ilustra os caminhos possíveis que o motorista do caminhão pode tomar. As setas indicam o sentido obrigatório de percurso. Os valores colocados próximo às setas especificam o custo de transporte (todos dados em uma mesma unidade monetária) para o trecho em questão.

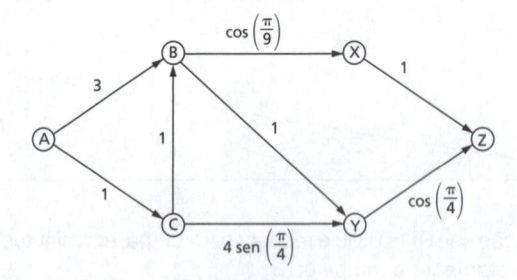

Marque a opção que indica o caminho de menor custo total de transporte de A para Z.
a) A → B → Y → Z
b) A → B → X → Z
c) A → C → B → Y → Z
d) A → C → B → X → Z
e) A → C → Y → Z

QUESTÕES DE VESTIBULARES

149. (Enem-MEC) Para determinar a distância de um barco até a praia, um navegante utilizou o seguinte procedimento: a partir de um ponto A, mediu o ângulo visual α fazendo mira em um ponto fixo P da praia. Mantendo o barco no mesmo sentido, ele seguiu até um ponto B de modo que fosse possível ver o mesmo ponto P da praia, no entanto sob um ângulo visual 2α. A figura ilustra essa situação:

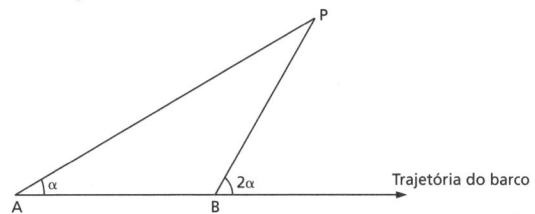

Suponha que o navegante tenha medido o ângulo α = 30° e, ao chegar ao ponto B, verificou que o barco havia percorrido a distância AB = 2 000 m. Com base nesses dados e mantendo a mesma trajetória, a menor distância do barco até o ponto fixo P será:

a) 1 000 m

b) 1 000$\sqrt{3}$ m

c) 2 000 $\dfrac{\sqrt{3}}{3}$ m

d) 2 000 m

e) 2 000$\sqrt{3}$ m

150. (Enem-MEC) Um balão atmosférico, lançado em Bauru (343 quilômetros a Noroeste de São Paulo), na noite do último domingo, caiu nesta segunda-feira em Cuiabá Paulista, na região de Presidente Prudente, assustando agricultores da região. O artefato faz parte do programa Projeto Hibiscus, desenvolvido por Brasil, França, Argentina, Inglaterra e Itália, para a medição do comportamento da camada de ozônio, e sua descida se deu após o cumprimento do tempo previsto de medição.

Disponível em: http://www.correiodobrasil.com.br. Acesso em: 2 maio 2010.

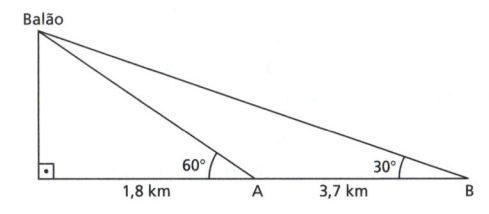

Na data do acontecido, duas pessoas avistaram o balão. Uma estava a 1,8 km da posição vertical do balão e o avistou sob um ângulo de 60°; a outra estava 5,5 km da posição vertical do balão, alinhada com a primeira, e no mesmo sentido, conforme se vê na figura, e o avistou sob um ângulo de 30°.

Qual a altura aproximada em que se encontrava o balão?

a) 1,8 km

b) 1,9 km

c) 3,1 km

d) 3,7 km

e) 5,5 km

QUESTÕES DE VESTIBULARES

151. (UF-PA) Considere as seguintes informações:
- De dois pontos A e B, localizados na mesma margem de um rio, avista-se um ponto C, de difícil avesso, localizado na margem oposta;
- Sabe-se que B está distante 1 000 metros de A;
- Com o auxílio de um teodolito (aparelho usado para medir ângulos) foram obtidas as seguintes medidas: BÂC = 30° e AB̂C = 80°.

Deseja-se construir uma ponte sobre o rio, unindo o ponto C a um ponto D entre A e B, de modo que seu comprimento seja mínimo. Podemos afirmar que o comprimento da ponte será de aproximadamente:

a) 524 metros
b) 532 metros
c) 1 048 metros
d) 500 metros
e) 477 metros

152. (Unicamp-SP) Laura decidiu usar sua bicicleta nova para subir uma rampa. As figuras abaixo ilustram a rampa que terá que ser vencida e a bicicleta de Laura.

a) Suponha que a rampa que Laura deve subir tenha ângulo de inclinação α, tal que $\cos(\alpha) = \sqrt{0{,}99}$. Suponha, também, que cada pedalada faça a bicicleta percorrer 3,15 m. Calcule a altura h (medida com relação ao ponto de partida) que será atingida por Laura após dar 100 pedaladas.

b) O quadro da bicicleta de Laura está destacado na figura à direita. Com base nos dados da figura, e sabendo que a mede 22 cm, calcule o comprimento b da barra que liga o eixo da roda ao eixo dos pedais.

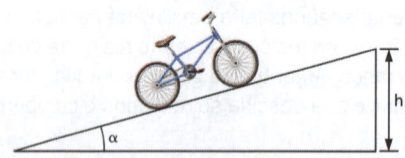

153. (UF-RS) Dois quadrados de lado L estão, inicialmente, perfeitamente sobrepostos. O quadrado de cima é branco e o de baixo, vermelho. O branco é girado de um ângulo θ em torno de seu centro O, no sentido anti-horário, deixando visíveis quatro triângulos vermelhos, como mostra a figura a seguir.

Determine a soma das áreas dos quatro triângulos vermelhos em função do ângulo θ.

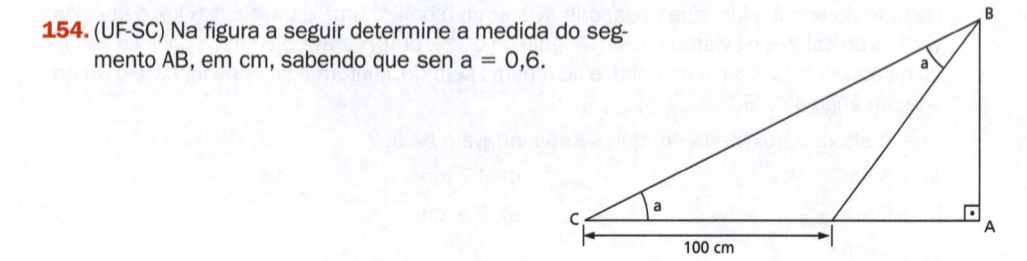

154. (UF-SC) Na figura a seguir determine a medida do segmento AB, em cm, sabendo que sen a = 0,6.

155. (UF-GO) Para dar sustentação a um poste telefônico, utilizou-se um outro poste com 8 m de comprimento, fixado ao solo a 4 m de distância do poste telefônico, inclinado sob um ângulo de 60°, conforme a figura abaixo.

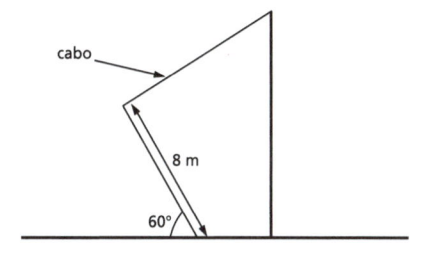

Considerando-se que foram utilizados 10 m de cabo para ligar os dois postes, determine a altura do poste telefônico em relação ao solo.

Triângulos quaisquer

156. (UF-RS) No triângulo representado na figura abaixo, AB e AC têm a mesma medida, e a altura relativa ao lado BC é igual a $\frac{2}{3}$ da medida de BC.

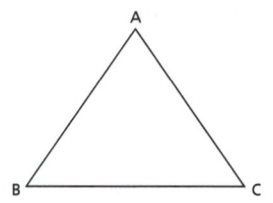

Com base nesses dados, o cosseno do ângulo CAB é:

a) $\frac{7}{25}$ c) $\frac{4}{5}$ e) $\frac{5}{6}$

b) $\frac{7}{20}$ d) $\frac{5}{7}$

157. (Unifesp-SP) Em um triângulo com lados de comprimentos a, b, c, tem-se
(a + b + c)(a + b − c) = 3ab. A medida do ângulo oposto ao lado de comprimento c é:
a) 30°   c) 60°   e) 120°
b) 45°   d) 90°

158. (UE-PI) Se os lados de um triângulo medem a, b e $\sqrt{a^2 + ab + b^2}$, quanto mede o maior ângulo do triângulo?
a) 30°   c) 60°   e) 120°
b) 45°   d) 90°

QUESTÕES DE VESTIBULARES

159. (UF-RS) As medidas dos lados de um triângulo são proporcionais a 2, 2 e 1. Os cossenos de seus ângulos internos são, portanto,

a) $\dfrac{1}{8}, \dfrac{1}{8}, \dfrac{1}{2}$

b) $\dfrac{1}{4}, \dfrac{1}{4}, \dfrac{1}{8}$

c) $\dfrac{1}{4}, \dfrac{1}{4}, \dfrac{7}{8}$

d) $\dfrac{1}{2}, \dfrac{1}{2}, \dfrac{1}{4}$

e) $\dfrac{1}{2}, \dfrac{1}{2}, \dfrac{7}{8}$

160. (FGV-SP) A figura ilustra as medidas que um topógrafo tomou para calcular a distância do ponto A a um barco ancorado no mar.

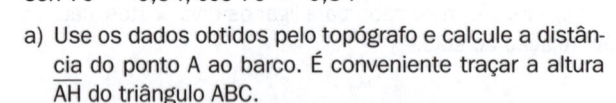

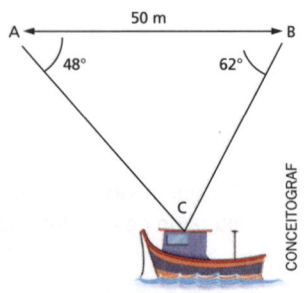

sen 62° = 0,88; cos 62° = 0,47

sen 70° = 0,94; cos 70° = 0,34

a) Use os dados obtidos pelo topógrafo e calcule a distância do ponto A ao barco. É conveniente traçar a altura $\overline{AH}$ do triângulo ABC.

b) Use esses mesmos dados para calcular o valor de cos 48°. Se quiser, utilize os produtos: 88 · 94 = 8 272 e 47 · 34 = 1 598.

161. (ITA-SP) Considere o triângulo ABC de lados $a = \overline{BC}$, $b = \overline{AC}$ e $c = \overline{AB}$ e ângulos internos $\alpha = C\hat{A}B$, $\beta = A\hat{B}C$ e $\gamma = B\hat{C}A$. Sabendo-se que a equação $x^2 - 2bx \cos \alpha + b^2 - a^2 = 0$ admite c como raiz dupla, pode-se afirmar que:

a) $\alpha = 90°$

b) $\beta = 60°$

c) $\gamma = 90°$

d) O triângulo é retângulo apenas se $\alpha = 45°$.

e) O triângulo é retângulo e b é hipotenusa.

162. (UF-GO) Uma empresa de engenharia deseja construir uma estrada ligando os pontos A e B, que estão situados em lados opostos de uma reserva florestal, como mostra a figura abaixo.

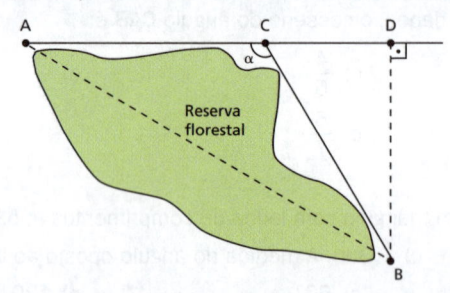

A empresa optou por construir dois trechos retilíneos, denotados pelos segmentos AC e CB, ambos com o mesmo comprimento. Considerando que a distância de A até B, em linha reta, é igual ao dobro da distância de B a D, o ângulo α, formado pelos dois trechos retilíneos da estrada, mede:

a) 150°

b) 140°

c) 130°

d) 120°

e) 110°

QUESTÕES DE VESTIBULARES

163. (UF-GO) Dois observadores, situados nos pontos A e B, a uma distância *d* um do outro, como mostra a figura abaixo, avistam um mesmo ponto no topo de um prédio de altura H, sob um mesmo ângulo θ com a horizontal.

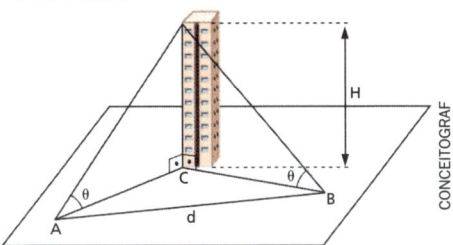

Sabendo que o ângulo AB̂C também mede θ e desconsiderando a altura dos observadores, a altura H do prédio é dada pela expressão:

a) $H = \dfrac{d}{2} \text{ sen}\left(\dfrac{\theta}{2}\right) \cos \theta$ c) $H = \dfrac{d}{2} \text{ tg } \theta \text{ sen } \theta$ e) $H = d \text{ sen}\left(\dfrac{\theta}{2}\right) \sec \theta$

b) $H = d \cos \theta \text{ sen } \theta$ d) $H = \dfrac{d}{2} \text{ tg } \theta \sec \theta$

164. (Fatec-SP) Sejam α, β e γ as medidas dos ângulos internos de um triângulo.

Se $\dfrac{\text{sen } \alpha}{\text{sen } \beta} = \dfrac{3}{5}, \dfrac{\text{sen } \alpha}{\text{sen } \gamma} = 1$ e o perímetro do triângulo é 44, então a medida do maior lado desse triângulo é:

a) 5   c) 15   e) 25
b) 10   d) 20

165. (Unesp-SP) No dia 11 de março de 2011, o Japão foi sacudido por terremoto com intensidade de 8,9 na Escala Richter, com o epicentro no Oceano Pacífico, a 360 km de Tóquio, seguido de *tsunami*. A cidade de Sendai a 320 km a nordeste de Tóquio, foi atingida pela primeira onda do tsunami após 13 minutos.

(O Estado de S. Paulo, 13.03.2011. Adaptado.)

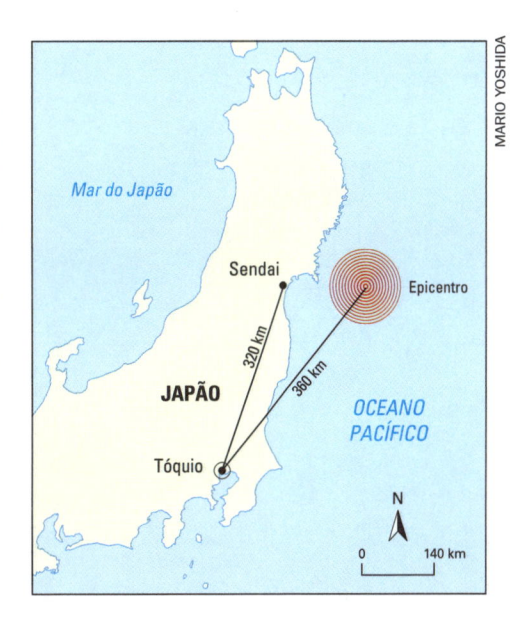

Baseando-se nos dados fornecidos e sabendo que cos α ≅ 0,934, onde α é o ângulo Epicentro-Tóquio-Sendai, e que $2^8 \cdot 3^2 \cdot 93,4 \cong 215\,100$, a velocidade média, em km/h, com que a 1ª onda do *tsunami* atingiu até a cidade de Sendai foi de:

a) 10   d) 250
b) 50   e) 600
c) 100

QUESTÕES DE VESTIBULARES

166. (UF-PI) Um engenheiro, utilizando seus conhecimentos em trigonometria para calcular a distância entre um ponto A e um ponto P considerado inacessível, procedeu da seguinte forma: mediu a distância do ponto A até um ponto acessível B, além dos ângulos BÂP e AB̂P, encontrando 800 m, 60° e 75°, respectivamente. Nessas condições, se supusermos que $\sqrt{3} \cong 1{,}73$, a distância entre os pontos A e P vale, aproximadamente:

a) 1 120 m
b) 1 092 m
c) 920 m
d) 850 m
e) 720 m

167. (UF-PR) A figura abaixo mostra um quadrado ABCD no qual os segmentos BC e EC medem 4 cm e 1 cm, respectivamente.

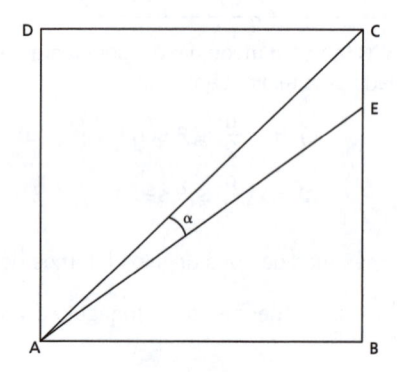

a) Calcule o perímetro do triângulo de vértices A, E e C.
b) Calcule o seno e o cosseno do ângulo α.

Respostas das questões de vestibulares

1. b
2. d
3. c
4. c
5. c
6. a
7. F, V, F, F e V
8. d
9. a
10. b
11. b
12. b
13. d
14. $k = \dfrac{15}{13}$
15. d
16. d
17. c
18. e
19. d
20. b
21. a
22. b
23. b
24. c
25. d
26. a
27. (001), (004) e (008)
28. a) 17 °C a 25 °C
    b) Às 14 horas e às 22 horas
29. b
30. d
31. b
32. d
33. c
34. d
35. b
36. b
37. e
38. c
39. b
40. a
41. 36
42. d
43. $P\left(\dfrac{4}{3}, 0\right)$, $Q(2, 0)$, $R\left(\dfrac{8}{3}, 0\right)$ e $S\left(\dfrac{10}{3}, 0\right)$
44. $\sqrt{2} \cdot \pi$ meses
45. 8 oscilações completas
46. 0,75 e 0,045
47. $x = 20$; 260 toneladas
48. d

RESPOSTAS DAS QUESTÕES DE VESTIBULARES

49. b
50. e
51. c
52. d
53. e
54. d
55. e
56. e
57. c
58. a) $\cos x = \dfrac{4}{5}$ e $\cos y = \dfrac{3}{5}$
b) $\text{sen}(x+y) = 1$ e $\cos(x-y) = \dfrac{24}{25}$
59. b
60. $\dfrac{b}{a}$
61. -32
62. a) $\dfrac{\sqrt{5}}{2}$
b) $\dfrac{3\sqrt{10}}{10}$
63. c
64. a) $h(x) = 2 - \text{sen}(2x)$
b) 3
65. $\text{sen } x = -\dfrac{1}{5}$ e $\cos x = -\dfrac{2\sqrt{6}}{5}$
66. c
67. e
68. d
69. a
70. d
71. a
72. a) 0
b) $\dfrac{1}{4}$
73. máximo $= \dfrac{3}{2}$; mínimo $= -3$
74. $x = \pm\dfrac{2\pi}{3} + 2k\pi$
75. e
76. 22
77. $x = \dfrac{5\pi}{12} + k \cdot \pi, k \in \mathbb{Z}$

78. a) $-\dfrac{3}{5}$
b) $\dfrac{120}{169}$
79. $\dfrac{3 - \sqrt{6}}{6}$
80. e
81. e
82. b
83. c
84. b
85. a
86. a
87. a
88. $S = \left\{\dfrac{\pi}{6}, \dfrac{5\pi}{6}, \dfrac{7\pi}{6}, \dfrac{11\pi}{6}\right\}$
89. e
90. c
91. $S = \left\{\dfrac{\pi}{8}, \dfrac{\pi}{4}\right\}$
92. c
93. a
94. a) $x = \dfrac{2\pi}{3}$
b) $\cos x + \cos(2x) + \cos(3x) = 0$
95. e
96. d
97. c
98. b
99. 80
100. $-\dfrac{5\pi}{3}, -\pi, -\dfrac{\pi}{3}, \pi, \dfrac{5\pi}{3}$ e $\dfrac{7\pi}{3}$
101. c
102. c
103. a
104. a) $x = \dfrac{\pi}{6}$ ou $x = \dfrac{\pi}{2}$ ou $x = \dfrac{5\pi}{6}$
b) $x = \dfrac{\pi}{6} \Rightarrow \text{cotg } x = \sqrt{3}; x = \dfrac{\pi}{2} \Rightarrow$
$\Rightarrow \text{cotg } x = 0; x = \dfrac{5\pi}{6} \Rightarrow \text{cotg } x = -\sqrt{3}$
105. b
106. $x = \dfrac{\pi}{6}$
107. a) 1; [0; 2]
b) $\left\{\dfrac{1}{4}, \dfrac{3}{4}\right\}$

108. F, V, F, F e V

109. $\left(a = \frac{\pi}{6} + 2k\pi \text{ ou } a = \frac{5\pi}{6} + 2k\pi\right)$ e
$\left(b = \frac{\pi}{3} + 2k\pi \text{ ou } b = \frac{2\pi}{3} + 2k\pi\right); k \in \mathbb{Z}$
ou
$\left(a = \frac{7\pi}{6} + 2k\pi \text{ ou } a = \frac{11\pi}{6} + 2k\pi\right)$ e
$\left(b = \frac{4\pi}{3} + 2k\pi \text{ ou } b = \frac{5\pi}{3} + 2k\pi\right); k \in \mathbb{Z}$

110. c
111. d
112. a
113. b
114. a) 80 mmHg
b) t = 0,75 s
115. 60
116. a) 3,2 m
b) 0h, 12h, 24h
117. d
118. c
119. b
120. b
121. b
122. c
123. b
124. b
125. b
126. $0 \leq x \leq \frac{\pi}{3}$ ou $\pi \leq x \leq \frac{5\pi}{3}$ ou $x = 2\pi$
127. a) 12h48min
b) 181 dias
128. a) $f(x) = v_2 \cdot \text{sen } x$, com $x \in \left]0; \frac{\pi}{2}\right[$
b) $\left]0; \frac{\pi}{6}\right[\cup \left]\frac{\pi}{6}; \frac{\pi}{2}\right[$
129. d
130. $\left]\frac{\pi}{4}; \frac{\pi}{2}\right[\cup \left]\pi, \frac{5\pi}{4}\right[$
131. c
132. c
133. c
134. a
135. b
136. d
137. d
138. a
139. e
140. a
141. d
142. d
143. d
144. d
145. a
146. a
147. c
148. c
149. b
150. c
151. a
152. a) 31,5 m
b) $11\sqrt{2}(\sqrt{3} + 1)$ cm
153. $\dfrac{L^2 \text{ sen } 2\theta}{(1 + \text{sen } \theta + \cos \theta)^2}$
154. 96 cm
155. $(6 + 4\sqrt{3})$ m
156. a
157. c
158. e
159. c
160. a) 46,81 m
b) 0,67
161. e
162. d
163. d
164. d
165. e
166. b
167. a) $6 + 4\sqrt{2}$ cm
b) $\text{sen } \alpha = \dfrac{\sqrt{2}}{12}, \cos \alpha = \dfrac{7\sqrt{2}}{10}$

Tabela de razões trigonométricas

Ângulo (graus)	Seno	Cosseno	Tangente	Ângulo (graus)	Seno	Cosseno	Tangente
1	0,01745	0,99985	0,01746	46	0,71934	0,69466	1,03553
2	0,03490	0,99939	0,03492	47	0,73135	0,68200	1,07237
3	0,05234	0,99863	0,05241	48	0,74314	0,66913	1,11061
4	0,06976	0,99756	0,06993	49	0,75471	0,65606	1,15037
5	0,08716	0,99619	0,08749	50	0,76604	0,64279	1,19175
6	0,10453	0,99452	0,10510				
7	0,12187	0,99255	0,12278	51	0,77715	0,62932	1,23499
8	0,13917	0,99027	0,14054	52	0,78801	0,61566	1,27994
9	0,15643	0,98769	0,15838	53	0,79864	0,60182	1,32704
10	0,17365	0,98481	0,17633	54	0,80903	0,58779	1,37638
				55	0,81915	0,57358	1,42815
11	0,19087	0,98163	0,19438	56	0,82904	0,55919	1,48256
12	0,20791	0,97815	0,21256	57	0,83867	0,54464	1,53986
13	0,22495	0,97437	0,23087	58	0,84805	0,52992	1,60033
14	0,24192	0,97030	0,24933	59	0,85717	0,51504	1,66428
15	0,25882	0,96593	0,26795	60	0,86603	0,50000	1,73205
16	0,27564	0,96126	0,28675				
17	0,29237	0,95630	0,30573	61	0,87462	0,48481	1,80405
18	0,30902	0,95106	0,32492	62	0,88295	0,46947	1,88073
19	0,32557	0,94552	0,34433	63	0,89101	0,45399	1,96261
20	0,34202	0,93969	0,36397	64	0,89879	0,43837	2,05030
				65	0,90631	0,42262	2,14451
21	0,35837	0,93358	0,38386	66	0,91355	0,40674	2,24604
22	0,37461	0,92718	0,40403	67	0,92050	0,39073	2,35585
23	0,39073	0,92050	0,42447	68	0,92718	0,37461	2,47509
24	0,40674	0,91355	0,44523	69	0,93358	0,35837	2,60509
25	0,42262	0,90631	0,46631	70	0,93969	0,34202	2,74748
26	0,43837	0,89879	0,48773				
27	0,45399	0,89101	0,50953	71	0,94552	0,32557	2,90421
28	0,46947	0,88295	0,53171	72	0,95106	0,30902	3,07768
29	0,48481	0,87462	0,55431	73	0,95630	0,29237	3,27085
30	0,50000	0,86603	0,57735	74	0,96126	0,27564	3,48741
				75	0,96593	0,25882	3,73205
31	0,51504	0,85717	0,60086	76	0,97030	0,24192	4,01078
32	0,52992	0,84805	0,62487	77	0,97437	0,22495	4,33148
33	0,54464	0,83867	0,64941	78	0,97815	0,20791	4,70463
34	0,55919	0,82904	0,67451	79	0,98163	0,19087	5,14455
35	0,57358	0,81915	0,70021	80	0,98481	0,17365	5,67128
36	0,58779	0,80903	0,72654				
37	0,60182	0,79864	0,75355	81	0,98769	0,15643	6,31375
38	0,61566	0,78801	0,78129	82	0,99027	0,13917	7,11537
39	0,62932	0,77715	0,80978	83	0,99255	0,12187	8,14435
40	0,64279	0,76604	0,83910	84	0,99452	0,10453	9,51436
				85	0,99619	0,08716	11,43010
41	0,65606	0,75471	0,86929	86	0,99756	0,06976	14,30070
42	0,66913	0,74314	0,90040	87	0,99863	0,05234	19,08110
43	0,68200	0,73135	0,93252	88	0,99939	0,03490	28,63630
44	0,69466	0,71934	0,96569	89	0,99985	0,01745	57,29000
45	0,70711	0,70711	1,00000				

Significado das siglas de vestibulares

Enem-MEC — Exame Nacional do Ensino Médio, Ministério da Educação

ESPM-SP — Escola Superior de Propaganda e Marketing, São Paulo

Fatec-SP — Faculdade de Tecnologia de São Paulo

FEI-SP — Faculdade de Engenharia Industrial, São Paulo

FGV-RJ — Fundação Getúlio Vargas, Rio de Janeiro

FGV-SP — Fundação Getúlio Vargas, São Paulo

Fuvest-SP — Fundação para o Vestibular da Universidade de São Paulo

ITA-SP — Instituto Tecnológico de Aeronáutica, São Paulo

Mackenzie-SP — Universidade Mackenzie de São Paulo

PUC-PR — Pontifícia Universidade Católica do Paraná

PUC-RJ — Pontifícia Universidade Católica do Rio de Janeiro

PUC-RS — Pontifícia Universidade Católica do Rio Grande do Sul

UE-CE — Universidade Estadual do Ceará

UE-GO — Universidade Estadual de Goiás

UE-RJ — Universidade do Estado do Rio de Janeiro

UE-PI — Universidade Estadual do Piauí

UF-AM — Universidade Federal do Amazonas

UF-CE — Universidade Federal do Ceará

UF-GO — Universidade Federal de Goiás

UF-MS — Universidade Federal de Mato Grosso do Sul

UF-PA — Universidade Federal do Pará

UF-PE — Universidade Federal de Pernambuco

UF-PI — Universidade Federal do Piauí

UF-PR — Universidade Federal do Paraná

UF-RN — Universidade Federal do Rio Grande do Norte

UF-RS — Universidade Federal do Rio Grande do Sul

UF-SC — Universidade Federal de Santa Catarina

U.F. Uberlândia-MG — Universidade Federal de Uberlândia, Minas Gerais

UFF-RJ — Universidade Federal Fluminense, Rio de Janeiro

Uneb-BA — Universidade do Estado da Bahia

Unesp-SP — Universidade Estadual Paulista, São Paulo

Unifesp-SP — Universidade Federal de São Paulo

Unemat-MT — Universidade do Estado de Mato Grosso